簡明python學習講義

吳維漢◎著

中央大學出版中心｜遠流

目錄

各章範例

前言

筆者數年前透過網路資源自學 python 程式語言，學習過程中經常忘記語法而無法自在的練習程式，於是將四處學來的語法內容與一些心得整理成投影片供自己快速回顧。投影片在製作時儘量以簡單例子來展示語法，減少過多細節陳述，並試著以 python 思維來呈現 python 程式，避免夾雜混入其他程式語言的習慣用法。經過幾年的修訂與補充，內容也逐漸完整，遂將這些投影片依學生學習順序改寫成教學投影片，提供學生於課後快速複習。

由於投影片少有冗長的文字陳述，重新閱讀時可很快的回復記憶，抓住重點，學生普遍反應良好。但投影片每一頁的篇幅有限，無法像紙本講義可一次看到數頁內容，前後參考比較。於是利用時間將投影片重新排版成 A4 講義型式，並於每章附上大量習題供學生練習。

相較於其他程式語言，python 提供了許多方便的工具與套件。相同的程式問題，以 python 程式語言撰寫的程式碼往往比其他程式語言簡潔許多，開發程式極其便利快速。同時與傳統程式語言相比，python 程式語言的學習難度相對容易，非常適合當成初學者的第一個程式語言。這也是 python 程式語言為何在眾多程式語言中得以脫穎而出，為許多領域優先選擇的程式語言。

目前全世界各國都已認知到程式設計對本國科技發展的重要性，紛紛在其國民教育中納入基礎程式設計課程，從小扎根培養學童的程式邏輯思維。由筆者的觀察，學習程式的人數雖越來越多，但其中學好的人仍僅有少數。許多人雖花了不少時間學習程式語法，也做過許多程式問題，但若隨便給個沒有見過的基礎題目，仍然不知從何寫起。究其原因在於許多初學者將學程式當成學習程式語法，而不是學習如何設計程式。前者簡單，翻書或參考網頁即可；後者困難，處處充滿挑戰，隨時需應用邏輯思考。沒有方法的學寫程式，最後多以放棄了結。

本講義除了介紹 python 程式語法外，最重要是教你在遇到問題時該如何思考找出方法來解決問題，講義由第三章起都有許多範例以逐步引導利用「數學思維」來完成程式設計。所謂的「**數學思維**」即是在解題過程中，以間接或直接方式使用數學技巧、概念或知識來解決問題。許多程式問題表面上看不到數學式子，但並不表示用不到數學。數學善於偽裝，總是隱身於問題之中，若要完成程式設計，就得將隱藏在問題中的數學抓出來。初學者遇到程式問題若能隨時利用「數學思維」分析題目，學會如何分解題目，簡化條件來降低問題難度，如此就很容易「突然間」找到解決程式問題的切入點，之後逐步加入條件，即可完成原有的程式問題。學習成效即會大增，學程式過程也就容易獲得成就感，寫程式就變得是一種另類的享受。

　　講義的每一章末尾都有許多練習題，這些練習題是本講義的最大特色。許多題目都需要經過一番思考才有辦法動手撰寫，無法即看即寫，目的是希望讀者在學程式過程，學會如何以「數學思維」來解決問題。對毫無頭緒的問題，試著先透過紙筆推導，逐步找出關聯，建構解題步驟，之後才用鍵盤將抽象步驟轉為實體程式碼，如此可避免毫無方向的撰寫程式，胡亂修改測試，以致於幾個小時過後仍是一事無成，時日一久，自然多以「陣亡」收場。但事實上，只要在撰寫程式過程養成紙筆推導習慣，你將發現過去所學的國高中數學對程式設計的重要性。紙筆推導是完成程式設計的一個重要階段，少了紙筆推導，其省下的時間遠不足以補償在程式撰寫階段來來回回修改所浪費的時間。

　　講義有些文字有數字上標，例如：行道樹[46]，此數字為講義頁碼，讀者可參閱此頁碼取得更多相關資料。本講義另附有學習網站，網站內有講義全 10 章投影片，網址可輸入以下關鍵字搜尋取得：

搜尋：「中央數學 python 教學網」

講義中有些範例或習題需使用資料檔，例如：內文若出現(foo@web)，則代表 foo 檔是資料檔，這些資料檔都可由學習網站下載取得。

　　最後期勉程式語言的初學者，即使 python 語法如何簡單，學好程式的關鍵仍在練習，任何程式語言都無法以閱讀方式即能熟練，親自敲打程式並且大量演練才是學好程式設計的不二法門。

學好程式設計需要大量操作練習，沒有其他竅門。

　　本書的編排採用陳弘毅教授為 Linux 作業系統所開發的 chitex (χTeX)，這是一種非常好用的中文 LaTeX。在撰寫過程中，常常受到陳老師的熱心協助，特此致上感謝之意。

國立中央大學數學系
吳維漢
107/12/05

第一章：型別與迴圈

整數、浮點數、字串是 python 程式語言的三大基本型別，其中整數與字串兩型別的用法跟一般認知大致相同，較無使用上問題。但浮點數卻與數學上的小數有所差別，例如：計算機的 0.1 不等於數學的 0.1，計算機的三個 0.1 相加值也僅是 0.3 的近似數而不等於 0.3。在撰寫程式的過程中若忘了這些小差異往往會產生錯誤的執行結果，同時也難以找到出錯的根源。

本章除了介紹一些基礎 python 語法外，在末尾特別教授如何利用迴圈來重複執行程式片段。由於迴圈代表重複執行，即表示程式問題本身存在著規則性，有了規則性才能透過迴圈的重複執行特性來模擬。一個程式問題通常是由一些單次執行步驟與一些重複執行步驟交織組合而成，在程式設計上，前者為一般式子，後者則是利用迴圈來完成。python 的迴圈共有兩種，本章將使用最常用的 for 迴圈來設計程式，另一種迴圈語法將留待下一章加以介紹。

■ 整數：無位數限制，沒有數字誤差

```
>>> a = 12
>>> b = 9876543210
>>> c = -123456789
```

► 其他進位數字表示方式：

進位	單個數字範圍	數字表頭	10	100
二進位	[0,1]	0b	0b1010	0b1100100
八進位	[0,7]	0o	0o12	0o144
十六進位	[0,15]	0x	0xa	0x54

► 十六進位數字對應十進位數字：

十六進位	0	1	2	...	9	a	b	c	d	e	f
十進位	0	1	2	...	9	10	11	12	13	14	15

以下三數都是 60 ：

```
>>> d = 0b111100        # 也可使用大寫字母 0B111100
>>> e = 0o74            # 可寫成 0O74（O 0 容易混淆，避免使用）
>>> f = 0x3c            # 可寫成 0X3C  0x3C  0X3c
```

► 每 3 個二進位數字可組成 1 個八進位數字

▶ 每 4 個二進位數字可組成 1 個十六進位數字

以下三個數字都是 155 :

```
>>> x = 0x9b              # x = 9*16 + 11 = (0b1001)*16 + 0b1011
>>> y = 0b10011011
>>> z = 0o233             # z = 2*64 + 3*8 + 3 = (0b10)*64 + (0b011)*8 + 0b011
```

⊛ python 將井號(#)之後的文字當為註解

■ 浮點數：有小數點的數字，僅有 15 位有效數字

```
>>> a = -2.3             # -2.3
>>> b = 4.5e3            # 4500.     e 或 E 代表 10 次方數
>>> c = 3.7E-3           # 0.0037
```

計算機使用二進位儲存資料，所存入數值常與實際數有些差距，此差距稱為截去誤差 (round-off error)。 例如 0.1 以二進位表示為循環數 $0.000\overline{11}_2$，取有限位數存入計算機，差距即為截去誤差。這些差距常造成計算機運算結果與實際結果不一樣，例如：

```
0.1 + 0.2 - 0.3           ---->   5.551115123125783e-17
1. + 1.e-20 - 1.          ---->   0
0.1 + 0.1 + 0.1 - 0.3     ---->   5.551115123125783e-17
```

有些數沒有截去誤差，例如 0.25 為 1×2^{-2}，二進位為 0.01_2，所以：

```
0.25 + 0.25 + 0.25 + 0.25 - 1   --->   0
0.125 + 0.25 + 0.5 - 0.875      --->   0
```

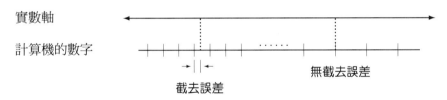

截去誤差為實際數值與計算機所儲存數的差距

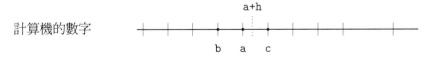

當 a 與 c 之間沒有其他數，如果 h 太小，a+h 計算後仍可能等於 a

十進位小數被存成二進位浮點數後幾乎都有截去誤差，造成計算機的浮點數僅是小數的近似數，由於近似數間的數值運算會造成誤差堆積，使得運算結果不會等於真實數值，這也說明為何 0.1+0.1+0.1 不會等於 0.3。有關小數與浮點數之間差異的更進一步說明，可參考附錄A[305]。

■ 字串：被雙引號或單引號框住的字元，跨列字元需使用三個雙(單)引號夾住

```
a = 'abc'              # abc
b = "I'll be back"     # I'll be back   雙引號可夾住單一個單引號

c = """they            # they\nare cats   這裡 \n 為跳列字元
are cats"""

d = 'a"b' "c'd"        # a"bc'd   字串可自動合併

e = 'abc' * 3          # abcabcabc   使用乘法複製
f = 'abc' + 'def'      # abcdef      使用加法合併
```

■ 轉型：整數、浮點數、字串三者可使用 int, float, str 轉型

```
a = int(57.3)          # 浮點數 --> 整數 57
b = int("34")          # 字串   --> 整數 34

c = float(23)          # 整數   --> 浮點數 23.
d = float('3.23')      # 字串   --> 浮點數 3.23

e = str(35)            # 整數   --> 字串 "35"
f = str(3.14)          # 浮點數 --> 字串 "3.14"
```

■ 字串長度：len 函式

```
a = len("abc")         # len(字串) 回傳字串長度 3

n = 2349
b = len(str(n))        # 可用來求得整數 n 的位數
```

■ 設定多筆資料：使用逗號分離資料

```
a , b = 5 , 2          # a = 5 , b = 2
a , b = a + b , a - b  # a = 7 , b = 3

c , d , e = 2 , 7.5 , "cat"   # c = 2 , d = 7.5 , e = "cat"

x , y = 4 , "four"     # x = 4 , y = "four"
x , y = y , x          # 對調 x 與 y
                       # x = "four" , y = 4
```

⊛ python 變數型別可隨時更動，不是固定不變的

■ print：列印資料，預設印完後自動換列

  ▶ end 列印完後自動輸出的字串，預設為換列字元 "\n"

9

```
print()                            # 跳一列
print( 3 )                         # 列印 3，印完後自動換列
print( 3, end="" )                 # 列印 3，印完後不換列
print( 3, end="cats" )             # 列印 3cats，印完後不換列
print( 3, end="\n\n" )             # 列印 3，印完後多換一列
print( '/' + '\\'*3 )              # 列印 斜線與三個反斜線後換列
```

⊛ 以上反斜線(\)為特殊字元，使用時需多加一個反斜線字元

▶ sep 為列印資料間的分格字串，預設為一個空格 " "

```
print( 3, 5, 7 )                   # 列印 3 5 7 後換列，資料間有空格分開
print( 3, 5, 7, sep='' )           # 列印 357 後換列，資料擠在一起
print( 3, 5, sep='-', end="" )     # 列印 3-5，資料間有橫線，印完後不換列
```

■ input：讀取資料成為**字串**

```
a = input()                        # 將輸入資料存入 a ，a 為字串
b = input("> ")                    # 先輸出 '>' 於螢幕，之後將輸入資料存成字串 b
c = int( input("> ") )             # 將輸入資料轉型為整數後存入 c
```

■ input：一次讀入多筆資料

    ▶ 使用 eval 函式包裹 input 式子

    ▶ 輸入的資料要用「**逗號**」分離

    ▶ 輸入資料量不限，但等號左側要有同等數量的變數

    ▶ 資料經過處理後會自動轉型

    ▶ 若輸入的資料包含字串，字串要用單(雙)引號夾住

```
>>> a , b , c = eval( input("> ") )
> 3 , "cat" , 2.8                  # 字串要有單(雙)引號，資料間要有逗號分離

>>> a                              # a 為整數 3
3
>>> b                              # b 為字串 'cat'
'cat'
>>> c                              # c 為浮點數 2.8
2.8
```

    ⊛ 若資料是以空格分離則可參考第 135 與 144 頁中的用法

■ 基本運算符號

符號	運算子	範例
+ - * /	加 減 乘 除	3+4 = 7
%	餘數運算	7%3 = 1
//	商為整數的除法	7//3 = 2, 7.5//3 = 2
**	指數運算	3**2 = 9
+= -= *= /= //= **= %=	複合運算	a += 4 --> a = a + 4

► // 為特殊的除法運算，回傳去除小數部份的計算結果

► 數學上乘法運算省略乘號方式在程式上要還原，即 ab → a*b， 3c → 3*c

► 3/4 = 0.75 但 3//4 = 0

► 3*2**4 是 3×2^4，指數運算優先於乘除

► a += b 是 a = a + b 的省寫方式

► a += b * c 等同 a = a + (b * c)

► a *= b + c 等同 a = a * (b + c)

► a //= b + c 等同 a = a // (b + c)

■ << >> 左右位元位移運算子

► a << n 是將 a 儲存的位元資料向左移動 n 個位置，等同 $a \times 2^n$

► a >> n 是將 a 儲存的位元資料向右移動 n 個位置，等同 $a//2^n$

$5 << 2 \implies 101_2 << 2 \implies 10100_2 \implies 16+4 \implies 20$

$5 >> 1 \implies 101_2 >> 1 \implies 10_2 \implies 2$

以上 $5 = 1 \times 2^2 + 0 \times 2^1 + 1 \times 2^0$ 表示為 101_2， 左移兩位得 10100_2
等同 $1 \times 2^4 + 0 \times 2^3 + 1 \times 2^2 + 0 \times 2^1 + 0 \times 2^0$，即為整數 20。

► a << 1 等同 2a， a >> 1 等同 a//2

► 1 << n 等同 2^n (=2**n)

■ & 位元運算子

► a & b ： a b 兩數在同位元位置皆為 1 才為 1，否則為 0

► a & b ： 可透過 b 得知 a 在某些位置的位元值

```
a = 11 (1011)
b =  2 (0010)        b =  4 (0100)        b =  7 (0111)


  11    1011          11    1011          11    1011
&  2  & 0010        &  4  & 0100        &  7  & 0111
----  ------        ----  ------        ----  ------
   2    0010           0    0000           3    0011

11 & 2 = 2          11 & 4 = 0          11 & 7 = 3
```

⊛ 若 b 某位置位元為 1，作用如同開啟通道，讓 a 在此位置的位元值通過

⊛ 若 b 某位置位元為 0，此位置輸出 0，如同關閉位元

■ | 位元運算子

► a | b ： a b 兩數在同位元位置皆為 0 才是 0，否則為 1

▶ a = a | b ： 可透過 b 設定 a 在某些位置的位元值為 1

```
a = 11 (1011)
b =  2 (0010)          b =  4 (0100)          b =  7 (0111)

   11    1011              11    1011              11    1011
 |  2  | 0010            |  4  | 0100            |  7  | 0111
 ----  ------            ----  ------            ----  ------
   11    1011              15    1111              15    1111

11 | 2 = 11              11 | 4 = 15              11 | 7 = 15
```

　　⊛ 若 b 某位置位元為 1，此位置輸出 1，如同開啟位元

　　⊛ 若 b 某位置位元為 0，作用如同開啟通道，讓 a 在此位置的位元值通過

■ 跨列式子：運算式超過一列

　▶ 使用小括號

```
a = ( 1  + 1+  2 +  3 +
      5  + 8 + 13 + 21 +
      34 + 55 )
```

　▶ 使用反斜線於列尾

```
a =  1  + 1 +  2 +  3 + \
     5  + 8 + 13 + 21 + \
     34 + 55
```

　　⊛ 反斜線之後不得有任何空格

■ range：可用來產生等差**整數數列**

　▶ range(a)：由小到大產生 [0,a-1] 所有整數，共有 a 個數，不含 a

　▶ range(a,b)：由小到大產生 [a,b-1] 所有整數，共有 b-a 個數，不含 b

　▶ range(a,b,c)：可依次產生 {a,a+c,a+2c,···} 等數字，若為遞增數列，最大數字比 b 小，若為遞減數列，最小數字比 b 大

```
range(4)        ---> 0 1 2 3     共四個數
range(5,8)      ---> 5 6 7       共三個數 (8-5)
range(1,5,2)    ---> 1 3
range(1,6,2)    ---> 1 3 5

range(5,-1,-1)  ---> 5 4 3 2 1 0
range(5,0,-1)   ---> 5 4 3 2 1

range(10,0,-2)  ---> 10 8 6 4 2 不包含 0

range(1,4,0.5)  ---> 錯誤，僅能產生整數
```

■ 迴圈機制

   ▶ 用來重複執行程式片段

   ▶ 許多程式問題通常有著規則性

```
1 1 2 3 5 8 13 21 ...
1 1 1 2 2 2 3 3 3 ...
1 2 2 3 3 3 4 4 4 4 ...
```

   ▶ 如何模擬程式問題的規則性
      使用迴圈重複執行特性 ＋ 適當設計迴圈內執行式子

■ for 迴圈：重複執行式子

   ▶ for 迴圈經常與 range 合併使用：

```
for i in range(1,6) : print(i,i*i)
```

   輸出：

```
1 1
2 4
3 9
4 16
5 25
```

     ⊛ 也可將要重複執行式子寫在下一列，並以定位鍵(tab 鍵)加以縮排

```
for i in range(1,6) :
    print(i,i*i)                    # print 之前使用定位鍵縮排，不是空格
```

   ▶ 迴圈末尾有冒號，之後才是要重複執行的式子

   ▶ 若有多個執行式子，需跳列並都使用定位鍵加以縮排

```
for i in range(1,4) :
    j = i**2                    # j 之前使用定位鍵縮排
    print( i , '平方 =' , j )    # print 之前使用定位鍵縮排
```

   ▶ 產生前 n 個 Fibonacci 數字

```
n = int( input("> ") )
a , b = 1 , 1
print( a , b , end =" " )

for i in range(n-2) :
    a , b = b , a + b
    print( b , end=" " )
print()
```

   輸出：

```
> 15
1 1 2 3 5 8 13 21 34 55 89 144 233 377 610
```

▶ 鑽石圖形：兩個迴圈

```
n = int( input("> ") )

# 上三角形：印 n 列
for i in range(n) :
    print( ' ' * (n-1-i) + '*' * (2*i+1) )

# 下倒三角形：逆向印 n-2 列
for i in range(n-2,-1,-1) :
    print( ' ' * (n-1-i) + '*' * (2*i+1) )
```

輸出：

```
> 3                      > 4
  *                         *
 ***                       ***
*****                     *****
 ***                     *******
  *                       *****
                           ***
                            *
```

■ 多層迴圈

　　▶ 性質

- 迴圈內另有迴圈，各層迴圈需要縮排
- 迭代速度：外層迴圈迭代一步，內層迴圈迭代一圈
- 外層迴圈：迭代慢，如同時針
- 內層迴圈：迭代快，如同分針
- 各層迴圈的執行次數可根據問題需要自由變更
- 多數問題的內外層迴圈通常不能互換

　　▶ 固定的迴圈執行次數

- 雙層迴圈：

```
k = 1
for i in range(3) :

    for j in range(4) :
        print(k,end=" ")
        k += 1

    print()
```

	j			
	0	1	2	3
0	1	2	3	4
i 1	5	6	7	8
2	9	10	11	12

※ 此例每當 j 迴圈執行結束才進行換列動作

- 三層迴圈：

```
k = 1
for i in range(3) :

    for t in range(3) :

        for j in range(2) :
            print(k,end=" ")
        k += 1

    print()
```

		t=0 j=0	t=0 j=1	t=1 j=0	t=1 j=1	t=2 j=0	t=2 j=1
i	0	1	1	2	2	3	3
	1	4	4	5	5	6	6
	2	7	7	8	8	9	9

  ⊛ **此例每當 t 迴圈執行結束才進行換列動作**

- 四層迴圈：

```
for s in range(2) :

    for i in range(2) :

        k = 2*s + i + 1
        for t in range(3) :

            for j in range(2) :
                print(k,end=" ")
            k += 2

    print()
```

			t=0 j=0	t=0 j=1	t=1 j=0	t=1 j=1	t=2 j=0	t=2 j=1
s=0	i	0	1	1	3	3	5	5
		1	2	2	4	4	6	6
s=1	i	0	3	3	5	5	7	7
		1	4	4	6	6	8	8

  ⊛ **此例每當 t 迴圈執行結束才進行換列動作**

▶ 變化的迴圈執行次數
  - 雙層迴圈：變化的內迴圈執行次數

```
k = 1
for i in range(3) :

    # 各列 j 迴圈執行次數是 i+2
    for j in range(i+2) :
        print(k,end=" ")
        k += 1

    print()
```

		j=0	j=1	j=2	j=3
i	0	1	2		
	1	3	4	5	
	2	6	7	8	9

● 三層迴圈：變化的 t 迴圈執行次數

```python
k = 1
for i in range(3) :

    # 各列 t 迴圈執行次數是 3 2 1
    for t in range(3-i) :

        for j in range(2) :
            print(k,end=" ")
        k += 1

    print()
```

		t					
		0		1		2	
		j		j		j	
		0	1	0	1	0	1
	0	1	1	2	2	3	3
i	1	4	4	5	5		
	2	6	6				

⊛ i=0 ⟶ t=0,1,2 ； i=1 ⟶ t=0,1 ； i=2 ⟶ t=0

▶ 印出 3 x 4 的乘法表：使用雙層迴圈

```python
for i in range(1,4) :
    for j in range(1,5) :
        print( i , 'x' , j , '=' , i*j , end=' ' )
    print()
```

輸出：

```
1 x 1 = 1  1 x 2 = 2  1 x 3 = 3  1 x 4 = 4
2 x 1 = 2  2 x 2 = 4  2 x 3 = 6  2 x 4 = 8
3 x 1 = 3  3 x 2 = 6  3 x 3 = 9  3 x 4 = 12
```

▶ 下三角乘法表：動態調整內層迴圈執行次數

```python
for i in range(1,4) :
    for j in range(1,i+1) :
        print( i , 'x' , j , '=' , i*j , end=' ' )
    print()
```

輸出：

```
1 x 1 = 1
2 x 1 = 2  2 x 2 = 4
3 x 1 = 3  3 x 2 = 6  3 x 3 = 9
```

▶ n 排遞增的數字

```python
n = 5
for i in range(n) :
    print( '-'*i , end="" )              # 數字前橫線，不跳列

    for j in range(n) :                  # [0,9] 循環遞增數字
        print( (i+j+1)%10 , end="" )

    print( '-'*(n-1-i) )                 # 數字後橫線，印完後跳列
```

輸出：

```
12345----
-23456---
--34567--
---45678-
----56789
```

■ 註解：註解的文字不被執行

▶ 單列：井號(#)後的文字

▶ 跨列：三個單(雙)引號之間的跨列文字

```
# 階乘運算過程測試版
for i in range(1,10) :

    print( i , '! = ' , sep="" , end="" )

    '''                              <--- 第一個三引號需正常縮排
    以下怪怪的，先註解起來 !!
    p = 1
    for j in range(1,i+1) :
        print( j , '*' , end="" )
        p = p * j
'''

    print( p )
```

⊛ 用於跨列註解的第一個三引號仍需滿足縮排規定

■ 結語

本章的重點是迴圈，迴圈代表著「有規則的重複步驟」。一個程式問題通常是由一些有規則與沒規則的步驟交錯組合而成，有規則步驟使用迴圈替代，沒有規則步驟則用一般式子。

迴圈下標常會與迴圈內式子的變數有所關聯，它們之間的對應關係通常要利用等差數列公式(參考附錄 B[309])。數字間的對應關係，有些可由心算求得，但大多時候需透過紙筆推導，少了這一步驟，程式就難以完成。在動手寫程式前先由紙筆推導入手，規則理清楚了，轉為程式碼就相對簡單。這是最節省時間，同時也是最能獲得成就感的程式學習方法。

學好程式需要大量練習，在練習中才能由中發掘一套適合自己邏輯思維的解題方式。以下練習題在撰寫前最好先由紙上作業開始，利用數學設定變數推導之間的關係，然後再轉為程式碼。所有題目都只要使用迴圈就可解決，撰寫程式時請謹記以下原則：

> 有規則步驟使用迴圈替代，沒有規則步驟則用一般式子。

■ 練習題

1. 輸入數字 n 印出以下階乘計算過程與結果：
```
> 5
1! = 1 = 1
2! = 1x2 = 2
3! = 1x2x3 = 6
4! = 1x2x3x4 = 24
5! = 1x2x3x4x5 = 120
```

2. 輸入數字 n 印出以下數字求和過程與結果：
```
> 5
sum([1,5]) = 1+2+3+4+5 = 15
sum([1,4]) = 1+2+3+4 = 10
sum([1,3]) = 1+2+3 = 6
sum([1,2]) = 1+2 = 3
sum([1,1]) = 1 = 1
```

3. 輸入數字 n 印出 n×n 方形數字圖形如下：
```
> 3              > 4
1 2 3            1 2 3 4
4 5 6            5 6 7 8
7 8 9            9 0 1 2
                 3 4 5 6
```

4. 輸入數字 n 印出 n×n 方形空心數字圖形：
```
> 3              > 4
1 2 3            1 2 3 4
4   5            5     6
6 7 8            7     8
                 9 0 1 2
```

5. 輸入數字 n 印出 n×n 環形數字圖形：
```
> 4              > 5
1 1 1 2          1 1 1 1 2
4     2          4       2
4     2          4       2
4 3 3 3          4       2
                 4 3 3 3 3
```

6. 輸入數字 n 印出 n×n 環形遞增數字圖形：

```
> 4            > 5
1 2 3 4        1 2 3 4 5
2     5        6       6
1     6        5       7
0 9 8 7        4       8
               3 2 1 0 9
```

7. 輸入列數 n 印出以下右下三角數字圖案：

```
> 3               > 4
    1                     1
  2 3                   2 3
4 5 6                 4 5 6
                    7 8 9 0
```

8. 輸入列數 n 印出以下數字圖案：

```
> 3                   > 4
1         1           1             1
2 2     2 2           2 2         2 2
3 3 3 3 3 3           3 3 3     3 3 3
                      4 4 4 4 4 4 4 4
```

9. 輸入列數 n 印出以下數字圖形：

```
> 4            > 5
1 2 3 4        1 2 3 4 5
2 3 4 1        2 3 4 5 1
3 4 1 2        3 4 5 1 2
4 1 2 3        4 5 1 2 3
               5 1 2 3 4
```

10. 輸入列數 n 印出數字排列圖形：

```
> 3                   > 4
|123|231|312|         |1234|2341|3412|4123|
|231|312|123|         |2341|3412|4123|1234|
|312|123|231|         |3412|4123|1234|2341|
                      |4123|1234|2341|3412|
```

11. 輸入列數 n 印出以下 V 圖案：

```
> 3                   > 4
\     /               \       /
 \   /                 \     /
  \ /                   \   /
   V                     \ /
                          V
```

12. 輸入列數 n 印出 n 個連在一起的 V 圖案：

13. 輸入列數 n 印出 n 個連在一起的 X 圖案：

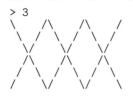
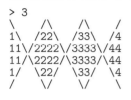
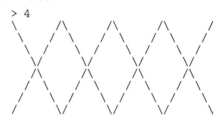

```
> 3
\   / \   / \   /
 \ /   \ /   \ /
  X     X     X
 / \   / \   / \
/   \ /   \ /   \
```

```
> 4
\   / \   / \   / \   /
 \ /   \ /   \ /   \ /
  X     X     X     X
 / \   / \   / \   / \
/   \ /   \ /   \ /   \
```

14. 輸入列數 n 印出 n 個連在一起的菱形圖案，並在各個菱形框內填入數字：

```
> 3
\    /\    /\    /
1\  /22\  /33\  /4
11\/2222\/3333\/44
11/\2222/\3333/\44
1/  \22/  \33/  \4
/    \/    \/    \
```

```
> 4
\     /\     /\     /\     /
1\   /22\   /33\   /44\   /5
11\ /2222\ /3333\ /4444\ /55
111\/222222\/333333\/444444\/555
111/\222222/\333333/\444444/\555
11/ \2222/  \3333/  \4444/  \55
1/   \22/   \33/   \44/   \5
/     \/     \/     \/     \
```

15. 輸入列數 n 印出以下 n 個方塊數字：

```
> 3
111/2 333/4 555/6
11/22 33/44 55/66
1/222 3/444 5/666
```

```
> 4
1111/2 3333/4 5555/6 7777/8
111/22 333/44 555/66 777/88
11/222 33/444 55/666 77/888
1/2222 3/4444 5/6666 7/8888
```

16. 撰寫程式利用四層迴圈印出以下數字排列：

```
1 1 1 1 1   2 2 2 2 2   3 3 3 3 3   4 4 4 4 4
1 1 1 1 1   2 2 2 2 2   3 3 3 3 3   4 4 4 4 4
1 1 1 1 1   2 2 2 2 2   3 3 3 3 3   4 4 4 4 4

5 5 5 5 5   6 6 6 6 6   7 7 7 7 7   8 8 8 8 8
5 5 5 5 5   6 6 6 6 6   7 7 7 7 7   8 8 8 8 8
5 5 5 5 5   6 6 6 6 6   7 7 7 7 7   8 8 8 8 8
```

17. 輸入數字 n 印出以下數字排列圖案：

```
> 4
1111
1111 2222
1111 2222 3333
1111 2222 3333 4444
```

```
> 5
11111
11111 22222
11111 22222 33333
11111 22222 33333 44444
11111 22222 33333 44444 55555
```

18. 輸入數字 n 印出以下數字排列圖案：

```
> 4
1111 2222 3333 4444
     2222 3333 4444
          3333 4444
               4444
```

```
> 5
11111 22222 33333 44444 55555
      22222 33333 44444 55555
            33333 44444 55555
                  44444 55555
                        55555
```

19. 輸入數字 n 印出以下方塊數字排列圖案：

```
> 2                          > 3
1 1                          1 1 1
1 1                          1 1 1
                             1 1 1
2 2   3 3
2 2   3 3                    2 2 2   3 3 3
                            2 2 2   3 3 3
                            2 2 2   3 3 3

                            4 4 4   5 5 5   6 6 6
                            4 4 4   5 5 5   6 6 6
                            4 4 4   5 5 5   6 6 6
```

20. 輸入數字 n 印出以下空心方塊數字排列圖案：

```
> 3                          > 4
11111                        1111111
1   1                        1     1
11111                        1     1
                             1111111
22222 33333
2   2 3   3                  2222222 3333333
22222 33333                  2     2 3     3
                             2     2 3     3
44444 55555 66666            2222222 3333333
4   4 5   5 6   6
44444 55555 66666            4444444 5555555 6666666
                             4     4 5     5 6     6
                             4     4 5     5 6     6
                             4444444 5555555 6666666
```

21. 輸入列數 n 印出以下數字圖案：

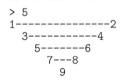

```
> 5                          > 6
1------------2               1----------------2
  3--------4                   3------------4
    5----6                       5--------6
      7--8                         7----8
        9                            9--0
                                       1
```

22. 輸入列數 n 印出以下雙組連在一起的數字圖案：

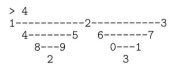

```
> 4                          > 5
1---------2---------3         1-------------2-------------3
  4----5  6----7               4--------5  6--------7
    8-9    0-1                   8----9    0----1
     2      3                     2--3     4--5
                                   6        7
```

23. 輸入列數 n 印出以下 n 個數字塔：

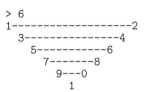

```
> 3                          > 4
 1    1    1                  1    1    1    1
222  222  222               222  222  222  222
33333 33333 33333          33333 33333 33333 33333
                          4444444 4444444 4444444 4444444
```

24. 輸入列數 n 印出以下 n 個數字空心塔：

```
> 3                          > 4
  1     1     1                1       1       1       1
 2 2   2 2   2 2              2 2     2 2     2 2     2 2
33333 33333 33333           3   3   3   3   3   3   3   3
                           4444444 4444444 4444444 4444444
```

25. 輸入數字 n 印出以下一排山：

26. 輸入數字 n 印出以下一排山與其倒影圖案：

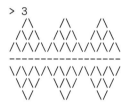

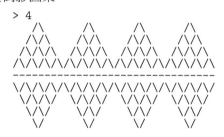

27. 輸入數字 n 印出以下方塊數字排列圖案：

```
> 3                          > 5
111       111                11111                            11111
111       111                11111                            11111
111       111                11111                            11111
    222       222            11111                            11111
    222       222            11111                            11111
    222       222                22222                    22222
        333                      22222                    22222
        333                      22222                    22222
        333                      22222                    22222
                                 22222                    22222
                                     33333            33333
                                     33333            33333
                                     33333            33333
                                     33333            33333
                                     33333            33333
                                         44444    44444
                                         44444    44444
                                         44444    44444
                                         44444    44444
                                         44444    44444
                                             55555
                                             55555
                                             55555
                                             55555
                                             55555
```

提示：將前 n-1 列方塊與最後一列方塊分開處理

28. 輸入數字 n 印出以下方塊數字排列圖案：

```
> 3                              > 4
      333                                  4444
      333                                  4444
      333                                  4444
   222   222                               4444
   222   222                        3333   3333
   222   222                        3333   3333
111         111                     3333   3333
111         111                     3333   3333
111         111                  2222         2222
                                 2222         2222
                                 2222         2222
                                 2222         2222
                              1111               1111
                              1111               1111
                              1111               1111
                              1111               1111
```

提示：可藉由更動上題程式執行步驟與逆轉迴圈順序快速完成，不需重寫

29. 輸入數字 n 印出以下方塊數字排列圖案：

```
> 3                              > 4
      333                                  4444
      333                                  4444
      333                                  4444
   222   222                               4444
   222   222                        3333   3333
   222   222                        3333   3333
111         111                     3333   3333
111         111                     3333   3333
111         111                  2222         2222
   222   222                     2222         2222
   222   222                     2222         2222
   222   222                     2222         2222
      333                     1111               1111
      333                     1111               1111
      333                     1111               1111
                              1111               1111
                                 2222         2222
                                 2222         2222
                                 2222         2222
                                 2222         2222
                                    3333   3333
                                    3333   3333
                                    3333   3333
                                    3333   3333
                                       4444
                                       4444
                                       4444
                                       4444
```

提示：合成以上兩份程式碼即可完成

第二章：邏輯、條件式與迴圈

邏輯運算是用來判斷一個式子的真假值，常與條件式子配合用來決定程式執行的路徑，如同程式的執行走到叉路一樣，需決定接下來應走哪一條路。使用邏輯運算於條件式內可決定程式接下來需要執行的程式碼，才能產生正確的結果。

　　迴圈則代表重複執行，當迴圈與條件式結合一起使用，可讓迴圈在不同階段執行不同的程式片段，讓程式的執行更加靈活多元。一個程式往往是由邏輯運算、條件式與迴圈三者交織結合組成，當初學者面對一些尋常程式問題，若能靈活地運用這三種基本語法來完成程式設計，則其程式設計能力就相當嫻熟，剩下的部份就是熟悉一些進階語法而已，這也使得本章的學習非常重要。

■ 布林數：真或假

```
假：False , None , 0 , 0.0 , 0j , "" , [] , () , {}
真：True , 非假
```

例如：

```
>>> a = True          # a 為真
>>> b = False         # b 為假
>>> c = 0             # c 為整數 0，但也代表假
>>> d = 3.4           # d 為浮點數 3.4，但也代表真
>>> e = "abc"         # e 為字串 "abc"，但也代表真
```

⊛ 非零的數或長度非零的字串在邏輯上都代表真

■ 六個比較運算子：< <= > >= == !=

符號	名稱	符號	名稱
<	小於	>	大於
<=	小於或等於	>=	大於或等於
==	等於	!=	不等於

例如：

```
>>> x = 7
>>> a =  x < 5        # a 為假
>>> b =  x >= 3       # b 為真
```

```
>>> c =   2**2 == x           # c 為假
>>> d =   2 < x <= 10         # d 為真
>>> e =   1 < x < 3           # e 為假
```

■ 布林運算子： not and or

- ▶ not A   ： 逆轉 A 的真假值

- ▶ A and B ： A 與 B 兩個皆真才為真，否則為假

- ▶ A or B ： A 與 B 兩個皆假才為假，否則為真

```
>>> x = 30
>>> a = not ( x > 20 )              # a 為假
>>> b = ( x < 50 and 3*x > 70 )     # b 為真
>>> c = ( x == 20 or x > 40 )       # c 為假
```

- ▶ 適時使用小括號於複雜的邏輯式子

```
d = ( 0 < x < 30 and x%2 == 0 ) or ( x > 50 and x%5 != 0 )
```

- ▶ 複雜邏輯式子經常會跨列，此時要在前後加小括號

```
d = ( ( 0 < x < 30 and x%2 == 0 ) or
      ( x > 50 and x%5 != 0 ) )
```

■ 流程控制：控制程式執行路徑

- ▶ B if A else C ： 如果 A 為真則執行 B 否則執行 C

```
s = int( input("> ") )
print( "P" if s >= 60 else "F" )          # s >= 60 印出 P 否則印出 F

# B 與 C 可以為運算式
s = int( input("> ") )
x = 3 * s + 1 if s else 2 + 3 * 4          # B = 3*s+1  C = 2+3*4
                                           # s 非零 x=3s+1 ， s 為零 x=14
```

- ⊛ 此種倒裝條件式經常併入運算式中，例如：

```
s = int( input("> ") )
s2 = s + ( 60-s if 55<s<60 else 0 )        # 等同 s2 = 60 if 55<s<60 else s
```

- ▶ if A : B ： 如果 A 為真則執行 B

```
if x > 3 : print(x)
```

- ⊛ 如果 B 不只一個式子，則 B 要置於 if 下方，且 B 的每個式子都要縮排

```
if 55 < x < 60 :                           # x 在 (55,60) 之間才執行縮排式子
    x = 60
    print(x)
```

▶ if A1 : B1 elif A2 : B2 ... else : 複合條件式

```
if score >= 90 :                    # score >= 90 列印 A 後離開條件式
    print( "A" )
elif 80 <= score < 90 :             # score 在 [80,90) 間列印 B 後離開條件式
    print( "B" )
elif 70 <= score < 80 :             # score 在 [70,80) 間列印 C 後離開條件式
    print( "C" )
else :                              # 以上條件都不滿足時，執行 else 後式子
    print( "F" )
```

⊛ 根據問題需要，elif 或 else 可加以省略，且 elif 的數量不受限制

■ 條件式為數字：當數字為 0 或者 0.0 為假，其他數字皆為真

```
for i in range(-3,4) :
    print( "a" if i else "b" , end="" )    # 印出 aaabaaa
```

以上等同：

```
for i in range(-3,4) :
    if i :                          # 等同 if i != 0 :
        print( "a" , end="" )
    else :
        print( "b" , end="" )
```

■ 迴圈與條件式：迴圈與條件式經常混合交織使用

▶ X 圖形：

```
n = int( input("> ") )                      x       x
                                             x     x
for i in range(n) :                           x   x
    for j in range(n) :                        x
        if i == j or i+j == n-1 :             x   x
            print( 'x' , end="" )            x     x
        else :                              x       x
            print( ' ' , end="" )
    print()                                  n = 7
```

⊛ 最後的 print() 是在橫向 j 迴圈結束後執行

▶ 倒三角數字：

```
n = int( input("> ") )

for r in range(n) :                         111111111
    for c in range(2*n-1) :                  2222222
        if c >= r and r + c <= 2*n-2 :        33333
            print( r+1 , end="" )              444
        else :                                  5
            print( ' ' , end="" )
    print()                                  n = 5
```

⊛ 同個問題可能有許多種作法：

```
n = int( input("> ") )

m = 2*n-1
for r in range(n) :
    print( ' '*r + str(r+1)*(m-2*r) )        # 每列先印空格，再印數字
```

▶ 印出 255 以下數字的二進位表示方式[11]：

```
n = int( input("> ") )

for k in range(7,-1,-1) :                          > 70
    # 檢查 n 的第 k+1 位元位置是否有值          01000110
    if n & ( 1 << k ) :
        print( '1' , end="" )                      > 130
    else :                                         10000010
        print( '0' , end="" )
```

⊛ 整數在 [0,255] 之間僅需要八個二進位數字

■ while 迴圈

▶ while A : B ：當 A 為真，重複執行 B 直到 A 為假

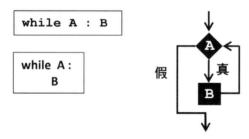

▶ while 迴圈經常可改用 for 迴圈達到相同效果

```
i , s = 0 , 0           |    s = 0
while i < 10 :          |    for i in range(10) :
    s += i             |        s += i
    i += 1             |
```

▶ 列印 1! 到 6!

```
# 讓 p , i , n 三個變數分別 1 , 1 , 6        1! = 1
p , i , n = 1 , 1 , 6                        2! = 2
while i <= n :                               3! = 6
    p *= i                                   4! = 24
    print( i , "! = " , p , sep="" )         5! = 120
    i += 1                                   6! = 720
```

28

▶ 無窮迴圈：無止盡重複執行

```
while True :                                  > 5           > 4
                                                *             *
    n = int( input("> ") )                     ***           ***
                                               *****         *****
    for i in range(n) :                       *******       *******
        print( " "*(n-1-i) + "*"*(2*i+1) )   *********      *****
                                               *******       ***
    for i in range(n-2,-1,-1) :               *****         *
        print( " "*(n-1-i) + "*"*(2*i+1) )     ***
                                                *
```

■ break：提前跳出迴圈

▶ 使用 break 可跳出一層迴圈，提前離開迴圈

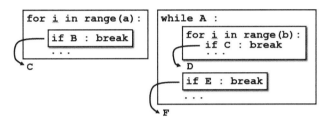

▶ while True 常與 break 合用

```
while True :                                  > 4           > 5
                                                1             1
    n = int( input("> ") )                     222           222
                                               33333         33333
    # n <= 0 則跳離迴圈                         4444444       4444444
    if  n <= 0  : break                                      555555555

    for i in range(n) :
        print( " "*(n-1-i) + str(i+1)*(2*i+1) )
```

▶ 列印不在九九乘法乘積的兩位數

```
i = 0
for  n  in range(10,100) :              # 兩位數迴圈

    found = True                        # 先設定 found 「找到」為真
    for x in range(2,10) :              # 除數範圍 x 由 2 到 9
        if n%x == 0 and n//x < 10 :     # 當 x 能整除 n 且商為個位數
            found = False               #     排除數字 n，設定 found 為假
            break                       #     並提早跳離迴圈

    if found :                          # 當 found 「找到」仍為真
        i += 1
        print( n , end=" " )
        if i%20 == 0 : print()          # 每 20 個數換列

print()
```

輸出：

```
11 13 17 19 22 23 26 29 31 33 34 37 38 39 41 43 44 46 47 50
51 52 53 55 57 58 59 60 61 62 65 66 67 68 69 70 71 73 74 75
76 77 78 79 80 82 83 84 85 86 87 88 89 90 91 92 93 94 95 96
97 98 99
```

■ continue：提前進入下個迭代

　▶ continue 可提早進入下個迭代步驟，但不像 break 一樣跳出迴圈

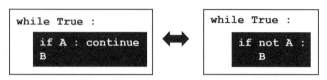

　▶ 列印不是 3 或 5 或 7 倍數的兩位數

```
i = 1
for  n  in range(10,100) :
    if n%3 == 0 or n%5 == 0 or n%7 == 0 : continue
    print( i , n )
    i += 1
```

　以上等同：

```
i = 1
for  n  in range(10,100) :
    if not ( n%3 == 0 or n%5 == 0 or n%7 == 0 ) :
        print( i , n )
        i += 1
```

　⊛ 當「not」條件式不容易理解時，就是使用 continue 的時機

■ 簡單格式輸出：format

　▶ format 設定資料的輸出格式，以字串表示

　▶ 可設定資料輸出寬度(w)、靠左對齊(<)、靠右對齊(>)、置中對齊(^)、填補字元(f)

　▶ "{:f>w}".format(a)：資料 a 使用 w 個格子輸出，靠右對齊，如果有剩餘格子，
　　　　　　　　　　　　　以 f 字元填補，若沒有設定 f，則以空格替代

語法	產生字串
"{:#<5}".format(17)	'17###'
"{:>2}-{:>2}".format(3,28)	' 3-28'
"20{:<2}/{:0>2}/{:0>2}".format(18,4,5)	'2018/04/05'
"{:<3}={:#>5}".format("pi",3.14)	'pi =#3.14'

```
for i in range(1,6) :
    for j in range(1,6) :
        print( "{:>1}x{:>1}={:>2}".format(i,j,i*j) , end="  " )
    print()
```

輸出：

```
1x1= 1   1x2= 2   1x3= 3   1x4= 4   1x5= 5
2x1= 2   2x2= 4   2x3= 6   2x4= 8   2x5=10
3x1= 3   3x2= 6   3x3= 9   3x4=12   3x5=15
4x1= 4   4x2= 8   4x3=12   4x4=16   4x5=20
5x1= 5   5x2=10   5x3=15   5x4=20   5x5=25
```

⊛ 更詳細的 `format` 使用方式請參考第 140 頁

■ `pass`：空式子

▶ `pass` 不執行任何動作，為空式子

```
for s in range(1,100) :
    if s < 60 :
        pass                    # 尚未決定處理方式，先以 pass 暫代
    else :
        print(s)
```

⊛ 當程式仍在開發時，未完成區塊可使用 `pass` 藉以保持語法正確性

■ 常用的預設函式

▶ 函式語法：

函式	作用
abs(x)	回傳 x 的絕對值
pow(x,y)	回傳指數函數 x^y 的數值
min(x,y,...)	回傳輸入參數中的最小值，參數數量不限
max(x,y,...)	回傳輸入參數中的最大值，參數數量不限
round(x,n)	回傳最靠近浮點數 x 的數字，n 設定取位的小數位數預設為 0。若接近 x 的數有兩個，則選擇偶數

▶ 範例：

用法	結果	說明
abs(-3)	3	
pow(2,3)	8	
pow(2,-2)	0.25	
min(2,9,3)	2	
max(2,9)	9	
round(3.56)	4	
round(2.5)	2	取偶數
round(2.35,1)	2.4	
round(2.345,2)	2.35	截去誤差影響取位結果

⊛ `round(x,n)` 常會因數字 x 的截去誤差[8]影響到計算結果

■ exit()：提前離開程式

  ▶ 提前離開程式

```
while True :
    n = int( input("> ") )
    if n < 0 : exit()          # 當 n 小於 0 時隨即離開程式
    ...
```

  ▶ exit(str)：印出字串 str 後離開程式

  ▶ exit(n)：

    ● 離開程式時將整數 n 回傳給作業系統

    ● 以 exit 中斷程式，若不刻意回傳整數，作業系統也會接收到整數 1

    ● 多用於互動式操作，有時會出現警告視窗等候確認

  ▶ sys.exit()：一般的程式最好使用定義於 sys 套件的 sys.exit 函式，
                用法與 exit 函式相同

```
import sys                        # 將 sys 套件加入程式中使用

while True :
    n = int( input("> ") )
    if n < 0 : sys.exit("n < 0")    # 印出 n < 0 後隨即離開程式
    ...
```

  ⊛ sys.exit() 使用前需用 import sys 將 sys 套件加入程式內

■ 結語

熟用基本的迴圈與條件式子即能解決許多程式問題，但遇到問題要能快速的撰寫成程式，除了要熟悉程式語法外，往往需靠著運用思考邏輯來尋找解題步驟，後者是有方法可以加以訓練的。本章與第三章的習題都在訓練你的邏輯思維，請花時間逐題練習。

> 在動手「打程式」之前，請先利用紙筆並使用數學設定變數來描述問題，有時需利用一些基礎數學推導公式，找出變數間的數學關係。若原始問題過於困難，可先簡化問題到可以處理的地步。如此解題步驟常會因此靈光乍現，接下來轉為程式碼就相對簡單，此時程式設計算是初步完成，剩下的就是逐步修改程式到解決原始程式問題為止。撰寫程式前的紙筆推導會加快程式完成速度，大幅降低程式開發時間，千萬不要輕忽。

■ 練習題

1. 找出三位數的數字和為 10 且數字都不同的所有三位數，例如：325、910，驗證共有 40 個數。

2. 撰寫程式印出由 2 到 99 所有數的質因數乘積。

```
2 = 2                 10 = 2 x 5            18 = 2 x 3 x 3
3 = 3                 11 = 11              19 = 19
4 = 2 x 2             12 = 2 x 2 x 3       20 = 2 x 2 x 5
5 = 5                 13 = 13              21 = 3 x 7
6 = 2 x 3             14 = 2 x 7           22 = 2 x 11
7 = 7                 15 = 3 x 5           23 = 23
8 = 2 x 2 x 2         16 = 2 x 2 x 2 x 2   24 = 2 x 2 x 2 x 3
9 = 3 x 3             17 = 17              ...
```

3. 輸入兩整數，印出兩數的直式乘積運算式：

```
> 238 , 11208                 > 98123 , 3084

       238                            98123
x   11208                     x        3084
--------                      ----------
      1904                          392492
     476                           784984
    238                           294369
   238                            ----------
--------                          302611332
 2667504
```

4. 以下運算式的每一個中文代表不同的數字，撰寫程式印出滿足的數學式子。

```
        學 習 再 學 習
    ×              學
    ─────────────────
      優 優 優 優 優 優
```

5. 撰寫程式印出直式九九乘法表：

```
    1     1     1     1     1     1     1     1     1
x 1   x 2   x 3   x 4   x 5   x 6   x 7   x 8   x 9
---   ---   ---   ---   ---   ---   ---   ---   ---
    1     2     3     4     5     6     7     8     9

    2     2     2     2     2     2     2     2     2
x 1   x 2   x 3   x 4   x 5   x 6   x 7   x 8   x 9
---   ---   ---   ---   ---   ---   ---   ---   ---
    2     4     6     8    10    12    14    16    18

. . .

    9     9     9     9     9     9     9     9     9
x 1   x 2   x 3   x 4   x 5   x 6   x 7   x 8   x 9
---   ---   ---   ---   ---   ---   ---   ---   ---
    9    18    27    36    45    54    63    72    81
```

6. 輸入列數 n，印出以下 W 圖形：

7. 輸入列數 n，印出以下 W 數字遞增圖形：

8. 輸入數字 n，使用一層迴圈印出以下圖案：

```
> 3                           > 4
* * * - - - - - -             * * * * - - - - - - -
* * * - - - - - -             * * * * - - - - - - -
* * * - - - - - -             * * * * - - - - - - -
+ + + - - - - - -             * * * * - - - - - - -
+ + + - - - - - -             + + + + - - - - - - -
+ + + - - - - - -             + + + + - - - - - - -
                              + + + + - - - - - - -
                              + + + + - - - - - - -
```

9. 輸入方格內最大數字 n，印出以下方形數字分佈圖案：

```
> 4                           > 5
1 1 1 1 1 1 1                 1 1 1 1 1 1 1 1 1
1 2 2 2 2 2 1                 1 2 2 2 2 2 2 2 1
1 2 3 3 3 2 1                 1 2 3 3 3 3 3 2 1
1 2 3 4 3 2 1                 1 2 3 4 4 4 3 2 1
1 2 3 3 3 2 1                 1 2 3 4 5 4 3 2 1
1 2 2 2 2 2 1                 1 2 3 4 4 4 3 2 1
1 1 1 1 1 1 1                 1 2 3 3 3 3 3 2 1
                              1 2 2 2 2 2 2 2 1
                              1 1 1 1 1 1 1 1 1
```

10. 輸入最大數字 n，印出以下菱形數字分佈圖案：

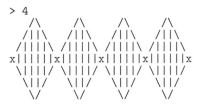

```
> 3                        > 4
    1                          1
  2 2 2                      2 2 2
1 2 3 2 1                  2 3 3 3 2
  2 2 2                  1 2 3 4 3 2 1
    1                      2 3 3 3 2
                             2 2 2
                               1
```

11. 輸入數字 n，印出 n 個連在一起的鑽石：

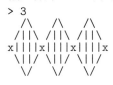
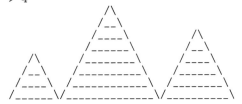

12. 輸入小山高 n，印出三座山，其中左右山同高，中間山為兩倍高：

13. 輸入小山高 n，印出三座山，右邊山高為 $\frac{3n}{2}$（進位整數），中間山高為 2n：

14. 設定一些 python 變數代表萬國碼中的一些字符：

```
hh , vv = chr(9472) , chr(9474)
nw , ne , sw , se = chr(9484) , chr(9488) , chr(9492) , chr(9496)
```

各變數所對應的字符如下：

hh	—	vv	│	nw	┌	ne	┐	sw	└	se	┘

撰寫程式印出以下螺旋圖形：

> 6

> 5

15. 使用上題字符，印出以下雙螺旋圖形：

> 6   > 5

16. 使用第 14 題字符，輸入高 n ，印出以下傾斜排列的 n 個方塊圖案：

> 5

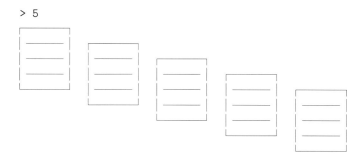

17. 輸入杯高 n，印出以下呈斜線排列的杯子：

```
> 4                              > 5
1   1                           1   1
1   1 2   2                     1   1 2    2
1   1 2   2 3   3               1   1 2    2 3    3
1111 2   2 3   3 4   4          1   1 2    2 3    3 4    4
     2222 3   3 4   4           11111 2    2 3    3 4    4 5    5
          3333 4   4                  22222 3    3 4    4 5    5
               4444                         33333 4    4 5    5
                                                  44444 5    5
                                                        55555
```

18. 輸入三角形高 n，印出以下 n 個上下交錯的三角形：

```
> 5                                    > 6
1          3          5                1          3              5
11         33         55               11         33             55
111   22222 333   44444 555            111        333            555
1111   2222 3333   4444 5555           1111   222222 3333   444444 5555   666666
11111   222 33333   444 55555          11111   22222 33333   44444 55555   66666
        22          44                 111111   2222 333333   4444 555555   6666
        2           4                         222          444            666
                                              22           44             66
                                              2            4              6
```

19. 使用第 14 題字符，輸入高 n ，印出以下圖案：

> 2

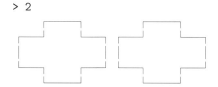

> 3

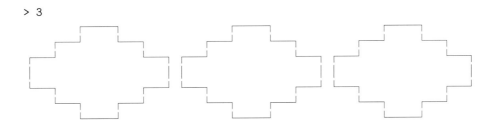

20. 輸入數字 n，使用四層迴圈印出以下圖案：

```
> 3                          > 4
111    222                   1111    2222
111    222                   1111    2222
111    222                   1111    2222
    333                      1111    2222
    333                          3333
    333                          3333
444    555                       3333
444    555                       3333
444    555                   4444    5555
                             4444    5555
                             4444    5555
                             4444    5555
```

21. 同上題，但印出空心數字圖案：

```
> 4                          > 5
1111    2222                 11111     22222
1  1    2  2                 1   1     2   2
1  1    2  2                 1   1     2   2
1111    2222                 1   1     2   2
    3333                     11111     22222
    3  3                         33333
    3  3                         3   3
    3333                         3   3
4444    5555                     3   3
4  4    5  5                     33333
4  4    5  5                 44444     55555
4444    5555                 4   4     5   5
                             4   4     5   5
                             4   4     5   5
                             44444     55555
```

22. 輸入奇數 n，使用**四層迴圈**印出以下圖案：

```
> 3                  > 5
\ /  \ /             \ /      \ /
 X    X               \ /      \ /
/ \  / \               X        X
 \ /                  / \      / \
  X                    \ /      \ /
 / \                    X        X
\ /  \ /               / \      / \
 X    X                 \ /
/ \  / \                  X
                         / \
                          \ /      \ /
                           X        X
                          / \      / \
```

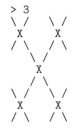
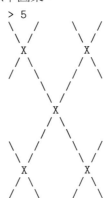

23. 輸入小 X 的列數 n(奇數)，印出以下大 X 旁邊有兩個連在一起的小 X 圖案：

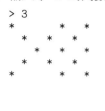

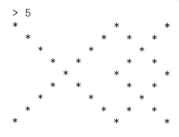

24. 同上輸入，印出兩個大 X 之間有兩組連在一起的小 X 圖案：

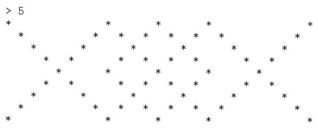

25. 輸入數字 n ，印出以下對應的大象圖案：

> 1

> 2

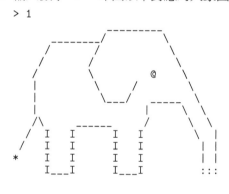

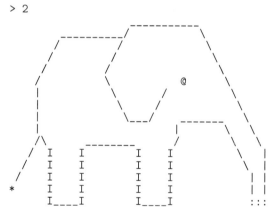

第三章：用數學寫程式

學好程式設計除了熟悉程式語法以外，更重要的是學習如何找出解題步驟，有了解題步驟才能將之轉成實體程式碼。對初學者來說，程式問題的解題步驟通常是混亂模糊，似有非有且難以找到規律。主要原因是程式問題不像考試卷的題目有固定範圍，有清楚的條件與所要解答的文字題目。程式問題通常僅給予所要產生的結果，沒有任何提示，在此情況下，如果缺乏有系統的方式來找尋解題步驟，如此解題沒有想法，程式自然無法完成。

本章特別教授如何使用「數學思維」來找出解題步驟，所謂「數學思維」是指在解題過程中，以間接或直接方式使用數學技巧、概念或知識來解決問題。 許多程式問題表面上是看不到數學式子，但並不表示用不到數學。數學善於偽裝，總是隱身於問題之中，若要完成程式設計，就得將隱藏在程式問題中的數學抓出來處理，經過解析後轉為清楚的解題步驟。

本章特別強調程式設計需先由紙筆推導入手，且要學會如何分解問題，簡化問題，以漸進方式逐步修改程式最後完成原始程式問題。本章將透過程式操作實例示範如何使用數學思維逐步完成程式設計。

■ 學好程式的關鍵：善用數學推導

> ▶ 先想清楚再動手撰寫

> ▶ 利用數學思維於紙筆上推導

> ▶ 將複雜問題簡化成系列的漸進式題組，然後逐步克服

> ▶ 與人討論可破除思考盲點，但程式仍需自己完成

> ▶ 寫程式通常會出錯，很少有一路順利完成程式

> ▶ 留意解譯器產生的錯誤訊息

> ▶ 看懂他人程式後，冷卻後重頭撰寫

> ▶ 試著變化已完成的程式問題，再次練習

> ▶ 多多找尋題目挑戰自己

> ▶ 精神不濟時避免練習程式，徒然浪費時間

> ▶ 學好程式設計就要經常練習，別無他法

> ▶ 程式觀念問題可多參訪 https://stackoverflow.com/ 程式設計問答網站

■ 數字 6 的放大點陣圖

```
> 1              > 2                    > 3
6666             66666666               666666666666
6                66666666               666666666666
6666             66                     666666666666
6  6             66                     666
6666             66666666               666
                 66666666               666
                 66    66               666666666666
                 66    66               666666666666
                 66666666               666666666666
                 66666666               666         666
                                        666         666
                                        666         666
                                        666666666666
                                        666666666666
                                        666666666666
```

程式 bitmap6.py

```python
01    # 數字 6 的點矩陣縱橫方向為 5x4
02    r , c = 5 , 4
03
04    while True :
05
06        n = int( input("> ") )
07
08        # 大縱向
09        for s in range(r) :
10
11            # 縱向重複次數
12            for i in range(n) :
13
14                # 大橫向
15                for t in range(c) :
16
17                    # 橫向重複次數
18                    for j in range(n) :
19
20                        # 數字 6 的點陣滿足條件：
21                        if ( ( s%2==0 ) or t==0 or ( s==3 and t==3 ) ) :
22                            print( "6" , end="" )
23                        else :
24                            print( " " , end="" )
25
26                # 換列
27                print()
```

撰寫程式前先使用紙筆利用簡單數學設定變數描述問題，這樣的操作經常會讓你突然間找到解題方向，再更進一步思考後，往往可順利推導出程式問題的詳細執行步驟，之後再將之轉為程式碼，如此可省下大量的程式撰寫時間，讓程式設計更加有效率。

▶ 分解步驟：

1. 首先簡化題目僅列印輸入數為 1 的圖案，使用紙筆畫出數字 6 的 5×4 點陣圖如右，觀察圖案可知數字 6 僅在某些位置有黑色方塊(為清楚辨別以黑色方塊替代數字)，其他位置則是空白方塊。讓縱橫兩軸線分別為 s 與 t，由圖可知黑色方塊僅出現在 s=0、2、4 或者 t=0 或者 (s,t)=(3,3)。

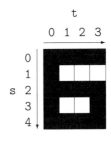

由以上圖案可知，整個程式僅是在一個 5×4 的矩形區域列印兩種不同字元，即滿足條件的位置印字元 6，否則印空格，相關程式碼如下：

```
r , c = 5 , 4
for s in range(r) :
    for t in range(c) :                 6666
        if ( s%2==0 or t==0 or          6
            ( s==3 and t==3 ) ) :       6666
            print( "6" , end="" )       6  6
        else :                          6666
            print( " " , end="" )
    print()
```

2. 處理輸入數大於 1 情況，若 n 為輸入數，即代表以上每個位置在縱向橫向各重複 n-1 次，例如以下右圖為 n=2 的點陣圖案。觀察下圖所設定的變數：i、j、s、t，由程式列印的次序可知迴圈由外而內的排列順序為先 s 再 i 後 t 最後為 j，並在整個橫向 t 迴圈結束後才加以換列，這種使用多層迴圈來列印資料方式可參考第一章的四層迴圈[15]程式。

```
r , c , n = 5 , 4 , 2

for s in range(r) :

    for i in range(n) :

        for t in range(c) :

            for j in range(n) :

                if ( s%2==0 or t==0 or
                    ( s==3 and t==3 ) ) :
                    print( "6" , end="" )
                else :
                    print( " " , end="" )
    print()
```

n = 2

■ 三角數字塔

```
> 3                                  > 4
        1                                    1
       222                                  222
      33333                                33333
    1       1                             4444444
   222     222                              1
  33333   33333                            222     222
  1     1     1                           33333   33333
 222   222   222                         4444444 4444444
33333 33333 33333                          1       1       1
                                          222     222     222
                                         33333   33333   33333
                                        4444444 4444444 4444444
                                          1     1     1     1
                                         222   222   222   222
                                        33333 33333 33333 33333
                                       4444444 4444444 4444444 4444444
```

程式 .... `numtris.py`

```python
01   while  True :
02
03       n = int( input("> ") )
04
05       # 大縱向
06       for s in range(n) :
07
08           # 小縱向
09           for i in range(n) :
10
11               print( " "*((n-1-s)*n) , end="" )
12
13               # 大橫向
14               for t in range(s+1) :
15
16                   print( " "*(n-1-i)+str(i+1)*(2*i+1)+" "*(n-1-i) , end=" " )
17
18               print()
19
20           print()
```

当程式問題有些複雜且找不出清楚的規律時，可試著將問題簡化到可完成的小問題，
然後由此小問題逐步加入條件，循序漸進完成程式設計。

▶ 分解步驟：

1. 列印一個數字三角形，但將三角形當成矩形列印，也就是包含數字前後的空格，先以橫線替代，以 n = 4 為例：

```
---1---
--222--
-33333-
4444444
```

```
for i in range(n) :
    s1 = '-'*(n-1-i)
    s2 = str(i+1)*(2*i+1)
    print( s1+s2+s1 )
```

2. 列印一排數字矩形：

```
---1--- ---1--- ---1--- ---1---
--222-- --222-- --222-- --222--
-33333- -33333- -33333- -33333-
4444444 4444444 4444444 4444444
```

```
for i in range(n) :
    s1 = '-'*(n-1-i)
    s2 = str(i+1)*(2*i+1)

    for t in range(n) :
        print( s1+s2+s1 , end=" " )
    print()
```

3. 列印 n 排數量遞增的數字矩形：

```
---1---
--222--
-33333-
4444444
---1--- ---1---
--222-- --222--
-33333- -33333-
4444444 4444444
---1--- ---1--- ---1---
--222-- --222-- --222--
-33333- -33333- -33333-
4444444 4444444 4444444
---1--- ---1--- ---1--- ---1---
--222-- --222-- --222-- --222--
-33333- -33333- -33333- -33333-
4444444 4444444 4444444 4444444
```

```
for s in range(n) :

    for i in range(n) :

        s1 = '-'*(n-1-i)
        s2 = str(i+1)*(2*i+1)

        for t in range(s+1) :
            print( s1+s2+s1 , end=" " )
        print()
```

4. 在每排數字矩形之前增加若干個空格，以星號替代。

```
************---1---
************--222--
************-33333-
************4444444
********---1--- ---1---
********--222-- --222--
********-33333- -33333-
********4444444 4444444
****---1--- ---1--- ---1---
****--222-- --222-- --222--
****-33333- -33333- -33333-
****4444444 4444444 4444444
---1--- ---1--- ---1--- ---1---
--222-- --222-- --222-- --222--
-33333- -33333- -33333- -33333-
4444444 4444444 4444444 4444444
```

```
for s in range(n) :

    s3 = "*"*((n-1-s)*n)

    for i in range(n) :

        print( s3 , end="" )

        s1 = '-'*(n-1-i)
        s2 = str(i+1)*(2*i+1)

        for t in range(s+1) :
            print( s1+s2+s1 , end=" " )
        print()
```

■ 山水圖案

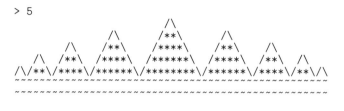

> 5

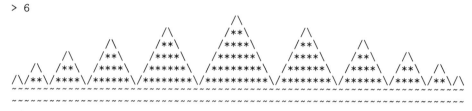

> 6

程式 .... mountains.py

```python
01  while  True :
02
03      n = int( input("> ") )
04
05      # 山
06      for i in range(n) :
07
08          for j in range(-n+1,n) :
09
10              s = abs(j)                  # 山高至頂端距離
11              h = n - s                   # 山高
12              w = 2 * ( n - abs(j) )      # 山寬
13              t = i - s                   # 山頂往下距離
14
15              if i < s :
16                  print( " "*w , end="" )
17              else :
18                  print( " "*(n-1-i)+"/"+"*"*(2*t)+"\\"+" "*(n-1-i) , end="" )
19
20          print()
21
22      # 水
23      for i in range(2) :
24
25          for j in range(-n+1,n) :
26
27              w = 2*(n-abs(j))
28              print( "~"*w , end="" )
29
30          print()
31
32      print()
```

▶ **分解步驟：**

1. 用矩形方式產生高度為 n 的山，即同時列印山的前後空格，先以橫線替代。

```
-----/\-----        n = 6
----/**\----        for i in range(n) :
---/****\---            s1 = "-"*(n-1-i)
--/******\--           s2 = "*"*(2*i)
-/********\-           print( s1+'/'+s2+'\\'+s1 )
/**********\
```

2. 若 s 為山高到頂端距離，輸入 s，以矩形方式印出此山，此矩形包含山高到頂端。以下為山高 n = 6 時，s 分別為 1 與 2 的圖形。

```
> 1
----------          n = 6
----/\----          s = int( input("> ") )
---/**\---
--/****\--          for i in range(n) :
-/******\-
/********\               if i < s :
> 2                          print( '-'*(2*(n-s)) )
--------                 else :
--------                     s1 = "-"*(n-1-i)
---/\---                     s2 = "*"*(2*(i-s))
--/**\--                     print( s1+'/'+s2+'\\'+s1 )
-/****\-
/******\
```

3. 讓 s 由 0 1 2 依次變化，橫向印出三座山，相鄰兩山的空格暫以不同符號替代，以資區分。

```
-----/\-----++++++++++--------
----/**\----++++/\++++--------
---/****\---+++/**\+++---/\---
--/******\--++/****\++--/**\--
-/********\-+/******\+-/****\-
/**********\/********\/******\

n = 6
for i in range(n) :

    for s in range(3) :

        if i < s :
            print( '-'*(2*(n-s)) , end="" )
        else :
            s1 = "-"*(n-1-i)
            s2 = "*"*(2*(i-s))
            print( s1+'/'+s2+'\\'+s1 , end="" )

    print()
```

4. 設定 j 迴圈為 for j in range(-n+1,n) ，取其絕對值為 s，仿上題印出所有的山，再加上兩排 ~ 底線即可完成程式。

■ 行道樹

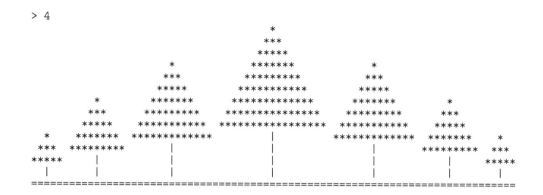

```
> 4
```

程式 .... trees.py

```
01    while True :
02
03        n = int( input("> ") )
04        a = 3 * n + 2
05
06        for i in range(a) :
07
08            for j in range(-n+1,n) :
09
10                s = abs(j)                    # 樹與中間樹單位距離
11                f = n - s                     # 樹幹高
12                h = 2 * n + 1 - 2 * s         # 樹身高
13                w = 4 * ( n - s ) + 1         # 樹身底寬
14                d = 3 * s                     # 樹梢與頂部距離
15
16                if i < d :
17                    print( " "*w , end=" " )
18
19                elif i < d+h :
20                    print( " "*(d+h-i-1)+"*"*(2*(i-d)+1)+" "*(d+h-i-1) , end=" " )
21
22                elif i < d+h+f :
23                    print( " "*(2*(n-s))+"|"+" "*(2*(n-s)) , end=" " )
24
25                else :
26                    print( "="*(2*(n-s))+"="+"="*(2*(n-s)) ,
27                           end=("=" if j<n-1 else " ") )
28
29            print()
30
31        print()
```

▶ **推導過程：**

此題表面上看起來與數學無關，倒像一個刁難程式設計題目。但若將問題看成數學題目，就是一個簡單數學推導問題。舉例來說：讓 n 代表由最左邊最矮樹到中間最高樹的數量，同時再以中間樹為標準，緊鄰的左右兩旁的樹與中間樹差距為 1，再兩旁則為 2，將此數設為 s，如下圖：

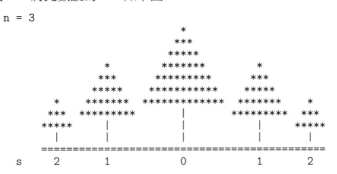

讓 f 函數代表樹幹長，h 函數為樹身高，w 函數為樹身底部寬，d 函數為樹梢與頂部的距離，這些函數若分別以 n 與 s 表示各為何？

當程式問題改成數學題目後，大概都可立即推導出：

```
f(n,s) = n - s
h(n,s) = 2 n + 1 - 2 s
w(n,s) = 4 ( n - s ) + 1
d(n,s) = 3 s
```

包圍每棵樹的矩形高 = f＋h＋d = n－s＋2n＋1－2s＋3s = 3n＋1，再加上底部等號線就是 3n+2，也就是縱向迴圈執行次數。函式推導出來後，轉換為程式就簡單了。列印時每棵樹都被看成矩形，樹體以外的空格暫以橫線替代，由下圖可知本題的撰寫方式如同上題一樣。

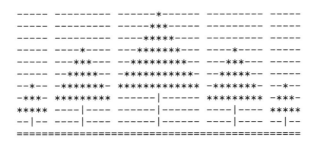

由本題可知，解決程式問題的關鍵在於找出隱藏於題目中的數學，此數學問題沒有已知，也不曉得未知，一切都需自行設定變數推導其間關係，關鍵在於要讓一些變數與程式迴圈變數產生關聯，如此就可轉為迴圈式子。本題充份說明應用「數學思維」來推導程式解題步驟的重要性，有了解題步驟，程式碼就能順手寫出 ！！

■ 結語

學好基礎程式設計的第一步即是要能靈活地使用迴圈與條件式，能根據問題需要不加思索地混合配用迴圈與條件式來完成程式設計。以下每道題目都需要一些思考，其中或有相似，請在正式動手寫程式之前，多加利用「**數學思維**」於紙上推導。許多題目都使用到國中的「等差數列[309]」來設定字元重複次數或迴圈迭代次數，多加練習，必能找到竅門。

> 面對複雜的程式題目，先試著簡化問題。由可完成的簡化問題開始著手，逐步加入條件，修改程式直到完成程式問題為止。這種由簡到深的漸進式解題方式，每一步都在應用數學思維，訓練邏輯，長期下來自會有良好的學習成效。此外也避免不知程式從何下手而胡亂拼湊的窘境，後者導致許多人在經過長時間奮鬥還是無法完成程式設計，最終落得勞而無獲，浪費時間。這是初學者最常犯的錯誤，也是中途放棄程式設計的主要原因。

■ 練習題

1. 輸入數字 n 印出以下圖形：

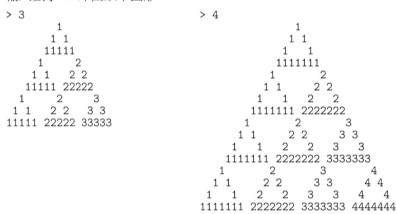

2. 輸入數字 n 印出以下底部重疊的雙三角形：

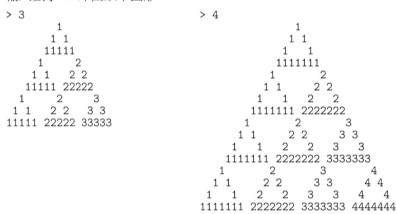

3. 輸入數字 n 印出以下重疊的空心鑽石圖案：

> 3

4. 輸入數字 n 印出以下空心鑽石圖案：

> 3

> 4

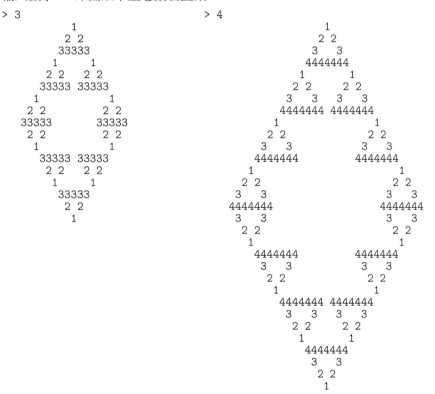

5. 撰寫程式印出由左到右遞增的金字塔方塊圖案，每個方塊高為 3，寬為 5：

```
> 2                                    > 3
            11111                                                11111
            11111                                                11111
            11111                                                11111
11111 22222 22222                              11111       22222 22222
11111 22222 22222                              11111       22222 22222
11111 22222 22222                              11111       22222 22222
                                         11111 22222 22222 33333 33333 33333
                                         11111 22222 22222 33333 33333 33333
                                         11111 22222 22222 33333 33333 33333
```

6. 參考上題已知，撰寫程式印出以下對稱圖案：

```
> 3
                              11111
                              11111
                              11111
            11111       22222 22222       11111
            11111       22222 22222       11111
            11111       22222 22222       11111
11111 22222 22222 33333 33333 33333 22222 22222 11111
11111 22222 22222 33333 33333 33333 22222 22222 11111
11111 22222 22222 33333 33333 33333 22222 22222 11111
            11111       22222 22222       11111
            11111       22222 22222       11111
            11111       22222 22222       11111
                              11111
                              11111
                              11111
```

7. 撰寫程式輸入數字印出以下的窗櫺圖案：

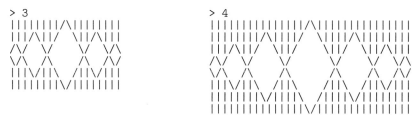

8. 如何修改上題程式，印出以下先由大到小，後由小到大的窗櫺圖案：

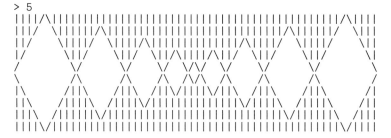

9. 撰寫程式輸入數字印出上下振動的波形圖案：

10. 撰寫程式，輸入數字 n 印出以下圖案：

```
> 3
        3 3 3
    2 2 3 3 3 2 2
1 2 2 3 3 3 2 2 1
1 2 2 3 3 3 2 2 1
    2 2 3 3 3 2 2
        3 3 3
```

```
> 4
            4 4 4 4
        3 3 4 4 4 4 3 3
    2 2 3 3 4 4 4 4 3 3 2 2
1 2 2 3 3 4 4 4 4 3 3 2 2 1
1 2 2 3 3 4 4 4 4 3 3 2 2 1
    2 2 3 3 4 4 4 4 3 3 2 2
        3 3 4 4 4 4 3 3
            4 4 4 4
```

11. 參考上題，輸入數字 n 印出以下類似燈籠圖案：

```
> 5
        55555
    4444-----4444
   333------------333
  22------------------22
 1----------------------1
 1----------------------1
  22------------------22
   333------------333
    4444-----4444
        55555
```

```
> 6
            666666
       55555------55555
    4444----------------4444
   333----------------------333
  22--------------------------22
 1------------------------------1
 1------------------------------1
  22--------------------------22
   333----------------------333
    4444----------------4444
       55555------55555
            666666
```

12. 撰寫程式輸入奇數印出以下 X 字母方塊圖案：

```
> 3
333   333
333   333
333   333
   333
   333
   333
333   333
333   333
333   333
```

```
> 5
555         555
555         555
555         555
   555   555
   555   555
   555   555
      555
      555
      555
   555   555
   555   555
   555   555
555         555
555         555
555         555
```

13. 撰寫程式輸入數字印出以下 M 字母方塊圖案，方塊寬度為 2：

```
> 5                              > 6
MM          MM                   MM              MM
MM          MM                   MM              MM
MMMM      MMMM                   MMMM          MMMM
MMMM      MMMM                   MMMM          MMMM
MM  MM  MM  MM                   MM  MM      MM  MM
MM  MM  MM  MM                   MM  MM      MM  MM
MM    MM    MM                   MM    MM  MM    MM
MM    MM    MM                   MM    MM  MM    MM
MM          MM                   MM      MM      MM
MM          MM                   MM      MM      MM
                                 MM              MM
                                 MM              MM
```

14. 同上題設定，但印出「平滑」版本的 M 字母方塊圖案：

```
> 5                              > 6
MM          MM                   MM              MM
MMM        MMM                   MMM            MMM
MMMM      MMMM                   MMMM          MMMM
MMMMM    MMMMM                   MMMMM        MMMMM
MM MMM  MMM MM                   MM MMM      MMM MM
MM  MMMMM  MM                    MM  MMM    MMM  MM
MM   MMMM   MM                   MM   MMM  MMM   MM
MM    MM    MM                   MM   MMMMMMM   MM
MM          MM                   MM    MMMM    MM
MM          MM                   MM     MM     MM
                                 MM            MM
                                 MM            MM
```

15. 輸入數字 2 水平點數，利用方程式建構 2 的筆劃印出以下 2 中有 2 的圖案：

```
> 4                                  > 5
2222 2222 2222 2222                  22222 22222 22222 22222 22222
   2    2    2    2                      2     2     2     2     2
2222 2222 2222 2222                  22222 22222 22222 22222 22222
2    2    2    2                     2     2     2     2     2
2222 2222 2222 2222                  22222 22222 22222 22222 22222
               2222                                    22222
                  2                                        2
               2222                                    22222
                  2                                    2
               2222                                    22222
2222 2222 2222 2222                  22222 22222 22222 22222 22222
   2    2    2    2                      2     2     2     2     2
2222 2222 2222 2222                  22222 22222 22222 22222 22222
2    2    2    2                     2     2     2     2     2
2222 2222 2222 2222                  22222 22222 22222 22222 22222
2222                                 22222
   2                                     2
2222                                 22222
2                                    2
2222                                 22222
2222 2222 2222 2222                  22222 22222 22222 22222 22222
   2    2    2    2                      2     2     2     2     2
2222 2222 2222 2222                  22222 22222 22222 22222 22222
2    2    2    2                     2     2     2     2     2
2222 2222 2222 2222                  22222 22222 22222 22222 22222
```

16. 撰寫程式輸入數字印出以下不同放大程度的「中」字圖案：

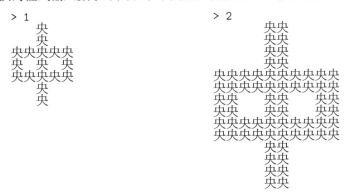

```
> 1                          > 2
      央                             央央
      央                             央央
  央央央央央                          央央
  央  央  央                          央央
  央央央央央                 央央央央央央央央央
      央                    央央央央央央央央央
      央                    央央      央央      央央
                           央央      央央      央央
                           央央央央央央央央央
                           央央央央央央央央央
                                   央央
                                   央央
                                   央央
```

提示：設定座標，使用數學方程式表示「中」的各個筆劃

17. 輸入數字 n，印出以下 n 個數字柱子高的雙座山，每個柱子尺寸為 4×3 ：

```
> 3
        333                 333
        333                 333
    222 333 222         222 333 222
    222 333 222         222 333 222
111 222         222 111 222         222 111
111 222         222 111 222         222 111
111             111             111
111             111             111

> 4
            444                 444
            444                 444
        333 444 333         333 444 333
        333 444 333         333 444 333
    222 333         333 222     222 333         333 222
    222 333         333 222     222 333         333 222
111 222                 222 111 222                 222 111
111 222                 222 111 222                 222 111
111                     111                     111
111                     111                     111
```

18. 修改上題，使之成對稱圖形：

```
> 4
            444                 444
            444                 444
        333 444 333         333 444 333
        333 444 333         333 444 333
    222 333         333 222     222 333         333 222
    222 333         333 222     222 333         333 222
111 222                 222 111 222                 222 111
111 222                 222 111 222                 222 111
111 222                 222 111 222                 222 111
111 222                 222 111 222                 222 111
    222 333         333 222     222 333         333 222
    222 333         333 222     222 333         333 222
        333 444 333         333 444 333
        333 444 333         333 444 333
            444                 444
            444                 444
```

```
> 5
                 555                              555
                 555                              555
             444 555 444                      444 555 444
             444 555 444                      444 555 444
         333 444     444 333              333 444     444 333
         333 444     444 333              333 444     444 333
     222 333             333 222      222 333             333 222
     222 333             333 222      222 333             333 222
 111 222                     222 111 222                     222 111
 111 222                     222 111 222                     222 111
 111 222                     222 111 222                     222 111
 111 222                     222 111 222                     222 111
     222 333             333 222      222 333             333 222
     222 333             333 222      222 333             333 222
         333 444     444 333              333 444     444 333
         333 444     444 333              333 444     444 333
             444 555 444                      444 555 444
             444 555 444                      444 555 444
                 555                              555
                 555                              555
```

19. 修改行道樹範例[46]使得印出的行道樹由高到矮兩兩排列：

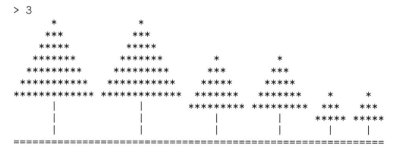

```
> 3
        *           *
       ***         ***
      *****       *****
     *******     *******        *           *
    *********   *********      ***         ***
   *********** ***********    *****       *****
  ************* *************  *******     *******    *       *
       |           |         *********   *********  ***     ***
       |           |        *********** ****************   *****
       |           |              |           |       |       |
===========================================================
```

20. 修改行道樹範例[46]加印行道樹的倒影：

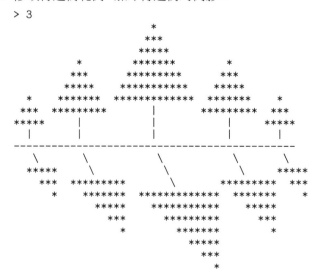

```
> 3
```

21. 參考行道樹範例[46]，輸入數字 n 印出以下高腳房舍：
    > 4

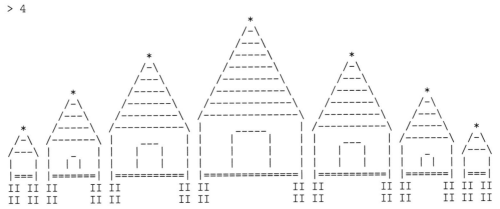

22. 修改上題程式，印出高低交錯的高腳房舍：
    > 3

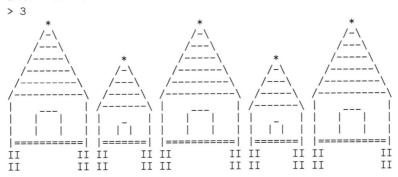

23. 輸入數字 n，印出以下幾何圖案：
    > 3

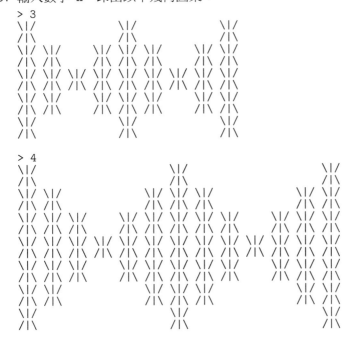

    > 4

第四章：串列(一)

串列可用來儲存許多不同型別的元素資料，串列可透過單一下標取得個別元素或是下標範圍取得多個元素。python 的串列使用上非常方便，可很快的合成、分解、增減元素，串列元素也可以是串列。此外，串列的初值設定也非常簡單同時靈活，短短的一個式子就可設定複雜的元素分佈。簡而言之，串列是 python 程式語言中非常重要的資料型別。

在程式設計中使用 python 串列經常會疏忽一個重要性質而造成程式執行結果錯誤，那即是兩個串列間的指定並不會複製元素，僅表示原串列有個新名稱。此性質與一般認知不同，初學者經常會因疏忽造成執行結果錯誤而又找不出原因。本章特別以圖解方式解釋兩串列的指定過程，用以加深印象避免誤用。python 的串列有許多操作功能，本章將先介紹常用語法，配合有趣範例介紹如何運用「數學思維」找尋程式問題的解題步驟，進而由之轉為程式碼完成程式設計。

■ 串列：list

　　▶ 由排成一列的元素組成

```
>>> a = [ 1 , 2 , 3 , 4 ]        # 四個元素
>>> b = [ 8.3 ]                  # 一個元素
>>> c = [ 2 , "cat" , 3.4 ]      # 串列元素可以不同型別
>>> d = [ [ 1 , 2 ] , 3+2j ]     # 串列元素也可以為串列
>>> e = []                       # 空串列
```

　　▶ 同時設定數個串列

```
>>> a , b = [5,7] , ["cat","ox"]     # a = [5,7] , b = ["cat","ox"]

# 混合型別設定
>>> c , d , e = [3] , 87 , "ox"      # c = [3] , d = 87 , e = "ox"
```

　　▶ 串列長度：len()

```
>>> a = len([9,4])               # a 為 2

>>> b = [ [8,5,6] , "dog" ]
>>> c = len(b)                   # c 為 2
```

■ 串列下標：取出單一元素

　　▶ 串列元素可用下標取得

```
a = [ 9 , "中央" , "math" , 2.5 , [2,8] ]
```

a	9	"中央"	"math"	2.5	[2,8]
正向下標	0	1	2	3	4
正向元素	a[0]	a[1]	a[2]	a[3]	a[4]
逆向下標	-5	-4	-3	-2	-1
逆向元素	a[-5]	a[-4]	a[-3]	a[-2]	a[-1]

► 二維串列：串列元素為串列

```
>>> b = [ [1,2] , [9,4,5] ]
>>> c = b[0][1]              # c = 2
>>> d = b[1][0]              # d = 9
>>> e = len(b)              # e = 2
>>> f = len(b[1])           # f = 3
```

■ 下標範圍：取出多個元素

如果 a 為一串列

► a[i:j]   : a[i] , a[i+1] , a[i+2] , ... , a[j-1]

► a[i:]   : a[i] , a[i+1] , a[i+2] , ... , a[-1]

► a[-i:]   : a[-i] , a[-i+1] , a[-i+2] , ... , a[-1]

► a[:j]   : a[0] , a[1] , a[2] , ... , a[j-1]

► a[i:j:k] : a[i] , a[i+k] , a[i+2k] , ... , 末尾元素下標小於 j

► a[i:j:-k]: a[i] , a[i-k] , a[i-2k] , ... , 末尾元素下標大於 j

► a[:]   : a[0] , a[1] , a[2] , ... , a[-1] 全部元素

► a[::-1] : a[-1] , a[-2] , a[-3] , ... , a[0] 逆向取全部元素

範例：

a	[9,3,4,7,8]	原串列
a[2:]	[4,7,8]	第三個元素之後
a[-2:]	[7,8]	末兩個元素
a[:3]	[9,3,4]	前三個元素
a[1:-1:2]	[3,7]	
a[:]	[9,3,4,7,8]	全部元素
a[::-1]	[8,7,4,3,9]	逆向取元素
a[::-2]	[8,4,9]	
a[1:-1]	[3,4,7]	去除頭尾的元素
a[-2:0:-1]	[7,4,3]	逆向取中間元素
a[:3][::-1]	[4,3,9]	取前三個元素，再逆向
a[-3:][::-1]	[8,7,4]	取後三個元素，再逆向

■ 更動元素

a = [9 , ’中央’ , ’math’ , 2.5 , [2 , 8]]

▶ 更改單一元素

動作	a
a[2] = ’數學’	[9, ’中央’, ’數學’, 2.5, [2, 8]]
a[-1] = []	[9, ’中央’, ’數學’, 2.5, []]

▶ 更改部份元素

```
>>> a[:2] = [ ’ncu’ ]          # 將前兩個元素更改為 ’ncu’
>>> a
[’ncu’, ’math’, 2.5, [2, 8]]

>>> a[-2:] = []                # 去除末兩個元素
>>> a
[’ncu’, ’math’]
```

僅能更改正向緊鄰的元素：

```
>>> a = [1,2,3,4,5]
>>> a[::2] = [10,20]           # 錯誤
>>> a[::-1] = [10,20]          # 錯誤
>>> a[::1] = 10                # 錯誤，缺中括號
>>> a[1:3] = [20,30]           # a 變成 [1,20,30,4,5]
>>> a[:] = [10,20]             # a 變成 [10,20]
```

▶ 末端加元素或串列

```
>>> a = [1,2]
>>> a += [3]                   # a = [1,2,3]
>>> a = a + [4,5]              # a = [1,2,3,4,5]
>>> a[len(a):] = [6]           # a = [1,2,3,4,5,6]
>>> a[len(a):] = [7,8]         # a = [1,2,3,4,5,6,7,8]
```

也可使用 append 函式

```
>>> a = [1,2]
>>> a.append(3)                # a = [1,2,3]
>>> a.append([4,5])            # a = [1,2,3,[4,5]]
```

▶ 前端加元素或串列

```
>>> a = [4,5]
>>> a = [2,3] + a              # a = [2,3,4,5]
>>> a[:0] = [0,1]              # a = [0,1,2,3,4,5]
```

▶ 保留頭尾

```
>>> a = [1,2,3,4,5]
>>> a[1:-1] = []               # a = [1,5]
```

59

▶ 插入元素在某位置之前
```
>>> a = [7,3,9,8]
>>> a[2:0] = [1,2]                 # a = [7,3,1,2,9,8]
```

也可使用 insert 函式
```
>>> b = [7,3,9]
>>> b.insert(2,6)                  # b = [7,3,6,9]
>>> b.insert(2,[1,2])             # b = [7,3,[1,2],6,9]
```

▶ 刪除元素
```
>>> a = [1,2,3,4,5,6,7]
>>> del a[-1]                      # a = [1,2,3,4,5,6]
>>> del a[:2]                      # a = [3,4,5,6]
>>> del a[1:3]                     # a = [3,6]
>>> del a                         # 刪除 a , a 就不存在 !!!
```

⊛ del a 刪除串列，刪除後串列不存在。若僅要清空串列，使用 del a[:]
```
>>> b = [1,2,3,4,5,6,7]
>>> del b[5:]                      # b = [1,2,3,4,5]
>>> del b[:]                       # b = []
```

▶ 取出並移除末尾元素
```
>>> a = [1,2,3,4,5]
>>> a.pop()                       # a = [1,2,3,4]
5
```

▶ 複製串列：複製串列元素
```
>>> a = [1,2,3]
>>> b = a[:]                       # b 與 a 為內容相同但儲存位址不同的兩串列
>>> c = list(a)                   # 效果同上
>>> d = a.copy()                  # 效果同上

>>> a[2] = 10                     # 更改 a 不會影響 b、c、d
>>> b
[1, 2, 3]
```

▶ 串列指定：串列多一個名稱，沒有複製元素
```
>>> a = [1,2,3]
>>> b = a                         # b 與 a 為同一串列
>>> a[2] = 10                     # a = [1, 2, 10]
>>> b                             # 更改 a 也會影響 b
[1, 2, 10]
```

● 「串列複製」常因疏忽被寫為「串列指定」造成意外結果
```
>>> a = [1,2]
>>> b = a                         # 應該是 b = a[:]
>>> b += [3]                      # b = [1, 2, 3]
>>> a                             # a 不小心被改了 !!
[1, 2, 3]
```

以下也是「意外」結果：

```
>>> a = [1,2]
>>> b = [ a , 3 ]          # b = [ [1, 2], 3 ]
>>> del b[0][0]            # b = [ [2], 3 ]
>>> a                      # a 也被改了 !!
[2]
```

■ 整數空間配置

▶ 整數為不可更動型別(immutable)：**當整數需更動數值時，不會在原空間位址變更。**
　　　　　　　　　　　　　　　　　　而是另尋空間儲存新值，舊的空間隨即捨棄。

```
# a 儲存 3
>>> a = 3
```

a
3

```
# a 另尋空間儲存 5
>>> a = 5
```

XXX		a
3		5

▶ 整數指定代表兩個整數共享空間，當其中一變數改存其他數值時，兩整數才會分離

```
# a 儲存 3
>>> a = 3
```

a
3

```
# b 與 a 共享空間
>>> b = a
```

a　b
3

```
# a 另尋空間儲存 5
>>> a = 5
```

b		a
3		5

▶ id(x)：回傳 x 的所在記憶空間位址

▶ x is y 或 x is not y：檢查 x 與 y 是否為(不)相同物件，
　　　　　　　　　　　等同 id(x) == id(y) 與 id(x) != id(y)

```
>>> a = 3                  >>> a = 5
>>> b = a                  >>> a is b
>>> a is b                 False
True                       >>> a is not b
>>> id(a)                  True
140215574788704            >>> id(a)
>>> id(b)                  140215574788768
140215574788704            >>> id(b)
                           140215574788704
```

⊛ 浮點數(float)與字串(string)也是不可更動型別，空間配置如同整數一般

■ 串列空間配置

▶ 串列指定：共享空間

```
# a 串列有 1 與 2 兩個元素
>>> a = [1,2]
```

a	
1	2

```
# b 與 a 共享空間
>>> b = a
```

a	b
1	2

```
# b 增加一個元素，也影響 a
>>> b.append(3)
```

a	b	
1	2	3

```
# b 在新空間儲存 5
>>> b = [ 5 ]
```

a			b
1	2	3	5

⊛ 串列型別為可更動型別(mutable)，串列的指定為共享空間，不會另尋空間儲存

▶ 串列複製：配置新空間

```
# a 串列有 1 與 2 兩個元素
>>> a = [1,2]
```

a	
1	2

```
# b 複製 a 的所有元素到新空間
>>> b = a[:]
```

a		b	
1	2	1	2

```
# b 增加一個元素，不影響 a
>>> b.append(3)
```

a		b		
1	2	1	2	3

```
# b 與 c 共享空間
>>> c = b
```

a		b	c	
1	2	1	2	3

■ 可更動型別與不可更動型別

▶ 可更動型別(mutable)：

變數可在原位址更動數值，包含：串列、集合[189]、字典[195]

⊛ 傳統程式語言的整數、浮點數、字串、陣列等型別都屬於 python 的可更動型別

▶ 不可更動型別(immutable)：

變數更動數值會改變位址儲存，包含：整數、浮點數、字串、常串列[70]

⊛ 更完整的 python 可更動/不可更動型別可參考第 229 頁表格

▶ 空間配置：

	不可更動型別	可更動型別
a 起始值	a = 7	a = [2]
a 變更數值	a = 4 a 另尋空間儲存	a += [7] a 在原位址修改
b 指定為 a	b = a a b 共享空間，位址相同	b = a a b 共享空間，位址相同
b 先指定為 a a 後變更數值	b = a , a = 8 a 另尋空間儲存，a b 位址相異	b = a , a += [8] a b 共享空間，位址相同

■ 由 range 設定串列：將 range 物件轉為 list

```
>>> a = list( range(4) )                        # a = [0,1,2,3]

>>> b = list( range(5,-1,-1) )                  # b = [5,4,3,2,1,0]

>>> c = list(range(1,6))[::-1]                  # c = [5,4,3,2,1]

>>> d = list(range(4)) + list(range(3))[::-1]   # d = [0,1,2,3,2,1,0]
```

■ a in A 與 a not in A： 檢查 a 是否(不)在 A 串列內

▶ a in A ： 檢查 a 是否在 A 串列內，回傳真假值

▶ a not in A ： 檢查 a 是否不在 A 串列內，回傳真假值

▶ 列印數字不重複的三位數，輸出十個數字一列：

```
c = 0
for x in range(1,10) :

    for y in range(0,10) :

        if x == y : continue

        for z in range(0,10) :

            if z in [x,y] : continue
            c += 1
            print( x*100+y*10+z , end=(" " if c%10 else "\n") )
```

```
102 103 104 105 106 107 108 109 120 123
124 125 126 127 128 129 130 132 134 135
136 137 138 139 140 142 143 145 146 147
148 149 150 152 153 154 156 157 158 159
...
```

■ 串列初始值設定：list comprehension

▶ 基本型式

```
>>> [ x for x in range(4) ]              # x 為參數，可為其他有效變數名稱
[0, 1, 2, 3]

>>> [ t*t for t in [1,2,3] ]
[1, 4, 9]

>>> [ t//2+1 for t in range(10) ]
[1, 1, 2, 2, 3, 3, 4, 4, 5, 5]

>>> [ [x,x*x] for x in range(3) ]        # 二維串列：串列元素為串列
[[0, 0], [1, 1], [2, 4]]
```

▶ 有條件式的設定

```
>>> [ x for x in range(10) if x not in [3,4,5] ]
[0, 1, 2, 6, 7, 8, 9]

>>> [ x for x in range(10) if x not in range(3,6) ]
[0, 1, 2, 6, 7, 8, 9]

>>> [ [x,x*x] for x in range(4) if x%2 ]
[[1, 1], [3, 9]]
```

▶ 多重迴圈設定

```
>>> [ x+y for x in range(3) for y in range(2) ]
[0, 1, 1, 2, 2, 3]

>>> [ [x,y] for x in range(3) for y in range(10,12) ]
[[0, 10], [0, 11], [1, 10], [1, 11], [2, 10], [2, 11]]
```

▶ 二維串列設定

```
>>> s , t = 2 , 3
>>> [ [ i*10+j for j in range(t) ] for i in range(s) ]    # 先 i 後 j
[[0, 1, 2], [10, 11, 12]]                                 # 2 x 3 二維串列

>>> [ [ j+1 for j in range(i+1) ] for i in range(4) ]     # 先 i 後 j
[[1], [1, 2], [1, 2, 3], [1, 2, 3, 4]]                    # 二維階梯串列
```

■ 串列合成與複製

▶ 合成串列：+

```
a = [1,2,3] + [4,5]              # a = [1,2,3,4,5]
```

▶ 元素複製：*

```
a = [0] * 5                     # a = [0,0,0,0,0]
b = [1,2] * 3                   # b = [1,2,1,2,1,2]
```

▶ 合併使用 + 與 *

```
c = [1]*2 + [2]*3              # c = [1,1,2,2,2]
```

▶ 乘法複製一維串列的空間配置

```
# a 的兩個元素共享一個整數空間
>>> a = [3]*2
```

a	
3	3

```
# a[1] 另找新空間儲存 5
>>> a[1] = 5
```

a	
3	5

```
# 兩個 4 與兩個 5 各自共享空間
>>> b = [4,5]*2
```

b			
4	5	4	5

```
# b[1] 於新空間儲存 3
>>> b[1] = 3
```

b			
4	**3**	4	5

■ 乘法複製串列的陷阱

▶ 陷阱：以乘法複製串列，元素都佔用同個空間，**這種現象很容易造成二維串列元素處理上的疏忽**

```
>>> a = [3,4]
>>> b = [a]*2                  # b = [[3, 4], [3, 4]]
>>> a[1] = 8                   # 設定 a[1] = 8
>>> b                          # b 的對應位置也變為 8 !!!
[[3, 8], [3, 8]]
```

▶ 正確方式：使用 [:] 複製元素，元素各自獨立

```
>>> a = [1,2]
>>> c = [ a[:] for x in range(2) ]
>>> c[0][0] = 3
>>> c
[[3, 2], [1, 2]]
```

❋ 若 c = [a[:]]*2 ，設定 c[0][0] = 3 ，則 c = [[3, 2], [3, 2]]

▶ 乘法複製二維串列的空間配置

```
# a 有兩個元素
>>> a = [3,4]
```

a	
3	4

```
# b 的兩個串列與 a 共享空間
>>> b = [ a ] * 2
```

a	
3	4

b	
[3,4]	[3,4]

```
# 更動 a[1] 影響 b[0][1] 與 b[1][1]
>>> a[1] = 8
```

a	
3	8

b	
[3,8]	[3,8]

65

同樣的

# c 的三個串列共享一個串列空間
>>> c = [[4,5]]*3

c		
[4,5]	[4,5]	[4,5]

# c[0][1] c[1][1] c[2][1] 共享空間
>>> c[1][1] = 9

c		
[4,9]	[4,9]	[4,9]

# c[0] 於新空間儲存 [6,8]
>>> c[0] = [6,8]

c		
[6,8]	[4,9]	[4,9]

▶ 元素複製二維串列的空間配置

# 兩個元素自佔不同空間
>>> a = [3 for i in range(2)]

a	
3	3

# 兩個元素自佔不同空間
>>> b = [4,5]

b	
4	5

# c 的所有元素各自獨立,互不影響
>>> c = [b[:] for i range(3)]

c		
[4,5]	[4,5]	[4,5]

# 更改 c[0][1] 不會影響其他元素
>>> c[0][1] = 9

c		
[4,9]	[4,5]	[4,5]

■ 設定一到三維串列

▶ 一維串列

```
>>> a = [ 1 ] * 3              # a = [1, 1, 1]
>>> b = [ None ] * 3          # b = [None, None, None]
```

⊛ None 為 python 常數,代表數值尚未設定

▶ 二維串列

設定 3x2 二維串列

```
>>> c = [ [None]*2 for x in range(3) ]
>>> c
[[None, None], [None, None], [None, None]]
```

設定列元素數量遞增的二維串列

```
>>> d = [ [None]*(i+1) for i in range(3) ]
>>> d
[[None], [None, None], [None, None, None]]
```

▶ 三維串列

設定 3x2x4 三維串列

```
>>> [ [ [k]*4 for j in range(2) ] for k in range(3) ]
[[[0, 0, 0, 0], [0, 0, 0, 0]], [[1, 1, 1, 1], [1, 1, 1, 1]],
[[2, 2, 2, 2], [2, 2, 2, 2]]]
```

■ for 迴圈與串列

▶ 一維串列

● 使用下標：透過 len 取得串列長度

```
a = [ 5, 8, 7 ]
for i in range( len(a) ) :
    print( a[i] )                       # 印出 5 8 7 三列
```

● 直接取得元素

```
a = [ 5, 8, 7 ]
for x in a :                            # 迴圈每次由 a 取元素為 x
    print( x )                          # 輸出同上
```

▶ 二維串列

● 使用下標：透過 len 取得串列長度

```
b = [ [1] , [8, 2] , [6, 4, 3] ]
for i in range( len(b) ) :              # len(b)    為串列 b 長度
    for j in range( len(b[i]) ) :       # len(b[i]) 為串列 b[i] 長度
        print( b[i][j] , end=" " )
    print()
```

輸出：

```
1
8 2
6 4 3
```

● 直接取得元素

```
b = [ [1] , [8, 2] , [6, 4, 3] ]
for p in b :                            # 串列 p 依次為 [1], [8,2], [6,4,3]
    for x in p :                        # 每次由 p 取元素存為 x (整數)
        print( x , end=" " )
    print()                             # 輸出同上
```

⊛ 串列可直接置於 in 之後：

```
for p in [ [1] , [8,2] , [6,4,3] ]      # 串列 p 依次為 [1], [8,2], [6,4,3]
    for x in p :
        print( x , end=" " )
    print()                             # 輸出同上
```

■ for 迴圈與矩陣型式串列

▶ 串列元素設定為 p 串列

```
for p in [ [1, 2, 3] , [4, 5, 6] ] :
    print( p[0] , '+' , p[1] , '+' , p[2] , '=' , p[0]+p[1]+p[2] )
```

輸出：

```
1 + 2 + 3 = 6
4 + 5 + 6 = 15
```

▶ 串列元素展開依次設定到 x, y, z

```
a = [ [1, 2, 3] , [4, 5, 6] ]
for x , y , z in a :
    print( x , '+' , y , '+' , z , '=' , x+y+z )
```

輸出同上

■ for 迴圈更改串列元素

　▶ 一維串列

　　● 使用下標

```
a = [ 1 , 8 , 3 ]
for i in range( len(a) ) :
    a[i] += 10                    # a = [ 11 , 18 , 13 ]
```

　　● 直接取用元素：錯誤用法

```
a = [ 1 , 8 , 3 ]
for x in a :                    # 每次迭代整數 x 與 a 串列的對應元素同位址
    x += 10                     # x 變更位址儲存新值，a 串列對應元素保持不變
```

　　　※ 整數為不可更動型別[229]，更改數值皆會變更位址儲存新值[61]

　▶ 二維串列

　　● 使用下標

```
b = [ [1], [5,8], [3,4] ]
for i in range( len(b) ) :
    for j in range( len(b[i]) ) :
        b[i][j] += 10                 # b = [ [11], [15,18], [13,14] ]
```

　　以上外迴圈可改用串列型式：

```
b = [ [1], [5,8], [3,4] ]
for p in b :                    # 串列 p 與每個 b 元素同址
    for i in range(len(p)) :
        p[i] += 10              # b = [ [11], [15,18], [13,14] ]
```

　　　※ 串列為可更動型別[229]，即串列的指定為共享空間，不會另尋空間儲存[62]

　　● 直接取用元素：錯誤用法

```
            b = [ [1], [5,8], [3,4] ]
            for p in b :                    # 每次迭代串列 p 與 b 對應元素同位址
                for x in p :                # 每次迭代整數 x 與 p 串列對應元素同位址
                    x += 10                 # x 變更位址儲存新值，不影響 p 與 b
```

■ 字串分解成字元串列

　　▶ 使用 list 分解字串

```
>>> list( "abc" )
['a', 'b', 'c']
```

```
>>> list( "123" )
['1', '2', '3']
```

　　▶ 分解數字成數字串列

```
>>> n = 423
>>> a = [ int(x) for x in list(str(n)) ]      # a = [4, 2, 3]
```

```
# 以上 list 可省略
>>> b = [ int(x) for x in str(n) ]            # b = [4, 2, 3]
```

```
>>> s = 0
>>> for x in "423" : s += int(x)              # 字串的各數字相加
>>> print(s)                                  # 印出 9
```

■ 串列比大小

　　▶ 依次比較各元素直到比出大小為止

```
>>> [ 8 , 5 , 3 ] < [ 7 , 6 , 4 ]
False
```

```
>>> [ 8 , 5 , 3 ] < [ 8 , 6 , 4 ]
True
```

```
>>> [ 8 , 5 , 3 ] >= [ 8 , 5 , 3 ]
True
```

```
>>> [ 8 , 5 , 3 ] > [ 8 , 5 ]
True
```

```
>>> [ 23 , 'abc' ] < [ 23 , 'xy' ]            # 'a' 於萬國碼順序在 'x' 之前
True
```

```
# 錯誤用法：對等元素要同型別
>>> [ 12 , 'abc' ] > [ 'xy' , 23 ]
```

■ 使用 index 取得元素下標

　　▶ 基本用法

```
>>> dirs = [ "east" , "north" , "west" , "south" ]
>>> dirs.index("west")
2

>>> for d in dirs : print( d , dirs.index(d) , sep=":" , end="  " )
east:0  north:1  west:2  south:3
```

▶ 若有多個相同元素，回傳第一個出現元素下標

```
>>> nums = [ 57 , 35 , 23 , 45 , 12 , 23 ]
>>> nums.index(23)
2
```

⚛ 若元素不在串列中，則會產生錯誤訊息

■ tuple：常串列

    ▶ tuple 為元素一旦設定後即不可更動的串列

    ▶ 使用小括號

```
>>> a = ( 1, 2, 3 )       # a 有三個元素，小括號可省略
>>> a[0] = 5              # 錯誤，不可更動

>>> b = ( 3, 4 )*2       # b = (3, 4, 3, 4)
>>> c = ()               # 空 tuple
```

    ▶ 一個元素的常串列需加逗點

```
>>> d = ( 5, )           # d 為常串列，僅有一個元素 5
>>> d
(5,)

>>> e = ( 5 )            # e 為整數 5，不是常串列
>>> e
5

>>> f = ()              # f 為空常串列
>>> f
()
```

■ tuple 與 list 型別互換

    ▶ 使用 tuple 與 list 互換型別

```
>>> a = [ 3 ]
>>> b = tuple(a)          # b = (3,)

>>> c = ( 5, 4, 3 )
>>> d = list(c)           # d = [5, 4, 3]
```

■ tuple 元素設定

▶ 使用 list comprehension 產生串列再轉為 tuple
```
>>> e = tuple( [ x for x in range(5) ] )
>>> e
(0, 1, 2, 3, 4)
```

▶ 使用 + 與 * 產生 tuple
```
>>> a = (2,3) + (5,)
>>> a
(2, 3, 5)

>>> a = a + (7,8)*2
>>> a
(2, 3, 5, 7, 8, 7, 8)
```

■ 使用 tuple 設定資料

▶ 快速設定元素
```
>>> ( one , two , three ) = ( 1 , 2 , 3 )
>>> three
3

>>> a = ( 4 , 5 , 6 )
>>> ( four , five , six ) = a
>>> six
6
```

▶ 小括號可省略
```
>>> one , two = 1 , 2
>>> two
2
```

▶ 對調元素值
```
>>> x , y = 1 , 2
>>> x , y = y , x              # x = 2 , y = 1
```

▶ 運算
```
>>> a , b = 20 , 5
>>> a , b = a+b , a-b          # a = 25 , b = 15
```

■ random package：隨機函式套件

▶ import random：將 random 套件加入程式中使用，在使用套件函式時需在名稱前
加入套件名稱與句點 random.，例如：random.randint(a,b)

▶ from random import *：同上，但可直接使用套件函式名稱，省去 random.

▶ 常用函式

- random()：隨意產生一個介於 [0,1) 之間浮點數
- uniform(a,b)：隨意產生一個介於 [a,b] 之間浮點數
- randint(a,b)：隨意產生一個介於 [a,b] 之間整數
- randrange(a,b,s)：隨意產生一個在 range(a,b,s) 內的數字
- choice(c)：隨意由 c 序列(串列、字串等)取出一個元素，但 c 不變
- shuffle(c)：打亂 c 序列元素

▶ 操作範例

- 隨意產生四個在 [-1,1] 之間的浮點數

```
import random

nums = [ random.uniform(-1,1) for i in range(4) ]

for x in nums : print( x )
```
輸出：
```
0.9398460693106976
-0.8155827772678199
0.8501798133899221
-0.15960539176357535
```

- 十人擲骰子

```
import random

foo = [ random.randint(1,6) for k in range(10) ]

for x in foo : print( x , end="  " )
```
輸出：
```
1 3 4 4 3 4 5 3 6 2
```

- 10 個號碼球隨意分給四個人，每人兩球

```
import random

# 10 個球，號碼依次為 1 2 3 .. 10
balls = list( range(1,11) )

# 打亂球次序
random.shuffle(balls)

# 分給 4 人，每人 2 球
pno , m = 4 , 2

for i in range(pno) :                # 共四人
    print( i+1 , end = ": " )
```

```
        for x in balls[i*m:i*m+m] :        # 每人分段取球
            print( x , end=" ")

        print()
```

輸出：

```
1: 7 9
2: 5 2
3: 8 10
4: 6 1
```

● 三人各擲四次骰子，骰子各面印有牛、馬、獅、虎、龍、鳳等圖案

```
from random import *                        # 可直接使用 random 套件的
                                            # 函式名稱
dices = "牛馬獅虎龍鳳"

# 3 人任擲四次
pno , m = 3 , 4

for p in range(pno) :
    print( p+1 , end = ": " )

    for k in range(m) :
        print( choice(dices) , end=" " )    # 直接使用 choice 函式名稱

    print()
```

輸出：

```
1: 虎 馬 馬 龍
2: 馬 鳳 馬 獅
3: 獅 牛 龍 鳳
```

※ 若使用 from random import * ，程式中不要有與 random 套件同名的稱呼

■ 字符直條圖

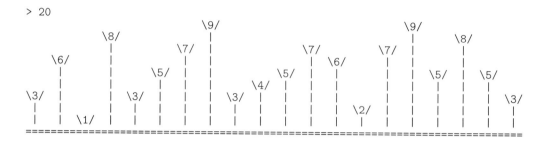

本題直條圖長度介於 [1,9] 之間,長度以亂數決定,線條的數量由鍵盤輸入。由於直條為縱向線與程式的橫向列印方向剛好垂直,程式無法直接以縱向方式列印。上圖的直條線看似複雜,但初學者應學會簡化問題到可以完成的形式,解決後再逐步修改至原始問題。

假想問題為以下型式,| 的數量即是直條線長度,直條線上方空格使用句點表示:

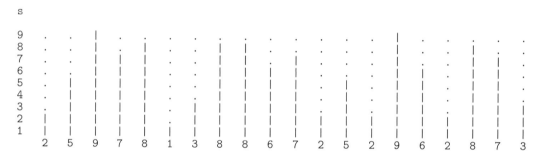

讓直條圖的直線長度統一由底部向上數,且在圖形左側標示 s 軸,s 數值由 9 向下遞減至 1,如此可觀察到整個列印區域為一矩形區域,在每個橫向位置,當 s 大於直條線長度,即印空格(句點),否則印直線。如此程式的主體部份就可寫成以下形式:

```
n = int( input("> ") )

# 儲存所有直條圖長度
vals = [ random.randint(1,9) for i in range(1,n) ]

# 矩形列印區域
for s in range(9,0,-1) :                    # 縱向由上向下

    for val in vals :                       # 橫向由左向右
        if s > val :
            print( ' ' , end="  " )
        else :
            print( '|' , end="  " )
    print()
```

有了以上簡單可運作的程式後,再逐步修改到原始問題就容易了。

> 　　本問題雖然僅是在圖形上寫了一些數字與符號，但程式的解題步驟往往就是在透過這些簡單註記才聯想到可行方法，本題再次突顯撰寫程式前紙筆作業的重要性。
>
> 　　一般來說，程式設計經常有七成以上的時間用在紙筆推導，尋找可行步驟，有了解題步驟後，剩下的時間才是用在程式撰寫上。若在學習過程中省去了紙筆作業，往往要耗費更多的時間才能完成程式設計，有時甚至無法順利完成，徒然浪費時間，這不是一件划算的事。

程式 .... `vbar.py`

```python
01    import random
02
03    while True :
04
05        # 斜條線數量
06        n = int( input("> ") )
07
08        # m 最長直線高
09        # w 直條圖寬
10        m , w = 9 , 3
11
12        # 使用亂數設定各直條線長
13        vals = [ random.randint(1,m) for i in range(1,n+1) ]
14
15        # 畫直條線
16        for s in range(m,0,-1) :
17
18            for val in vals :
19
20                if s > val :
21                    print( " "*w , end=" " )
22                elif s == val :
23                    print( "\\" + str(val) + "/" , end=" " )
24                else :
25                    print( " | " , end=" " )
26
27            print()
28
29        # 畫底部等號
30        print( "="*( (w+1)*n - 1) )
```

■ 螺旋數字方陣

```
> 4                          > 5
-------------------          -----------------------
| 1 | 2 | 3 | 4 |           | 1 | 2 | 3 | 4 | 5 |
-------------------          -----------------------
| 12 | 13 | 14 | 5 |        | 16 | 17 | 18 | 19 | 6 |
-------------------          -----------------------
| 11 | 16 | 15 | 6 |        | 15 | 24 | 25 | 20 | 7 |
-------------------          -----------------------
| 10 | 9 | 8 | 7 |          | 14 | 23 | 22 | 21 | 8 |
-------------------          -----------------------
                             | 13 | 12 | 11 | 10 | 9 |
                             -----------------------
```

本範例需撰寫程式印出一個 n×n 順時鐘螺旋遞增的數字方陣，由於數字遞增方向與程式列印方向不同，同時也找不到數學公式可直接由位置推算數字，造成無法在程式中直接使用雙層迴圈，以先計算數字，再列印數字方式來輸出螺旋數字圖案，這對初學者而言馬上就陷入困境，無從下手。

一個可行方式就是先將螺旋數字依序寫在紙上，由此找尋蛛絲馬跡。首先畫出一個二維方格，依照數字遞增方式，由左上角開始逐一寫入數字。觀察下圖，數字 1 由 ■ 開始，然後依照 → ↓ ← ↑ 四個方向循環行進，每當走到 ▼、◀、▲、▶ 等位置時就要改換下個方向。

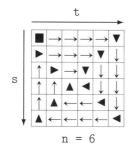
n = 6

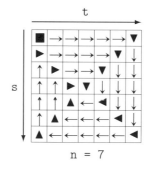
n = 7

以上螺旋圖的四個循環方向可用變數 dir 來表示，以 0 1 2 3 分別代表 → ↓ ← ↑。四個方向的行進方式可用 ds 與 dt 兩串列分別代表在 s 與 t 方向的移動距離。向 → 走一步等同 dt 為 1，ds 不動。向 ↓ 走一步即是 ds 為 1，dt 不變，四個方向的 ds 與 dt 數值可整理成下表：

方向	→	↓	←	↑
dir	0	1	2	3
ds	0	1	0	-1
dt	1	0	-1	0

當填入的數字落到三角形位置時，就要轉彎改用下個方向，也就是要調整 dir 的數值。如此程式設計的重點就是要找出所有三角形的幾何位置。仔細觀察三角形在本頁圖中的位置分佈，利用簡單的國中數學可推導出所有三角形都落在以下三個幾何條件之中：

1. s + t == n-1

2. s >= m and s == t $m = \lceil \frac{n}{2} \rceil$

3. s < m and s == t+1

以上 $\lceil x \rceil$ 為上取整函數(ceiling function)，即 $\lceil 3.3 \rceil$ = 4，$\lceil 4 \rceil$ = 4。有了以上的轉彎條件，換成程式語言就只是簡單的替換而已。由此例可知應用「數學思維」於程式設計的重要性，否則本題的程式碼是無法憑空撰寫出來。

程式 .... rotating_nums.py

```
01   while True :
02
03       n = int( input("> ") )
04
05       # 二維串列儲存數字
06       nums = [ [None]*n for i in range(n) ]
07
08       # 起始位置
09       s , t = 0 , 0
10
11       # 四個方向的前進方式
12       ds , dt = [0,1,0,-1] , [1,0,-1,0]
13
14       # m = n//2 的上取整函數值
15       m = n//2 + ( 1 if n%2 else 0 )
16
17       # 起始方向
18       dir = 0
19       for i in range(n*n) :
20
21           nums[s][t] = i + 1
22
23           # 判斷是否轉彎
24           if s+t==n-1 or ( s >= m and s==t ) or ( s < m and s==t+1 ) :
25               dir += 1
26               if dir == 4 : dir = 0
27
28           # 更新位置
29           s += ds[dir]
30           t += dt[dir]
31
32       # 列印數字
33       print( "-"*(5*n+1) )
34       for i in range(n) :
35           for j in range(n) :
36               print( "|{:>3}".format(nums[i][j]) , end=" " )
37           print( "|" )
38           print( "-"*(5*n+1) )
39
40       print()
```

■ 點矩陣數字

計算機呈現在電腦螢幕的文字多是使用點矩陣來表示，點矩陣文字有點像將文字寫在方格紙上，若文字的筆劃落入小格子內，則印出一個小黑點，若沒在格子內，則印出空格。現在用八個二進位數來表示八個格點，若是格子有塗滿則表示 1，沒有塗滿則表示 0，舉例來說，數字 139 用二進位表示為：

$$139 = 1 \times 2^7 + 0 \times 2^6 + 0 \times 2^5 + 0 \times 2^4 + 1 \times 2^3 + 0 \times 2^2 + 1 \times 2^1 + 1 \times 2^0$$

用圖表示為：

若每個文字使用 8×8 的格子來表示，則下圖的國字「五」中每一排的數字分別為：

0	1	1	1	1	1	1	1	→	0x7f	→	127
0	0	0	0	1	0	0	0	→	0x8	→	8
0	0	0	0	1	0	0	0	→	0x8	→	8
0	0	1	1	1	1	1	0	→	0x3e	→	62
0	0	0	0	1	0	1	0	→	0xa	→	10
0	0	0	1	0	0	1	0	→	0x12	→	18
0	0	1	0	0	1	0	0	→	0x24	→	36
1	1	1	1	1	1	1	1	→	0xff	→	255

以上「五」每列用一個數字表示，八列共八個數字。由點陣圖的 0 與 1 位元分佈可直接以每四個位元一組轉成十六進位數字，這是最快取得點陣數字的方法，之後若有需要再由之轉為十進位數字。

使用點陣圖表示阿拉伯數字也很簡單，若用 5×4 格子點來表示個別的阿拉伯數字，例如以下輸出的數字 9，五列分別是 15 9 15 1 15 等五個數字，15 來自四個 1，即 1111_2，9 為 1001_2，其他依此類推。

本程式先將 0 到 9 等十個數字的點陣資料存在二維串列 bmap，利用位元運算[28]可很快判斷某位元位置是否有值，隨即印出對應的格點字元。

```
> 9876543210

9999  8888  7777  6666  5555  4 4  3333  2222  1  0000
9 9   8 8      7   6     5     4 4     3     2   1  0 0
9999  8888    7   6666  5555  4444  3333  2222  1  0 0
   9  8 8     7   6 6      5   4     3     2     1  0 0
9999  8888    7   6666  5555  4     3333  2222  1  0000
```

程式 .... `bitmap.py`

```
01    # 0 到 9 數字點矩陣
02    bmap = ( (15,9,9,9,15),  (2,2,2,2,2),    (15,1,15,8,15), (15,1,15,1,15),
03            (9,9,15,1,1),   (15,8,15,1,15), (15,8,15,9,15), (15,1,2,2,2),
04            (15,9,15,9,15), (15,9,15,1,15) )
05
06    # 每個點矩陣的橫列數與直行數
07    R , C = len(bmap[0]) , 4
08
09    while True :
10
11        num = input("> " )
12
13        # nos 為 num 的各個位數串列
14        nos = [ int(s) for s in list(num) ]        # num 也可不用置於 list() 內
15
16        print()
17
18        # 數字的每一列
19        for r in range(R) :
20
21            # 每個數字
22            for n in nos :
23
24                # 數字的每一行
25                for c in range(C-1,-1,-1) :
26
27                    # 判斷位元位置是否有值
28                    if bmap[n][r] & ( 1 << c ) :
29                        print( n , end="" )
30                    else :
31                        print( " " , end="" )
32
33                print( "  " , end="" )
34
35            print()
36
37        print()
```

■ 「中大」雙重點矩陣圖

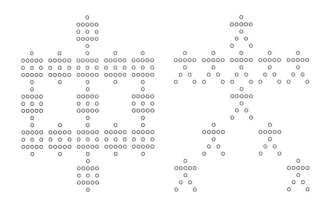

本題要用程式印出上圖中的「中」字各點為「中」,「大」字各點為「大」的雙重點矩陣圖案。題目看似複雜,事實上卻很簡單,只要先在紙上畫出圖形,設定變數代表圖點並推導之間關係,就可依照圖形的列印順序設計對應的迴圈完成程式設計。

　　由於「中」與「大」兩字的每一點也使用同樣點陣字,且「中」與「大」都是 5×5 方陣,如此可畫出以下圖形,在圖形左方與上方標示數字與對應的變數,請留意橫向的 c 與 t 兩變數的數字都由大到小逆向排列,原因在於點矩陣數字位數是由右向左數,可參考上個範例程式碼中的第 25 列。

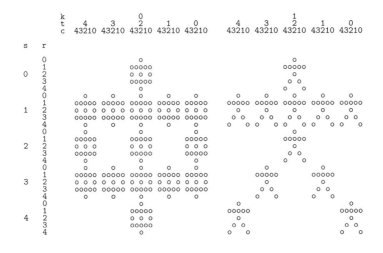

　　上圖共用了五個變數,分別 s、r、k、t、c。由圖可知:s 走一步,r 需走一圈;r 走一步,k 走一圈;k 走一步,t 逆向走一圈;t 走一步,c 逆向走一圈。這種走法如同時間的月、日、時、分、秒運行方式一樣。

　　將此五個變數轉成五層迴圈,最外兩層迴圈分別為大小縱向 s 與 r,內三層迴圈皆為橫向,分別為 k、t、c。k 為「中大」兩字的下標,t 與 c 為大小橫向迴圈,都為逆向遞減,由外而內迴圈完整走完即可將圖案的每個點走一遍,而每個點上的字元不是 o 字元就是空格。

　　由圖中可知，每當 r 走一步時，程式即需跳一列。在列印 o 字元時，需判斷大點矩陣與小點矩陣是否同時有值，若無則印空格。程式的「中」與「大」兩個中文字的點矩陣是直接使用十六進位數字[8]表示，這種表示方式將每列的點陣數值以每四個位元換一個十六進位數替代，省去使用十進位數字，使得設定中文字的點陣數字變得簡單許多。

　　本程式雖用了五層迴圈，但只要依照字元列印順序，找出相關的變數變化方式，即可正確排列出各層迴圈的順序。加上運用位元運算[28]來判斷數值的位元資料，使得撰寫出來的程式碼相當簡潔。本題有了以上的圖示後，程式碼即能很快地完成，這也再度說明紙筆推導的重要性。

程式 .... ncu.py

```python
01    # 「中大」兩字的點矩陣
02    ncu = ( (0x4,0x1f,0x15,0x1f,0x4) , (0x4,0x1f,0x4,0xa,0x11) )
03
04    R , C = len(ncu[0]) , 5
05
06    # 大縱向
07    for s in range(R) :
08
09        # 小縱向
10        for r in range(R) :
11
12            print( " " , end="" )
13
14            # 每個中文字
15            for k in range(len(ncu)) :
16
17                # 大橫向
18                for t in range(C-1,-1,-1) :
19
20                    # 小橫向
21                    for c in range(C-1,-1,-1) :
22
23                        # 檢查列印條件是否滿足
24                        if ( ( ncu[k][r] & ( 1 << c ) ) and
25                            ( ncu[k][s] & ( 1 << t ) ) ) :
26                            print( "o" , end="" )
27                        else :
28                            print( " " , end="" )
29
30                    print( " " , end="" )
31
32                print( "   " , end="" )
33
34        print()
```

81

■ 彈珠臺機率模擬

驗證彈珠臺各位置的數學機率由左到右分別為：$\frac{24}{160}$、$\frac{25}{160}$、$\frac{31}{160}$、$\frac{31}{160}$、$\frac{25}{160}$、$\frac{24}{160}$

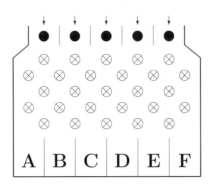

藉由計算機快速的運算能力，程式可以靠著大量的重複執行來模擬機率問題，本問題要藉由設計程式來模擬彈珠滾到彈珠臺底層各個字母欄位的機率。

本題程式設計的重點是要利用數學來定義球的橫向位置，當底層字母欄位的位置確定了，就可知道彈珠最後落在哪個字母欄位。觀察彈珠臺可知滾輪由左向右共有 11 個橫向位置，依次可設為 0 1 2 ... 10 等 11 個座標。有了滾輪橫向位置，底層字母欄位就可定為 0 2 4 6 8 10，五個可能的彈珠入口位置則為 1 3 5 7 9，參考下圖。

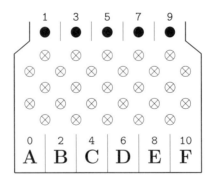

每一次模擬，先以亂數決定彈珠是由哪個入口滾入彈珠臺，即產生 1 3 5 7 9 五數的其中一數。接下來當彈珠撞到滾輪時，以亂數決定彈珠向左或向右彈跳。若向左，彈珠位置減 1，向右，彈珠位置加 1。若彈珠碰到兩側時，直接將彈珠位置設定為 0 或 10 結束當次模擬。

迴圈的每一次都是利用數學模擬彈珠由上而下，一層層的撞到滾輪，向左右彈跳，最後落在底層字母欄位而結束。模擬結束後，球落在字母欄位的機率就是在各個欄位的彈珠數量與總模擬次數的比值，本題是一個簡單又有趣的數學機率模擬題目。

程式 .... pinball.py

```
01   from random import *
02
03   n , total = 5 , 50000
04
05   counts = [ 0 for x in range(n+1) ]
06
07   for k in range(total) :
08
09       # 起始落下的位置
10       ball_pos = 2*randint(1,n) - 1
11
12       # 第一層釘子
13       move = 2*randint(0,1) - 1
14       ball_pos += move
15
16       # 第二到第五層釘子
17       for i in range(2) :
18
19           move = 2*randint(0,1) - 1
20           ball_pos += move
21
22           # 碰到兩側，提前離開
23           if ball_pos < 0 or ball_pos > 2*n : break
24
25           move = 2*randint(0,1) - 1
26           ball_pos += move
27
28       # 球數統計
29       if ball_pos < 0 :
30           counts[0] += 1
31       elif ball_pos > 2*n :
32           counts[-1] += 1
33       else :
34           counts[ball_pos//2] += 1
35
36   # 列印
37   for no in counts :
38       s = int(160*no/total+0.5)
39       print(str(s)+"/160",end=" ")
40
41   print()
```

■ 結語

串列是 python 程式語言中非常重要的資料儲存機制，可以儲存大量的資料，且資料沒有型別限制，可自由混用。為了讓使用者方便使用，串列的語法也有諸多變化，這些語法的使用與細節都要透過大量的練習才能純熟。此外 python 多維串列的設定與使用方式大幅超越傳統程式語言的陣列用法，非常靈活好用，但這一切都要透過經常的練習才能深入心田，得以自在的運用。

■ 練習題

1. 撰寫程式，輸入數字 n，儲存由中向外遞增的數字於 2n-1×2n-1 方形串列，然後僅列印四個如扇葉的圖案：

```
> 5                             > 6

5 5 5 5 5         5             6 6 6 6 6 6           6
  4 4 4 4       4 5              5 5 5 5 5         5 6
    3 3 3     3 4 5               4 4 4 4       4 5 6
      2 2 2 3 4 5                   3 3 3     3 4 5 6
5 4 3 2 1 2 3 4 5                    2 2 2 3 4 5 6
5 4 3 2 2 2                       6 5 4 3 2 1 2 3 4 5 6
5 4 3     3 3 3                   6 5 4 3 2 2 2
5 4       4 4 4 4                 6 5 4 3     3 3 3
5         5 5 5 5 5               6 5 4       4 4 4 4
                                 6 5         5 5 5 5 5
                                 6           6 6 6 6 6 6
```

2. 撰寫程式，輸入 n，產生一 n×n 二維串列，使得元素呈現以下的排列方式：

```
> 5                             > 6
  1  2  3  4  5                   1  2  3  4  5  6
  2  1  2  3  4                   2  1  2  3  4  5
  3  2  1  2  3                   3  2  1  2  3  4
  4  3  2  1  2                   4  3  2  1  2  3
  5  4  3  2  1                   5  4  3  2  1  2
                                  6  5  4  3  2  1
```

3. 撰寫程式，輸入 n，產生 2n×2n 的串列，分四塊存入 [1,9] 的亂數後印出如下：

```
> 3                             > 4
2 2 2 9 9 9                     6 6 6 6 9 9 9 9
2 2 2 9 9 9                     6 6 6 6 9 9 9 9
2 2 2 9 9 9                     6 6 6 6 9 9 9 9
2 2 2 1 1 1                     6 6 6 6 9 9 9 9
2 2 2 1 1 1                     7 7 7 7 3 3 3 3
2 2 2 1 1 1                     7 7 7 7 3 3 3 3
                               7 7 7 7 3 3 3 3
                               7 7 7 7 3 3 3 3
```

4. 分別產生 a、b、c 三個 n×n 個串列，內存相同的 [1,9] 亂數，將之合併起來成為新的 n×3n 串列後印出。為了便於分辨，新串列在列印時，各區塊以空白隔開。

```
> 4                             > 5
9 9 9 9   2 2 2 2   5 5 5 5     1 1 1 1 1   7 7 7 7 7   9 9 9 9 9
9 9 9 9   2 2 2 2   5 5 5 5     1 1 1 1 1   7 7 7 7 7   9 9 9 9 9
9 9 9 9   2 2 2 2   5 5 5 5     1 1 1 1 1   7 7 7 7 7   9 9 9 9 9
9 9 9 9   2 2 2 2   5 5 5 5     1 1 1 1 1   7 7 7 7 7   9 9 9 9 9
                               1 1 1 1 1   7 7 7 7 7   9 9 9 9 9
```

5. 輸入列數 n，產生一個二維串列，第一列有一個元素，第二列兩個元素，依此類推，以先縱後橫方式設定遞增數字如下後印出：

```
> 4                      > 5
 1                        1
 2  5                     2  6
 3  6  8                  3  7 10
 4  7  9 10               4  8 11 13
                          5  9 12 14 15
```

6. 同上輸入，但產生從上而下的迴旋數字排列方式：

```
> 4                      > 5
 1                        1
 3  2                     3  2
 4  5  6                  4  5  6
10  9  8  7              10  9  8  7
                         11 12 13 14 15
```

7. 有兩個 n×n 的對稱矩陣，元素由 0 或 1 的亂數組成。由於矩陣為對稱關係，兩者都僅存下三角元素。請計算兩對稱矩陣的乘積，印出以下相乘過程：

```
> 3
 0  1  1      1  1  1       2  1  2
 1  0  0  x   1  0  1  =    1  1  1
 1  0  1      1  1  1       2  2  2

> 4
 1  0  0  1      0  1  1  1       1  2  2  1
 0  1  0  1  x   1  1  0  1  =    2  2  1  1
 0  0  1  0      1  0  0  1       1  0  0  1
 1  1  0  1      1  1  1  0       2  3  2  2
```

8. 輸入數字，撰寫程式印出巴斯卡三角形：

```
> 5                            > 6
          1                              1
        1  1                            1  1
      1  2  1                          1  2  1
    1  3  3  1                        1  3  3  1
  1  4  6  4  1                      1  4  6  4  1
1  5 10 10  5  1                   1  5 10 10  5  1
                                 1  6 15 20 15  6  1
```

9. 同上題，但印出上下對稱的圖案：

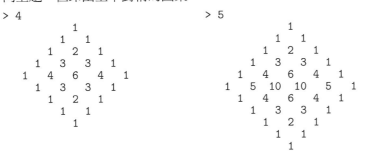

```
> 4                            > 5
        1                                1
      1  1                              1  1
    1  2  1                          1  2  1
  1  3  3  1                        1  3  3  1
1  4  6  4  1                     1  4  6  4  1
  1  3  3  1                    1  5 10 10  5  1
    1  2  1                       1  4  6  4  1
      1  1                          1  3  3  1
        1                            1  2  1
                                       1  1
                                         1
```

10. 撰寫程式，產生一個數字不重複的四位數 x，然後再產生 n 個數字不重複的四位數 y。比較 x 與每個 y 的數字，若數字相同位置相同的數量為 A，數字相同但位置不同的數量為 B，印出如以下的輸出：

```
> 5                              > 6

  6073                             7045
1  6170 : 2A1B                   1  5162 : 0A1B
2  3247 : 0A2B                   2  1508 : 0A2B
3  3742 : 0A2B                   3  8063 : 1A0B
4  5724 : 0A1B                   4  1734 : 0A2B
5  3062 : 1A2B                   5  6485 : 1A1B
                                 6  5103 : 0A2B
```

11. 撰寫程式驗證 n 顆骰子的點數和機率，輸出如下：

```
> 2
 2  3  4  5  6  7  8  9 10 11 12
== == == == == == == == == == ==
 1  2  3  4  5  6  5  4  3  2  1
-- -- -- -- -- -- -- -- -- -- --
36 36 36 36 36 36 36 36 36 36 36

> 3
  3   4   5   6   7   8   9  10  11  12  13  14  15  16  17  18
=== === === === === === === === === === === === === === === ===
  1   3   6  10  15  21  25  27  27  25  21  15  10   6   3   1
--- --- --- --- --- --- --- --- --- --- --- --- --- --- --- ---
216 216 216 216 216 216 216 216 216 216 216 216 216 216 216 216
```

提示：總擲骰子的次數設為 6^n 的倍數

12. 撰寫程式驗證擲出 n 個骰子後，$2 \le n \le 7$，僅有兩個骰子的點數是一樣的機率 p(n) 為 $\dfrac{C_1^6 C_1^5 C_1^4 \cdots C_1^{8-n} C_2^n}{6^n}$：

n	2	3	4	5	6	7
p	$\dfrac{6}{36}$	$\dfrac{90}{216}$	$\dfrac{720}{1296}$	$\dfrac{3600}{7776}$	$\dfrac{10800}{46656}$	$\dfrac{15120}{279936}$

印證電腦所模擬的機率是否接近理論值，以下為某次執行結果：

```
  2     3     4     5     6      7
=====================================
  6    90   719  3603 10817  15136
 --   ---  ----  ---- ----- ------
 36   216  1296  7776 46656 279936
```

13. 撰寫程式使用亂數函式產生介於 [-5,5] 間的整數，但不包含零，然後列印成以下形式的直條圖：

> 20

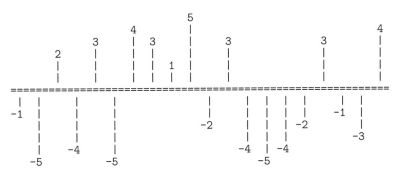

14. 撰寫程式，使用亂數設定長度，產生以下的斜條圖：

> 25

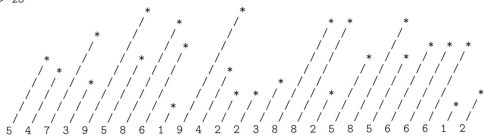

15. 撰寫程式，產生以下由長到短上下對稱斜線：

> 4　　　　　　　　　　　> 5

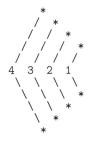 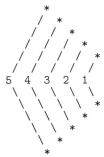

16. 撰寫程式，輸入數字，以直條型式分解數字成以下基本數字的組合：

> 5432　　　　　　　　　> 65034

```
1000                   10000
1000 100               10000 1000
1000 100 10            10000 1000      1
1000 100 10 1          10000 1000 10 1
1000 100 10 1          10000 1000 10 1
                       10000 1000 10 1
```

17. 參考方塊螺旋數字範例[76]，利用座標轉換將結果印為鑽石螺旋圖案：

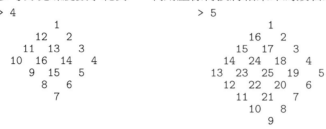

```
> 4                              > 5
        1                                        1
      12  2                                    16  2
    11  13  3                                15  17  3
  10  16  14  4                            14  24  18  4
    9  15  5                              13  23  25  19  5
      8  6                                  12  22  20  6
        7                                    11  21  7
                                               10  8
                                                  9
```

18. 撰寫程式，輸入數字，印出三角螺旋數字圖案：

```
> 6                              > 7

   1                                 1
  15   2                            18   2
  14  16   3                        17  19   3
  13  21  17   4                    16  27  20   4
  12  20  19  18   5                15  26  28  21   5
  11  10   9   8   7   6            14  25  24  23  22   6
                                    13  12  11  10   9   8   7
```

19. 撰寫程式，輸入數字 n，產生 n 個小綠人點陣圖案，輸出時在每個小綠人身體部位顯示 [1,n] 數字，並打亂編號排列。

```
> 6
```

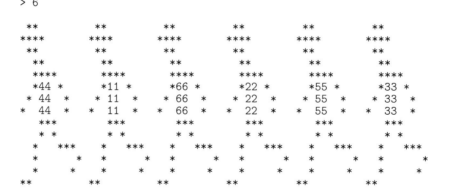

20. 某猜獎節目中，來賓可由三扇門中選擇一扇門打開取得門後的獎品，假設三扇門中有一扇門後有一輛車子，其餘的則各有一隻羊。遊戲開始時，來賓先選定一扇門，然後主持人將剩餘兩扇門中有羊的門打開，接下來問來賓是否要變換心意，改選最後未打開的門。請撰寫程式，驗證當來賓改選門後，得到車子的機率將會由原來不更換門的 $\frac{1}{3}$ 增加到 $\frac{2}{3}$。

21. 如上題，假設節目中有 n 扇門，但僅有一扇門後有車子，猜獎的規則同上，撰寫程式驗證當來賓改選門時，獲得車子的機率會從原來的 $\frac{1}{n}$ 增加到 $\frac{n-1}{n(n-2)}$。以下為程式執行的結果，每一列輸出資料包含門的數量、模擬得到車子的機率、理論值與原始未換門的機率值：

```
 3 : 0.668[0.667] up from 0.333
 4 : 0.377[0.375] up from 0.250
 5 : 0.258[0.267] up from 0.200
 6 : 0.211[0.208] up from 0.167
 7 : 0.172[0.171] up from 0.143
 8 : 0.149[0.146] up from 0.125
 9 : 0.117[0.127] up from 0.111
10 : 0.114[0.113] up from 0.100
```

22. 撰寫程式，輸入數字，印出縱寬各放大兩倍的點矩陣數字：

```
> 2390764

22222222 33333333 99999999 00000000 77777777 66666666 44    44
22222222 33333333 99999999 00000000 77777777 66666666 44    44
      22       33 99    99 00    00       77 66        44    44
      22       33 99    99 00    00       77 66        44    44
22222222 33333333 99999999 00    00       77 66666666 44444444
22222222 33333333 99999999 00    00       77 66666666 44444444
22             33       99 00    00       77 66    66       44
22             33       99 00    00       77 66    66       44
22222222 33333333 99999999 00000000       77 66666666       44
22222222 33333333 99999999 00000000       77 66666666       44
```

23. 同上題，輸入數字，但印出傾斜的點矩陣數字：

```
> 98765

        99999999 88888888 77777777 66666666 55555555
        99999999 88888888 77777777 66666666 55555555
       99    99 88    88       77 66             55
      99    99 88    88       77 66             55
     99999999 88888888       77 66666666 55555555
    99999999 88888888       77 66666666 55555555
   99    88    88       77 66    66       55
  99    88    88       77 66    66       55
 99999999 88888888       77 66666666 55555555
99999999 88888888       77 66666666 55555555
```

24. 撰寫程式，輸入數字，將此數字的點矩陣上下隨意調整位置後列印出來，點陣背景輸出橫線用以模擬數字釘於木板上的效果：

```
> 8273649018

------2222-7777----------4--4--------------------
---------2----7-3333------4--4-------------1--8888-
------2222---7-----3------4444-------------1--8--8-
------2------7-3333-6666----4-------------1--8888-
-8888-2222---7-----3-6------4-9999-0000---1--8--8-
-8--8----------3333-6666------9--9-0--0---1--8888-
-8888---------------6--6------9999-0--0-----------
-8--8-----------------6666--------9-0--0----------
-8888-----------------------------9999-0000----------
```

提示：將整個輸出範圍設定為二維字元串列，每個數字的點陣字元存於二維串列的對應位置

25. 撰寫程式，輸入數字，印出點矩陣數字與其倒影：

```
> 87231069
```

```
8888   7777   2222   3333      1     0000   6666   9999
8   8      7      2      3      1     0   0   6         9   9
8888      7   2222   3333      1     0   0   6666   9999
8   8      7   2         3      1     0   0   6   6      9
8888      7   2222   3333      1     0000   6666   9999
-------------------------------------------------
****      *   ****   ****      *     ****   ****   ****
*   *      *      *      *      *      *    *   *      *
****      *   ****   ****      *     *    *   ****   ****
   *   *      *      *   *      *      *    *   *   *   *
   ****   ****   ****   ****      *     ****   ****   ****
```

26. 有一新式彈珠臺在檯面上增加了三個 ⌣ 平臺，彈珠若滾到平臺上會直接由隱藏在平臺下方的洞口掉離彈珠臺，不會繼續往下滾。撰寫程式驗證彈珠滾到 A 到 F 各個位置的機率分別為：$\frac{17}{160}$、$\frac{7}{160}$、$\frac{12}{160}$、$\frac{12}{160}$、$\frac{7}{160}$、$\frac{17}{160}$。

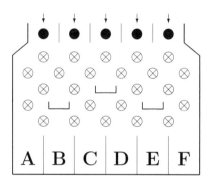

27. 參考彈珠臺範例[82]，撰寫程式驗證彈珠滾到 A 到 F 各個位置的機率，同時也要將落在此位置的彈珠球是來自上端入口的機率由左到右一併列印，以下為輸出的內容：

```
24/160 =>  17 +   6 +   1 +   0 +   0
25/160 =>   9 +  10 +   5 +   1 +   0
31/160 =>   5 +  10 +  10 +   5 +   1
31/160 =>   1 +   5 +  10 +  10 +   5
25/160 =>   0 +   1 +   5 +  10 +   9
24/160 =>   0 +   0 +   1 +   6 +  17
```

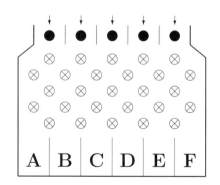

可定義一個二維串列記錄 A 到 F 六個位置的球是來由上端五個入口球的數量：

```
froms = [ [0]*5 for x in range(6) ]
```

28. 設定一些 python 變數代表萬國碼中的一些字符：

```
hh , vv = chr(9473) , chr(9475)
ml , mr = chr(9507) , chr(9515)
nw , ne , sw , se = chr(9487) , chr(9491) , chr(9495) , chr(9499)
```

各變數所對應的字符如下：

hh	—	vv	│	ml	├	mr	┤
nw	┌	ne	┐	sw	└	se	┘

撰寫程式印出以下的門扉，門扉數量($\in$[4,9])與其方向以亂數設定，輸入 n 控制門扉形狀大小，以下是 0、1、2 的圖形樣式：

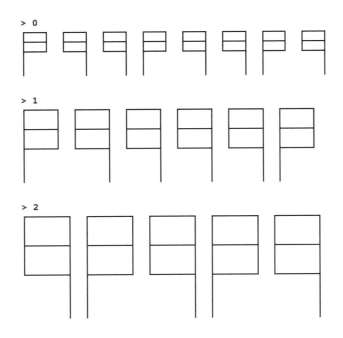

29. 修改行道樹程式[46]使得行道樹的順序隨意排列：

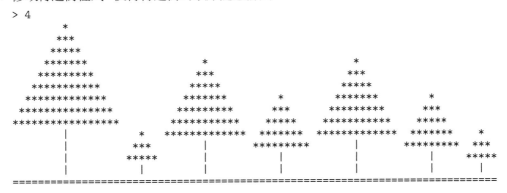

提示：將橫向代表樹的串列先用 random 套件的 shuffle[72] 打亂順序

30. 參考房舍習題[55]，修改程式使得房舍順序隨意排列：

> 4

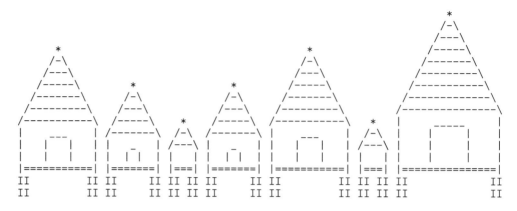

提示：將橫向代表屋舍的串列先用 random 套件的 shuffle[72] 打亂順序

31. 使用 5×5 點矩陣數字儲存「中」與「大」兩個中文字的點陣圖形，輸入中文字縱向與橫向的放大倍數，撰寫程式畫出以下先遞增放大倍數後遞減放大倍數的「**中大寶寶**」圖形。

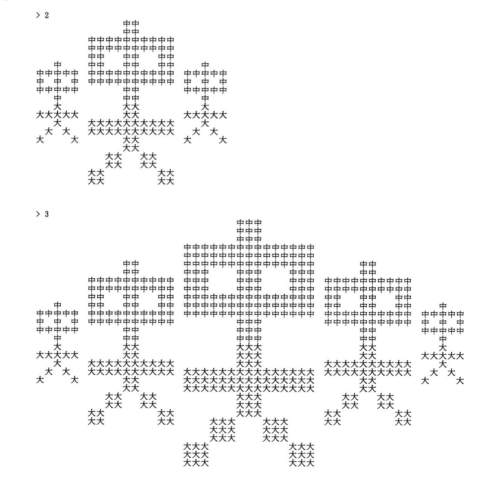

第五章：串列(二)

python 提供了許多方便的函式用於操作串列，本章將介紹一些常用函式，其中比較重要的如：enumerate 列舉函式可將串列元素的下標與元素打包在一起； zip 拉鏈函式可讓數個一維串列與一個多維串列之間互換； sorted 排序函式可依預定或自訂的排序標準對串列元素進行排序；map 映射函式可透過隱藏的迴圈對串列元素逐一進行處理；filter 過濾函式可篩選滿足條件的串列元素。

　　本章末尾將介紹如何使用 pylab 繪圖套件將存於串列的數據繪製成各種圖形，如折線圖、直條圖、橫條圖、散佈圖等等。同時也將進一步介紹如何使用 array 物件與向量式運算以不用迴圈方式對整組數據進行運算，這種數據計算方式使得程式變得簡潔也變得相當「數學」。

　　結合 array 物件與 pylab 繪圖套件，數行程式就能複製出試算表程式所能呈現的圖形。此外由於靈活便利的程式語法與功能強大的繪圖套件，python 程式所繪製的圖形樣式已遠遠超過試算表所能產生的單調圖形，強大的繪圖能力也是 python 程式語言廣受喜好的原因之一。

■ 星號式子：用於串列物件

▶ 用來合併多個元素成為串列或者是拆解串列成個別元素

▶ 在等號左側：合併(打包)元素為串列

函式參數設定	運算結果	說明
(a , *b) = (1,2,3,4)	a = 1 , b = [2,3,4]	小括號可省略
*a , b , c = [1,2,3,4]	a = [1,2] b = 3 , c = 4	
*a , b = 1	錯誤	右式不是常串列，缺逗號
a , *b = 1 ,	a = 1 , b = []	
*a , b = 1 ,	a = [] , b = 1	
*a = 1 , 2 , 3	錯誤	左式不是常串列，缺逗號
*a , = 1 , 2 , 3	a = [1,2,3]	
*a , = ()	a = []	
a = 1 , 2 , 3	a = (1,2,3)	此為設定常串列
a = [1 , 2 , 3]	a = [1,2,3]	此為設定串列

ⓧ 等號左側僅能有一個星號式子

▶ 在等號右側：拆解串列成元素

函式參數設定	運算結果	說明
x = [4,5] (a , b , c) = (3 , *x)	a = 3 b = 4 , c = 5	小括號可省略
x = [1,2] a , b = *x ,	a = 1 b = 2	末尾逗號不可省略
x = [1,2] a , b , c = *x ,	錯誤	等號左側多一個變數
x = [1,2,3] , y = [4] a , b , c , d = *x , *y	a = 1 , b = 2 c = 3 , d = 4	等號右側可有多個星號式子 用來拆解個別串列

■ sum 求和函式

▶ 計算串列的數字和

```
>>> sum( [1, 3, 7] )          # 需為串列或常串列
11

>>> sum( (1, 3, 7) + (4, 2) )  # 先合成兩常串列後求和
17
```

■ max , min 求最大值與最小值

▶ 找出串列的極值

```
>>> max( (2, 9, 7) )
9

>>> min( [4, 2, 8, 9] )
2
```

■ enumerate 列舉函式：將串列下標與資料打包成常串列

▶ 使用 list 將 enumerate 函式的輸出轉型為串列

```
>>> list( enumerate( ["rat", "ox", "tiger", "rabbit"] ) )
[(0, 'rat'), (1, 'ox'), (2, 'tiger'), (3, 'rabbit')]
```

▶ 印出串列的次序與其值

```
# 型式一：
for n , val in enumerate( ["rat", "ox", "tiger", "rabbit"] ) :
    print( n+1 , ':' , val )

# 型式二：p 為兩個元素的常串列
for p in enumerate( ["rat", "ox", "tiger", "rabbit"] ) :
    print( p[0]+1 , ':' , p[1] )
```

輸出：

```
1 : rat
2 : ox
3 : tiger
4 : rabbit
```

如果使用傳統方式，需另設整數：

```
n = 0
for val in ["rat", "ox", "tiger", "rabbit"] :
    print( n+1 , ':' , val )
    n += 1
```

■ zip 拉鏈函式：在多個一維串列與一個多維串列之間互換

▶ 將多個一維串列合成一個多維串列

● 使用 list 將 zip 函式的輸出轉型為串列

```
>>> a = list( zip( ["cat", "dog", "bird"] , [20, 55, 38] ) )
>>> a
[('cat', 20), ('dog', 55), ('bird', 38)]
```

● 英文組句

```
subjects = [ "John", "Tom", "Mary" ]
verbs    = [ "likes", "has", "plays with" ]
objects  = [ "cat", "dog", "parrot" ]
for s , v , o in zip( subjects , verbs , objects ) :
    print( s , v , o )
```

輸出：

```
John likes cat
Tom has dog
Mary plays with parrot
```

● 由分量組成座標點

```
>>> xs , ys , zs = [1, 2, 3] , [4, 5, 6] , [7, 8, 9]
>>> pts = list( zip( xs , ys , zs ) )
>>> pts
[(1, 4, 7), (2, 5, 8), (3, 6, 9)]
```

▶ 將一個多維串列拆解為多個一維串列

● 拆解多維串列時需使用 * 星號於串列之前

● 分解動物與數量

```
>>> pets , nums = zip( *[ ("birds", 35), ("dogs", 20), ("cats", 15) ] )
>>> pets
('birds', 'dogs', 'cats')
>>> nums
(35, 20, 15)
```

傳統方式寫法：

```
                pets , nums = [] , []
                for a , b in [ ("birds", 35), ("dogs", 20), ("cats", 15) ] :
                    pets.append(a)
                    nums.append(b)
```

- 分解座標點成各分量

```
>>> pts = [ (1, 4, 7), (2, 5, 8), (3, 6, 9) ]
>>> xs , ys , zs = zip( *pts )
>>> print( xs , ys , zs )
(1, 2, 3) (4, 5, 6) (7, 8, 9)
```

■ lambda 函式：設定僅有單一式子的匿名函式

▶ 使用 lambda 定義匿名函式

```
import math
fn = lambda x : int(math.sqrt(x)*10)          # 定義 fn 為 lambda 函式

for s in range(1,100) : print( fn(s) )
```

以上 lambda 函式等同定義一個僅有單一式子的函式

```
   def fn( x ) :                              # 詳見第九章函式
       return int(math.sqrt(x)*10)
```

⊛ lambda 函式僅能有一個式子

▶ 多個參數的 lambda 函式

```
>>> f = lambda y , m , d : "{}-{:0>2}-{:0>2}".format(y,m,d)
>>> print( f(2018,9,1) )
2018-09-01

>>> g = lambda s , t : ( s , t , s+t )
>>> g(1,2)
(1, 2, 3)
```

⊛ lambda 常與一些函式合併使用以獲得更大的程式設計自由度

■ sort 與 sorted 排序函式

▶ foo.sort()：foo 串列由小排到大，沒有回傳

▶ sorted(foo)：回傳 foo 串列由小到大的排序結果，foo 保持不變

```
>>> a = [3, 2, 4, 1]
>>> a.sort()                    # 沒有回傳
>>> a                           # a 由小排到大
[1, 2, 3, 4]

>>> b = [3, 2, 4, 1]
>>> sorted(b)                   # 回傳由小排到大的結果
[1, 2, 3, 4]
>>> b                           # b 保持不變
[3, 2, 4, 1]
```

    ⊛ 如果串列為 tuple，僅能使用 sorted 來排序

▶ 逆向排序

- foo.sort(reverse=True)：foo 串列由大排到小，沒有回傳
- sorted(foo,reverse=True)：回傳 foo 串列由大到小的排序結果，foo 保持不變

```
>>> a = [3, 2, 4, 1]
>>> a.sort(reverse=True)      # 沒有回傳
>>> a                         # a 由小排到大
[4, 3, 2, 1]
```

▶ 自訂排序方式

- foo.sort(key=fn)：foo 串列依 fn 函式設定排列標準，沒有回傳
- sorted(foo,key=fn)：回傳 foo 串列依 fn 函式設定排列標準，foo 保持不變

```
# 比較個位數，由小排到大
>>> sorted( [12, 76, 3, 25] , key = lambda x : x%10 )
[12, 3, 25, 76]

# 比較字串長度，由大排到小
>>> sorted( ["cat", "ox", "tiger"] , key = len , reverse=True )
['tiger', 'cat', 'ox']

# 比較字串長度，由大排到小
>>> sorted( ["cat", "ox", "tiger"] , key = lambda x : -len(x) )
['tiger', 'cat', 'ox']
```

- 二維串列排序：串列元素為串列

```
>>> animal_no = [ ["pig",18], ["fish",20], ["dog",20], ["cat",11] ]

# 只根據動物名稱排序
>>> sorted( animal_no , key = lambda p : p[0] )
[['cat', 11], ['dog', 20], ['fish', 20], ['pig', 18]]

# 先根據動物數量(由大到小)，再依據名稱
>>> sorted( animal_no , key = lambda p : ( -p[1] , p[0] ) )
[['dog', 20], ['fish', 20], ['pig', 18], ['cat', 11]]
```

    ⊛ 更複雜的比較方式需設計函式

▶ 找出數字排列順序

```
>>> a = [12, 76, 3, 25]
>>> b = sorted(a)

# c 為 a 序列數字由小到大的順序編號
>>> c = [ b.index(x)+1 for x in a ]
>>> c
[2, 4, 1, 3]
```

```
# d 為 a 序列數字由大到小的順序編號
>>> b = sorted(a,reverse=True)
>>> d = [ b.index(x)+1 for x in a ]
>>> d
[3, 1, 4, 2]
```

■ map 映射函式

▶ map(fn , a)：逐一取出 a 串列元素送到 fn 函式執行，fn 函式名稱後不需小括號

▶ map(lambda x : ... , a)：逐一取出 a 串列元素當成 lambda 函式參數 x

⊛ 若有 n 個串列，lambda 函式要有 n 個參數

▶ map 執行後的結果可與迴圈結合使用

▶ list(map(..,a))：將 map 執行後的結果轉為串列，且此串列與 a 串列等長

▶ 操作範例：

• 求得最長字串長度
```
>>> max( map( len , [ "cat", "tiger" , "lion" ] ) )
5
```

⊛ len 函式名稱後不需加小括號成為 len()

• 將整數字串轉為整數：使用 list 將 map 結果轉為串列
```
>>> foo = list( map( int , [ "100" , "200" , "300" ] ) )
>>> foo
[100, 200, 300]
```

⊛ 若不使用 list 轉型，則 foo 為 map 物件，無法當成串列使用

• 印出個位數：map 輸出與迴圈結合
```
>>> for x in map( lambda a : a%10 , [ 13, 46 ] ) : print(x)
3
6
```

⊛ 也可使用 list comprehension 得到與 map 同等效果
```
>>> for x in [ a%10 for a in [ 13, 46 ] ] : print(x)
```

• 整數字串的平方和
```
>>> sum( map( lambda x : int(x)**2 , [ "1" , "2" , "3" ] ) )
14

>>> sum( [ int(x)**2 for x in [ "1" , "2" , "3" ] ] )
14
```

• 兩串列內積：lambda 需要兩個參數才能處理兩個串列

```
>>> a , b = [1, 2, 3] , [3, 7, 4]
>>> sum( map( lambda x , y : x*y , a , b ) )
29

# 使用 zip 將多個串列打包
>>> sum( map( lambda p : p[0]*p[1] , zip( a , b ) ) )
29

>>> sum( [ p[0]*p[1] for p in zip( a , b ) ] )
29
```

- 印出字元複製次數

```
>>> s = [ "a", "b", "c" ]
>>> n = [ 5, 7, 2 ]
>>> for z in map( lambda x , y : x*y , s , n ) : print( z )
aaaaa
bbbbbbb
cc
```

以上等同：

```
>>> for z in [ x*y for x , y in zip( s , n ) ] : print( z )
```

■ filter 過濾函式

▶ filter(fn , a)：回傳串列 a 滿足 fn 條件的元素

⊛ fn 多為 lambda 函式，回傳真假值

▶ filter 執行後的結果可與迴圈結合使用

▶ list(filter(...))：將 filter 執行後的結果轉為串列

▶ 操作範例：

- 使用 list 將 filter 函式的輸出轉型為串列

```
>>> list( filter( lambda x : x > 0 , [1, 3, -2, 4, 9] ) )
[1, 3, 4, 9]
```

⊛ 此種方式等同使用以下的 list comprehension

```
>>> [ x for x in [1, 3, -2, 4, 9] if x > 0 ]
```

- 計算串列數字在 (0,5) 之間的數字和

```
>>> sum( filter( lambda x : 0 < x < 5 , [1, 3, -2, 4, 9] ) )
8

# 使用 list comprehension
>>> sum( [ x for x in [1, 3, -2, 4, 9] if 0 < x < 5 ] )
8
```

- 找出兩位數的數字和等於 14 的數

```
>>> list( filter( lambda x : x//10+x%10 == 14 , range(10,100) ) )
[59, 68, 77, 86, 95]
```

- **pylab 繪圖套件**

  - ▶ pylab 建立於 matplotlib 物件導向繪圖函式庫
  - ▶ 極為方便的繪圖套件，大部份繪圖指令近似 MATLAB 相關功能函式語法
  - ▶ 使用 import pylab 時，所有函式名稱前要加上 pylab.
  - ▶ 若要對所產生的圖形有更多的控制權限，建議使用 matplotlib

  - ⊛ 目前 matplotlib 版本尚無法正常顯示中文字型

- **pylab 套件常用的常數與數學函數**

  - ▶ 常數：

pylab	名稱	數字
e	尤拉數	2.718281828459045
pi	圓周率	3.141592653589793

  - ▶ 數學函數：

pylab	函數	pylab	函數	pylab	函數
sin(x)	$\sin(x)$	cos(x)	$\cos(x)$	tan(x)	$\tan(x)$
arcsin(x)	$\sin^{-1}(x)$	arccos(x)	$\cos^{-1}(x)$	arctan(x)	$\tan^{-1}(x)$
exp(x)	e^x	log(x)	$\ln(x)$	log10(x)	$\log(x)$
ceil(x)	$\lceil x \rceil$	floor(x)	$\lfloor x \rfloor$	sqrt(x)	$\sqrt{x}$
tanh(x)	$\tanh(x)$	radians(x)	轉弧度	degrees(x)	轉度數

    ```
    >>> import pylab                       # 使用 pylab 套件

    >>> pylab.sin( 1.5 * pylab.pi )        # sin(1.5 pi)
    -1.0

    >>> pylab.sqrt( 3 )                    # 根號 3，也可使用 3**(1/2)
    1.7320508075688772
    ```

- **畫折線圖**

  - ▶ 折線圖步驟
    - 儲存所有折線端點分量於 xs，ys 串列
    - 畫折線：plot(xs,ys)
    - 顯示或儲存圖形：
      - show()：顯示圖形於螢幕

- savefig('foo.jpg')：圖形存入 foo.jpg 檔案，更改附檔名可變換儲存格式，如 foo.png、foo.pdf、foo.eps

▶ 範例：於 $[-2\pi, 2\pi]$ 畫 $\sin(x)$ 與 $\cos(x)$ 函數圖形

```
import pylab

# 在 [-2pi,2pi] 設定 101 個座標點
a , b = -2*pylab.pi , 2*pylab.pi
n = 101
dx = (b-a)/(n-1)

# 分別計算 sin(x) 與 cos(x) 座標
xs = [ a + i * dx for i in range(n) ]
ys1 = [ pylab.sin(x) for x in xs ]
ys2 = [ pylab.cos(x) for x in xs ]

# 分別畫 sin(x) 與 cos(x) 折線圖
pylab.plot(xs,ys1)
pylab.plot(xs,ys2)

# 顯示圖形
pylab.show()
```

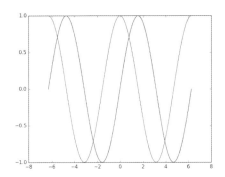

■ 顏色設定：多種方式

▶ X11/CSS4 顏色名稱：
white、red、green、blue、cyan、magenta、yellow、black

- pylab.plot(xs,ys,color='y')　　　　# 線條為黃色
- pylab.plot(xs,ys,color='k')　　　　# 線條為黑色

▶ '#rrggbb' 字串：
rr、gg、bb 皆為兩個十六進位數字。'#ff0000'：紅色、 '#e0ffe0'：淺綠

- pylab.plot(xs,ys,color='#0000ff')　　# 線條為藍色
- pylab.plot(xs,ys,color='#006400')　　# 線條為暗綠色

▶ (r,g,b) 常串列：
r：紅、g：綠、b：藍。r、g、b $\in$ [0,1] 浮點數

- pylab.plot(xs,ys,color=(0.9,0.9,1))　　# 線條為淡藍色
- pylab.plot(xs,ys,color=(1,1,0))　　　# 線條為黃色

▶ (r,g,b,a) 常串列：
r、g、b、a $\in$ [0,1] 浮點數。a 代表不透明度，0 為完全透明，1 為完全不透明

- pylab.plot(xs,ys,color=(1,0,0,0.5))　　# 線條為半透明紅色
- pylab.plot(xs,ys,color=(0,1,1,0.5))　　# 線條為半透明青色

⊛ 許多函式都可透過設定 color 變換顏色，這也包含控制文字顏色

■ 各式圖形樣貌設定

▶ `title("tstr")`：
設定圖形標頭字串

▶ `xlabel("xstr")`，`ylabel("ystr")`：
設定 X 軸與 Y 軸的標示字串

▶ `xlim(x₁,x₂)`，`ylim(y₁,y₂)`：
設定 X 方向與 Y 方向的圖形顯示範圍為 $[x_1,x_2]$ 與 $[y_1,y_2]$

▶ `axis(v=(x₁,x₂,y₁,y₂))`：
一次性設定圖形顯示區域為 $[x_1,x_2] \times [y_1,y_2]$。也可使用 `axis('off')` 隱藏兩軸線。
若要隱藏軸線且設定顯示區域，可混合使用 `axis('off',v=(x₁,x₂,y₁,y₂))`

▶ `xticks(locs,labels)`，`yticks(locs,labels)`：
設定 X 軸或 Y 軸某位置的對應標籤，例如：`locs=[1,2,3]`，`labels=["A","B","C"]`，
代表在 1、2、3 等位置要使用 `"A"`、`"B"`、`"C"` 替代，此種設定多用於直條圖或橫條
圖。若要完全隱藏軸線上的刻度線，可用 `xticks([],[])` 或 `yticks([],[])`

▶ `grid(axis='both')`：
顯示背景格網，預設 `grid()` 為顯示兩方向軸線。若 `axis` 設定為 `'x'` 或 `'y'`，則用
來顯示單方向背景格線

▶ `text(x,y,'tstr',fontsize=16)`：
在圖形 (x,y) 座標標示 tstr 字串，字元大小為 16 點，也可使用 `color` 設定顏色

▶ `arrow(x,y,dx,dy)`：
由 (x,y) 到 (x+dx,y+dy) 兩座標點間畫一箭頭線

▶ `legend()`：
配合 `plot( ... , label='sstr' )` 在圖形內產生 sstr 圖例

▶ `figure(figsize=(10,12),facecolor='white',edgecolor='k',linewidth=10)`：
設定圖形大小 10×12 吋，背景顏色為白色，邊框顏色為黑色，邊框寬度為 10pt

⊛ 函式若有顯示文字都可透過 `fontsize=xx` 設定字元為 xx 點大小

■ 使用 LaTeX 語法呈現文字

▶ `pylab.rc('text',usetex=True)`：使用 LaTeX 語法來呈現顯示於圖形的文字

▶ `title()`、`xlabel()`、`ylabel()`、`text()`、`xticks()`、`yticks()`、`label` 等都可使用 LaTeX
語法呈現文字

▶ LaTeX 字串要在字串前加上 `r`，代表字串為原生字串[132]，使得字串內的反斜線(\)字元不
需寫成兩個反斜線(\\)，例如以下將圖形標頭設為 $f(x) = \dfrac{\sin(x)}{x}$：

```
pylab.title( r'$$\mathtt{f(x) = \frac{sin(x)}{x}}$$' )
```

■ 繪圖：$\sin^2(x)$ 與 $\dfrac{\sin(3x)}{x}$ （圖 5.1）

```
import pylab

# 讓圖形背景為白色
pylab.figure(facecolor='white',figsize=(10,12))

# 讓圖形可使用 LaTeX 語法文字
pylab.rc('text',usetex=True)

# 函式 x 在 [-2pi,2pi] 共 200 個點
a , b , n = -2*pylab.pi , 2*pylab.pi , 200
dx = (b-a)/(n-1)

# 第一條折線圖 sin(x)^2 ：xs 與 ys1 座標
# 第二條折線圖 sin(3x)/x：xs 與 ys2 座標
xs = [ a + i * dx for i in range(n) ]
ys1 = [ pylab.sin(x)**2 for x in xs ]
ys2 = [ pylab.sin(3*x)/x for x in xs ]

# 畫第一條折線圖，並設定線條圖例，線寬為 3 pt
pylab.plot(xs,ys1,label=r"$\mathtt{\sin^2(x)}$",lw=3)

# 畫第二條折線圖，並設定線條圖例，線寬為 3 pt
pylab.plot(xs,ys2,label=r"$\mathtt{\frac{\sin(3x)}{x}}$",lw=3)

# 設定圖形標頭文字
pylab.title(r"$$\mathtt{\sin^2(x)\ \mbox{and}\ \frac{\sin(3x)}{x}}$$",
            fontsize=20,color='r')

# 設定 X 軸 Y 軸的文字，顏色為 magenta(洋紅色)
pylab.xlabel("X axis",color='m')
pylab.ylabel("Y axis",color='m')

# 設定圖形 x 與 y 顯示範圍 [-pi,pi]x[-1.5,3.5]
pylab.axis((-pylab.pi,pylab.pi,-1.5,3.5))

# 產生背景線
pylab.grid()

# 根據各個 plot 的 label 來產生線條圖例
pylab.legend()

# 在 (2,-1.4) 座標以藍色 12 pt 文字標示：generated by pylab
pylab.text(2,-1.4,'generated by pylab',color='blue',fontsize=12)

# 更改 X 刻度文字
pylab.xticks([-3.14,-1.57,0,1.57,3.14],[r'$-\pi$',r'$-\frac{\pi}{2}$',0,
            r'$\frac{\pi}{2}$',r'$\pi$'],fontsize=18)

pylab.show()
```

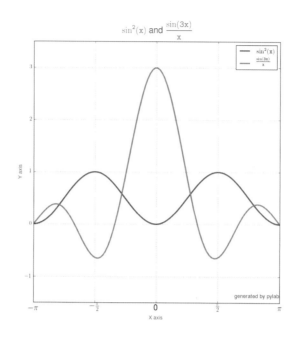

圖 5.1: 使用 pylab 繪製 $\sin^2(x)$ 與 $\dfrac{\sin(3x)}{x}$ 函數

■ plot 折線函式的線條設定

▶ plot(xs , ys , style , ...):
在相鄰座標點間畫線段，xs , ys 分別代表座標點的 x 與 y 座標串列，n 個座標點會有 n-1 條線段。style 為圖示性質的字串。

▶ style 指定線的幾個性質：

● 顏色(color 或 c)：

代碼	顏色	代碼	顏色	代碼	顏色	代碼	顏色
r	紅色	g	綠色	b	藍色	c	青色
m	紫紅色	y	黃色	k	黑色	w	白色

● 點的顯示形狀(marker)：

代碼	符號	代碼	符號	代碼	符號	代碼	符號	代碼	符號
.	·	o	○	+	+	x	×	*	⋆
D	◇	v	▽	^	△	s	■	|	|

⊛ 若為空字串，代表不畫點

- 連接線的樣示(linestyle or ls)：

代碼	符號	代碼	符號	代碼	符號	代碼	符號
-	實線	--	虛線	:	點線	-.	點虛線

　　⊛ **若為空字串，代表不畫線**

▶ 範例：

- 畫線段連接 [0,3], [1,2] 兩點，使用虛線、藍色、方塊，線寬 5pt

```
pylab.plot( [0,1] , [3,2] , "--bs" , lw=5 )

# 同上
pylab.plot( [0,1] , [3,2] , ls='--' , c='b' , marker='s' , lw=5 )
```

- 先畫線連接 [0,3], [1,2] 兩點，使用虛線、藍色、方塊，再畫線連接 [1,2], [4,3] 兩點，使用實線、紅色、加號。

```
pylab.plot( [0,1] , [3,2] , "--bs" , [1,4] , [2,3] , "-r+" )
```

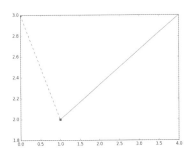

■ linspace：快速取得平分點

　　▶ linspace(a,b,n)：在 [a,b] 間產生包含兩端點的 n 個等距點，回傳 array 物件

　　▶ linspace(a,b,n,endpoint=False)：同上，但不包含 b，endpoint 預設為 True

　　▶ linspace(a,b,n,retstep=True)：增加回傳間距，retstep 預設為 False
　　　　　　　　　　　　　　　　　　retstep 可與 endpoint 一起使用

　　▶ 範例：

```
# 在 [0,5] 間產生 6 個包含兩端點的平分點，點儲存於 xs，xs 為 array 型別
>>> xs = pylab.linspace(0,5,6)
>>> xs
array([0., 1., 2., 3., 4., 5.])

# 在 [2,7] 間產生 5 個但不含右端點的平分點，點儲存於 xs，xs 為 array 型別
>>> xs = pylab.linspace(2,7,5,endpoint=False)
>>> xs
array([2., 3., 4., 5., 6.])

# 當 retstep = True 時，linspace 增加回傳間距
```

```
>>> xs , dx = pylab.linspace(0,5,6,retstep=True)
>>> dx
1.0
```

■ 向量化運算：array 物件可用向量式運算簡化執行步驟

▶ array 物件的每個元素可做相同運算

```
>>> xs = pylab.linspace(0,3,4)

# ys 為 xs 每個元素加上 10
>>> ys = xs + 10
>>> ys
array([10., 11., 12., 13.])

# zs 儲存 xs 每個元素的平方根
>>> zs = pylab.sqrt(xs)
>>> zs
array([0.        , 1.        , 1.41421356, 1.73205081])
```

▶ 串列無法進行向量化運算

```
>>> xs = [1,2,3]
>>> xs = xs / 3              # 錯誤

>>> ys = [4,5]
>>> ys = ys * 2             # 串列複製成兩倍，但非向量化運算
>>> ys
[4, 5, 4, 5]
```

▶ 串列轉為 array 物件

```
>>> xs = pylab.array([1,2,3])
>>> xs = xs / 3
>>> xs
array([0.33333333, 0.66666667, 1.        ])

>>> ys = pylab.array([1,2,3])/3
>>> ys
array([0.33333333, 0.66666667, 1.        ])
```

▶ 快速繪圖法

```
# 在 [-10,10] 區間畫出 sin(x) 函數圖形
xs = pylab.linspace(-10,10,101)
pylab.plot( xs , pylab.sin(xs) )
pylab.show()
```

■ 其他圖形顯示：

▶ bar(xs,hs,width=0.8)： 直條圖

xs 與 hs 為串列，在 X 軸上的 xs[i] 座標畫出高度為 hs[i] 的直條圖， width 控制直條寬度(預設為 0.8)，直條圖通常要使用 xticks 設定刻度文字。

▶ barh(ys,ws,height=0.8)： 橫條圖

ys 與 ws 為串列，在 Y 軸上的 ys[i] 座標畫出長度為 ws[i] 的橫條圖， height 控制橫條高度(預設為 0.8)，橫條圖通常要使用 yticks 設定刻度文字。

▶ scatter(xs,ys,marker='o',s=10)： 點散佈圖

點的散佈圖，相鄰點沒有線段相連。預設 marker 符號為 o，點的大小以 s 設定，$\sqrt{s}$ 代表點直徑。s 也可設為串列，代表各個點的大小。

▶ polar(angs,rs)： 極座標圖形

angs 為弧度串列，rs 為長度串列。若混合 plot、scatter、fill 等函式使用，輸入函式的參數都要使用極座標。

▶ fill(xs,ys,color='k')： 多邊形塗滿

xs 與 ys 為多邊形座標，首尾無需重複，可用 color 參數設定顏色。

▶ fill_between(xs,ys1,ys2,where=ys1>ys2,color='r')：在兩個 y 值間塗色

若無 ys2 可省略，where 設定塗顏色的條件，例如：

```
fill_between(xs,ys,where=ys>=0,color='b')    # ys 大於等於 0 時用藍色塗滿
fill_between(xs,ys,where=ys<=0,color='r')    # ys 小於等於 0 時用紅色塗滿
```

▶ loglog(xs,ys,basex=10,basey=10)： log-log 座標

x 與 y 軸都使用 log scale 座標，x 軸與 y 軸的 log 底數預設皆為 10。

▶ semilogy(xs,ys,basey=10)： y 軸為 log 座標

僅有 y 軸為 log scale 座標，預設 log 底數為 10。

⊛ 範例與更多的圖形顯示方式可參考 matplotlib[1]網站，在此無法詳述

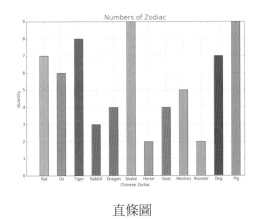

直條圖

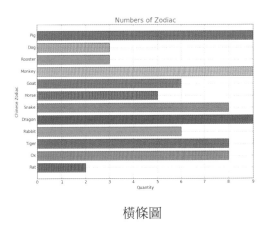

橫條圖

---

[1]https://matplotlib.org/

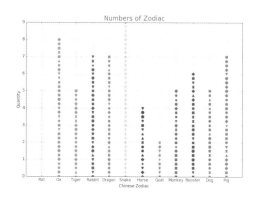

點散佈圖

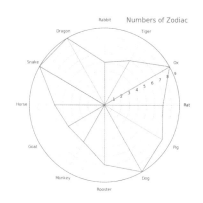

極座標圖

塗顏色

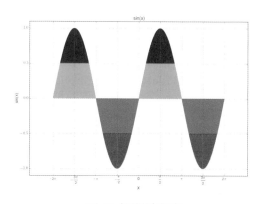

兩 Y 值間塗顏色

■ subplots：矩陣式排列圖形

▶ 同時將數個共用 X(Y) 軸的圖形(子圖)顯示於圖紙上

▶ 各個子圖可自行設定標頭、軸線標籤、格線、圖例等等

▶ subplots(nrows=1,ncols=1,sharex=False,sharey=False,...)：

- 呈現 nrows×ncols 矩陣式排列圖形於圖紙上，nrows 與 ncols 預設為 1

- sharex(sharey) 為 True 代表所有子圖使用同樣的 X(Y) 刻度

- 函式回傳兩個物件，分別為 Figure 與子圖物件。後者根據子圖的數量設定，即 nrows×ncols，可為單一元素(少用)、一維串列或二維串列

    ▪ 上下兩個子圖，共用 X 軸，背景為白色：

    ```
    # gs 為一維串列，gs[0] 上圖 , gs[1] 下圖
    fig , gs = pylab.subplots(2,sharex=True,facecolor='w')
    ```

    ▪ 呈現 2×3 矩陣式排列圖形於圖紙上，共用 Y 軸：

    ```
    # gs 為二維串列，gs[0][0](左上圖) , gs[0][1] , ... , gs[1][2](右下圖)
    fig , gs = pylab.subplots(2,3,sharey=True)
    ```

▶ 設定各個子圖標示
透過 subplots 回傳的子圖物件可設定各個子圖的標頭、軸線標籤、格線、刻度文字、圖例等等。

▶ 動物數量範例：上圖散佈圖顯示目前數量，下圖直條圖顯示最多/最少時數量

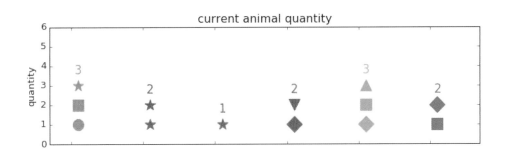

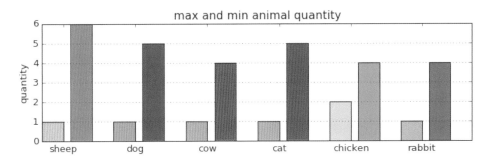

```
import pylab
import random

# xs：x 座標 [1,6] 之間
# ys：動物數量 [1,5] 之間
xs = pylab.linspace(1,6,6)
ys = pylab.array( [ random.randint(1,5) for i in range(len(xs)) ] )

# X 軸標示字串
animals = [ "sheep" , "dog" , "cow" , "cat" , "chicken" , "rabbit" ]

# gs 為圖形串列：gs[0] 為上圖，gs[1] 為下圖
fig , gs = pylab.subplots(2,sharex=True,facecolor='w',figsize=(10,7))

# hspace 設定縱向兩圖間的間距(平均縱軸高度的比例)
# wspace 設定橫向兩圖間的間距(平均橫軸寬度的比例)
pylab.subplots_adjust(hspace=0.4,wspace=0)

# cs  ：各筆資料的 (r,g,b) 顏色組
# mstr：散佈圖使用的符號
cs = []
mstr = "Dov^s*"
```

```python
# 上圖：散佈圖
for i in range(len(xs)) :

    # c 串列儲存個別動物 [r,g,b] 顏色
    while True :
        c = [ random.random() for x in range(3) ]
        if sum(c) < 1.5 : break

    # cs 二維串列儲存所有動物 [r,g,b] 顏色
    cs += [ c ]
    for j in range(ys[i]) :
        gs[0].scatter(xs[i]+0.4,j+1,marker=random.choice(mstr),color=c,s=200)

    # 顯示數字
    gs[0].text(xs[i]+0.35,ys[i]+0.6,str(ys[i]),fontsize=15,color=c)

# 下圖：兩條細直條，調整 ys 數量成為 ys1(最少數量) ys2(最多數量)
ys1 = [ max( 1 , y - random.randint(1,3) ) for y in ys ]
ys2 = [ y + random.randint(1,3) for y in ys ]

for i in range(len(xs)) :
    gs[1].bar(xs[i],ys1[i],color=cs[i]+[0.5],width=0.3)        # 左側直條線
    gs[1].bar(xs[i]+0.4,ys2[i],color=cs[i],width=0.3)          # 右側直條線


# 設定上圖圖示
gs[0].set_ylabel("quantity")                                   # 設定 x 軸文字
gs[0].set_title("current animal quantity")                     # 設定圖形標頭

# 設定上圖的 Y 軸刻度範圍
yloc = list(range(max(ys2)+1))
pylab.setp( gs[0] , xticks=[] , yticks=yloc )

# 設定下圖圖示
gs[1].set_ylabel("quantity")                                   # 設定 y 軸文字
gs[1].grid(axis='y')                                           # 顯示格線
gs[1].set_title("max and min animal quantity")                 # 設定圖形標頭

# 設定下圖的 X 軸刻度對應字串
xloc = [ x + 0.3 for x in range(1,7) ]
pylab.setp( gs[1] , xticks=xloc , xticklabels=animals )

pylab.show()
```

⊛ 有關 subplots 更詳細的用法，請參考 matplotlib 網站

■ **數值求根法：二分逼近法與牛頓迭代法**

二分逼近法與牛頓迭代法是微積分課程內所提到的兩種簡單數值求根法，前者僅要求函數為連續函數，後者則另需應用函數的一次微分。假設求根函數為 f(x)，以下簡單介紹這兩種方法：

▶ 二分逼近法：

使用二分逼近法首先需找到根 r 的所在範圍 (a,b)，且滿足 $f(a)f(b) < 0$。之後計算中間點 c，找出 $f(a)f(c)$ 與 $f(b)f(c)$ 哪個乘積小於 0 來確認根是在 (a,c) 或是 (c,b) 之間，如此根的所在範圍即縮小一半，重複前述步驟直到 f(c) 很小，此時 c 即為根 r 的近似值。

▶ 牛頓迭代法：

牛頓迭代法使用微積分的泰勒展開公式來推導運算公式，假設 a 點為接近函數 f(x) 的根 r，函數對 a 點的泰勒展開公式為 $f(x) = f(a) + (x - a)f'(a) +$ 高階項。將根 r 代入 x，左側 f(r) 為零，且當 a 靠近 r 時，高階項逼近 0 可加以忽略，如此簡化後可得根 r 的近似公式：

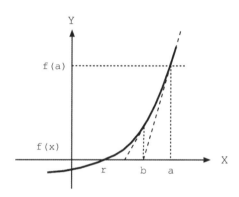

$$r \approx a - \frac{f(a)}{f'(a)}$$

若讓 b 為以上右邊公式的運算結果，則 b 會比 a 更靠近根 r，用 b 取代 a 再代入公式運算，如此可得以下迭代公式：

$$x_{i+1} = x_i - \frac{f(x_i)}{f'(x_i)} \qquad i \geq 0$$

當 x_i 越靠近根 r 時，此迭代公式所求得的 x_{i+1} 越快逼近根 r。

以上兩種求根法是否收斂都跟起始設定有關，二分逼近法起始求根範圍 (a,b) 如果不滿足 $f(a)f(b) < 0$，則演算步驟不成立。牛頓法的起始根 a 若不靠近函數根 r，往往造成近似根不收斂。為了確保兩個方法都能收斂，可先用畫圖法畫出函數圖形，由中觀察根的大概位置，然後找出二分逼近法的起始範圍 (a,b) 或是牛頓法的起始點 a。一般來說，二分逼近法是最緩慢的求根法，牛頓求根法的收斂速度則是相當快，幾次迭代就可快速逼近函數根。

本程式利用 lambda 函式來設定求根函數與其一次微分函數，此範例的求根函數為 $f(x) = x^2 - 2$，函數根 r 為 $\sqrt{2}$，一次微分則為 $f(x) = 2x$。函數根 r 是用來計算近似根的誤差，決定近似根品質，兩種求根法都以近似根的函數值是否小於容忍值 tol 來決定是否跳離迴圈結束迭代。

程式 .... find_root.py

```python
01   import math
02
03   # 使用 lambda 設定函數
04   # 函數 : x**2 - 2   與一次微分 : 2x
05   f  = lambda x : x**2 - 2
06   df = lambda x : 2*x
07
08   # 根
09   r = math.sqrt(2)
10
11   # 二分逼近法
12   a , b , k = 1 , 2 , 0
13   fa , fb = f(a) , f(b)
14   tol1 = 1.e-5
15
16   print( "> 二分逼近法: 起始區間 (", a , "," , b , ")" , sep=""  )
17
18   while True :
19
20       c = (a + b)/2
21       err = abs(c-r)
22       k += 1
23
24       # 迭代次數 近似根 誤差,以下 10e 代表以 10 格與科學記號呈現數字
25       print( "{:<2} : {:<10e} {:<10e}".format(k,c,err) , sep="" )
26
27       fc = f(c)
28
29       # 函數絕對值小於 tol1 才跳離迭代
30       if abs(fc) < tol1 : break
31
32       if fc * fa < 0 :
33           b = c
34           fb = fc
35       else :
36           a = c
37           fa = fc
38
39   print()
40
41   # 牛頓迭代法
42   a , k , tol2 = 2 , 0 , 1.e-14
43   err = abs(a-r)
44
45   print( "> 牛頓迭代法 : " )
46   print( "{:<2} : {:<10e} {:<10e}".format(k,a,err) , sep="" )
47
48   while True :
49
50       b = a - f(a)/df(a)
```

```
51          err = abs(b-r)
52          k += 1
53
54          # 迭代次數 近似根 誤差，以下 10e 代表以 10 格與科學記號呈現數字
55          print( "{:<2} : {:<10e} {:<10e}".format(k,b,err) , sep="" )
56
57          # 函數絕對值小於 tol2 才跳離迭代
58          if abs(f(b)) < tol2 : break
59
60          a = b
```

程式輸出：

```
> 二分逼近法： 起始區間 [1,2]
1  : 1.500000e+00 8.578644e-02
2  : 1.250000e+00 1.642136e-01
3  : 1.375000e+00 3.921356e-02
4  : 1.437500e+00 2.328644e-02
5  : 1.406250e+00 7.963562e-03
6  : 1.421875e+00 7.661438e-03
7  : 1.414062e+00 1.510624e-04
8  : 1.417969e+00 3.755188e-03
9  : 1.416016e+00 1.802063e-03
10 : 1.415039e+00 8.255001e-04
11 : 1.414551e+00 3.372189e-04
12 : 1.414307e+00 9.307825e-05
13 : 1.414185e+00 2.899206e-05
14 : 1.414246e+00 3.204310e-05
15 : 1.414215e+00 1.525518e-06

> 牛頓迭代法：
0  : 2.000000e+00 5.857864e-01
1  : 1.500000e+00 8.578644e-02
2  : 1.416667e+00 2.453104e-03
3  : 1.414216e+00 2.123901e-06
4  : 1.414214e+00 1.594724e-12
5  : 1.414214e+00 0.000000e+00
```

　　以上各列的最後一筆資料為近似根的誤差，由輸出數據可觀察到牛頓迭代法的近似根逼近速度相當驚人，尤其越靠近函數根 r 時，逼近速度越快，這是符合數學理論的預期。相形之下，二分逼近法則永遠以每次迭代區間範圍減半方式緩慢逼近，計算效率著實不佳，難與其他眾多數值求根法相比，故少有實際用處。

■ 數值積分法：估算 $\displaystyle\int_{\frac{\pi}{4}}^{\pi} |\sin(x) - \cos(x)|\, dx$ 積分值（$1 + \sqrt{2}$）

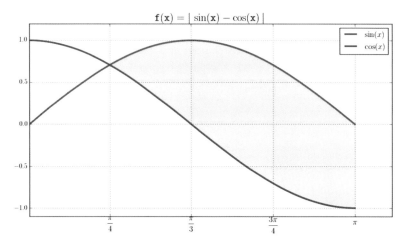

若積分區域 [a,b] 在 x 軸上被切割為 n 等份，每等份長為 h，由左到右 x 的座標點為 $x_0, x_1, x_2, \cdots, x_n$，$x_0 = a$，$x_n = b$，以下為幾種常見的數值積分公式：

▶ 矩形積分公式：

$$\int_a^b f(x)\, dx \approx h \sum_{i=0}^{n-1} f(x_i)$$

▶ 梯形積分公式：

$$\int_a^b f(x)\, dx \approx \frac{h}{2}\left(f(x_0) + 2\sum_{i=1}^{n-1} f(x_i) + f(x_n) \right)$$

▶ Simpson 積分公式(n 為偶數)：

$$\int_a^b f(x)\, dx \approx \frac{h}{3}\, (\, f(x_0) + 4\,(\, f(x_1) + f(x_3) + \cdots + f(x_{n-1})\,) +$$
$$2\,(\, f(x_2) + f(x_4) + \cdots + f(x_{n-2})\,) + f(x_n)\,)$$

在程式中，積分區域的平分點 xs 是使用 pylab.linspace(...) 求得，這使得 xs 為 array 物件並非串列，此外因使用 ys = fn(xs) 計算函數值，ys 也因此是 array 物件。array 物件有許多額外性質，在此不多加介紹，不過 array 物件可如串列一樣使用下標範圍[58]取得元素成為新的 array 物件，但此新物件元素與原物件對應元素為空間連結，更改新物件元素數值等同更改原物件對應元素，這與串列是有所差別的，例如：

```
>>> a = pylab.linspace(1,3,3)       # a = array([1., 2., 3.])
>>> b = a[::2]                       # b = array([1., 3.])
>>> id(a[0]) == id(b[0])            # a[0] 與 b[0] 佔用同一空間
True
```

```
>>> b[0] = 99                          # b = array([99., 3.])
>>> a[0]                               # a[0] 也更改了，這與串列不同
99.0
>>> id(a[0]) == id(b[0])               # a[0] 與 b[0] 仍是同一空間
True
```

本題分別利用迴圈與公式來估算 $\int_{\frac{\pi}{4}}^{\pi} |\sin(x) - \cos(x)|\, dx$ 的積分，觀察程式碼可知使用迴圈的計算方式遠比公式來得笨拙許多，主要原因在公式計算積分中，我們利用 array 物件下標範圍迅速取得對應元素，使用一列式子即能求得梯形法的積分估算值，例如以下的式子雖然看不到迴圈，但卻有滿滿的「迴圈」精神：

```
# 梯形法係數：1,2,2,2,...,2,2,1
isum2 = h * sum( [ ys[0] , 2*sum(ys[1:-1]) , ys[-1] ] ) / 2
```

程式 .... integrate_vec.py

```
01    import pylab
02
03    pi = pylab.pi
04
05    # [a,b] 100 等份
06    a , b , n = pi/4 , pi , 100
07
08    # 定義函式
09    fn = lambda x : abs( pylab.sin(x) - pylab.cos(x) )
10
11    # 取等份點成 xs ，向量式運算得 ys
12    xs , h = pylab.linspace(a,b,n+1,retstep=True)
13    ys = fn(xs)
14
15    # rsum : 矩形面積
16    # lsum : 下矩形面積 , usum : 上矩形面積 , tsum : 梯形面積
17    rsum , lsum , usum , tsum = 0 , 0 , 0 , 0
18
19    y1 = ys[0]
20
21    # 迴圈計算：矩形、上矩形、下矩形、梯形
22    for y2 in ys[1:] :
23
24        rsum += y1
25        if y1 < y2 :
26            lsum += y1
27            usum += y2
28        else :
29            lsum += y2
30            usum += y1
31
32        tsum += y1 + y2
33        y1 = y2
34
```

```
35    rsum *= h
36    lsum *= h
37    usum *= h
38    tsum *= h/2
39    isum = 1 + pylab.sqrt(2)      # 正確解
40
41    print( "數學積分    :" , round(isum,9) , end="\n\n" )
42
43    print( "迴圈求積:" )
44    print( "矩形積分    :" , round(usum,9) , " 誤差:" , round(abs(isum-rsum),10) )
45    print( "上矩形積分 :" , round(usum,9) , " 誤差:" , round(abs(isum-usum),10) )
46    print( "下矩形積分 :" , round(lsum,9) , " 誤差:" , round(abs(isum-lsum),10) )
47    print( "梯形積分法 :" , round(tsum,9) , " 誤差:" , round(abs(isum-tsum),10) )
48    print()
49
50    # 公式計算：矩形、梯形、Simpson
51
52    # 矩形法係數：1,1,1,1,...,1,1
53    isum1 = h * sum( ys[:-1] )
54
55    # 梯形法係數：1,2,2,2,...,2,2,1
56    isum2 = h * sum( [ ys[0] , 2*sum(ys[1:-1]) , ys[-1] ] ) / 2
57
58    # Simpson 1/3 rule 係數：1,4,2,4,2,...,2,4,1
59    isum3 = h * sum([ ys[0], 4*sum(ys[1:-1:2]), 2*sum(ys[2:-1:2]), ys[-1] ]) / 3
60
61    print( "公式求積:" )
62    print( "矩形積分法 :" , round(isum1,9) , " 誤差:" , round(abs(isum-isum1),10) )
63    print( "梯形積分法 :" , round(isum2,9) , " 誤差:" , round(abs(isum-isum2),10) )
64    print( "Simpson積分:" , round(isum3,9) , " 誤差:" , round(abs(isum-isum3),10) )
```

程式輸出：

```
數學積分    : 2.414213562

迴圈求積：
矩形積分    : 2.435641493   誤差: 0.0118926641
上矩形積分 : 2.435641493   誤差: 0.0214279302
下矩形積分 : 2.392562249   誤差: 0.0216513135
梯形積分法 : 2.414101871   誤差: 0.0001116917

公式求積：
矩形積分法 : 2.402320898   誤差: 0.0118926641
梯形積分法 : 2.414101871   誤差: 0.0001116917
Simpson積分: 2.414213567   誤差: 4.1e-09
```

由程式執行結果可知，三種數值積分法的積分誤差：

$$\text{Simpson 積分法} < \text{梯形積分法} < \text{矩形積分法}$$

執行結果完全符合數值積分的理論預期。

■ 旋轉縮小的三角形

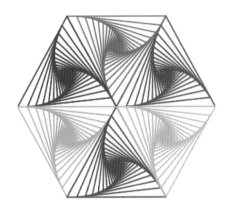

畫幾何圖形通常要應用到一些數學公式，以上圖案是由六個內旋三角形所組成的。任兩相鄰的內旋三角形是利用簡單向量公式由大三角形座標計算小三角形座標，假設 a_1、 b_1、c_1 為大三角形的三個頂點座標，那麼小三角形頂點座標 a_2、 b_2、c_2 可由以下公式求得：

$$
\begin{aligned}
a_2 &= r\,a_1 + (1-r)\,b_1 \\
b_2 &= r\,b_1 + (1-r)\,c_1 \qquad r \in [0,1] \\
c_2 &= r\,c_1 + (1-r)\,a_1
\end{aligned}
$$

在此圖案中，相鄰大三角形的 r 是在 0.1 與 0.9 之間變換藉以達到順逆時鐘旋轉效果。程式中先將預設的大三角形以 60 度的倍數順時鐘旋轉到適當位置，設定 r 值，再由之算出所有內旋的小三角形。以下為平面點旋轉公式用來計算 (x_1, y_1) 逆時鐘旋轉 θ 角度到 (x_2, y_2)：

$$
\begin{bmatrix} x_2 \\ y_2 \end{bmatrix} = \begin{bmatrix} \cos\theta & -\sin\theta \\ \sin\theta & \cos\theta \end{bmatrix} \begin{bmatrix} x_1 \\ y_1 \end{bmatrix}
$$

程式 .... rot_triangle.py

```
01    import pylab
02
03    xs , ys = [ 0 , 1 , 0.5 ] , [ 0 , 0 , pylab.sqrt(3)/2 ]
04    colors = "rgbcmyk"
05
06    pylab.figure(facecolor='w')
07
08    pi = pylab.pi
09
10    # 六個旋轉三角形
11    for k in range(6) :
12
13        cosk , sink = pylab.cos(k*pi/3) , pylab.sin(k*pi/3)
14
15        # 大三角形
16        px , py = [ *xs[:] , xs[0] ] , [ *ys[:] , ys[0] ]
```

```
17
18        # 先旋轉大三角形到相關位置
19        for i in range(len(px)) :
20            px[i] , py[i]  = cosk*px[i] - sink*py[i] , sink*px[i] + cosk*py[i]
21
22        qx , qy = px[:] , py[:]
23
24        r = 0.9 if k%2==0 else 0.1
25
26        # 再對每個大三角形內部旋轉 25 次
27        for i in range(25) :
28
29            pylab.plot(px,py,colors[k],lw=1.5)
30
31            for j in range(3) :
32                qx[j] =  r * px[j] + (1-r) * px[j+1]
33                qy[j] =  r * py[j] + (1-r) * py[j+1]
34
35            qx[-1] , qy[-1] = qx[0] , qy[0]
36
37            px , py = qx[:] , qy[:]
38
39   pylab.axis('off')
40   pylab.show()
```

請留意，在程式碼中的第 16、22、37 等三列程式都需使用冒號方式複製串列，若少了冒號，程式會產生錯誤的圖形，且很難找出原因。

■ 畫出來的數字

程式設計可用來產生數字的點陣圖形[78]，效果如同跑馬燈一樣，螢幕所看到的「數字」是由一個個的點(字元)拼湊起來的。在此範例中，我們將利用 pylab 的填滿函式將「點」用方格填滿方式來呈現數字圖案。

在程式中，先將一個小方格的座標儲存成向量，即程式中第 14 與 15 列的 xs 與 ys 串列。當輸入數字，如果條件式，即程式 36 列，確認數字的小格點存在時，隨即計算原始小方格平移到新位置的座標，有了座標，配上顏色，即可將小方格以填滿方式畫出來。當各個數字的小方格全部填滿後，即可呈現漂亮的數字圖形。整個程式碼相當簡潔，由此也可看到 python 向量運算的方便性。

程式 .... plot_bitmap.py

```
01    import pylab
02
03    bmap = ( (15,9,9,9,15),  (2,2,2,2,2),    (15,1,15,8,15), (15,1,15,1,15),
04            (9,9,15,1,1),   (15,8,15,1,15), (15,8,15,9,15), (15,9,1,1,1),
05            (15,9,15,9,15), (15,9,15,1,15) )
06
07    # 每個點矩陣的橫列數與直行數
08    R , C = len(bmap[0]) , 4
09
10    # 方框長度
11    s = 2
12
13    # 每一點所構成的方格座標
14    xs = pylab.array( [ 0 , s , s , 0 , 0 ] )
15    ys = pylab.array( [ 0 , 0 , s , s , 0 ] )
16
17    while True :
18
19        # 輸入數字
20        num = input("> ")
21
22        pylab.figure(facecolor='w')
23
24        # 每一列：由上到下
```

119

```
25          for r in range(R) :
26
27              # 每一個數字
28              for k in range(len(num)) :
29
30                  n = int(num[k])
31
32                  # 每一行：由右向左
33                  for c in range(C-1,-1,-1) :
34
35                      # 如果點存在
36                      if bmap[n][r] & ( 1 << c ) :
37
38                          # 將方格座標移到點的所在位置
39                          xs2 = xs + ( k*(C+1) + C-1-c ) * s
40                          ys2 = ys + ( R-1-r ) * s
41
42                          # 在 xs2 , ys2 方格以 red 填滿
43                          pylab.fill(xs2,ys2,color='r')
44
45      pylab.axis('off')
46      pylab.show()
```

■ 階梯函數：使用 Fourier Series 逼近

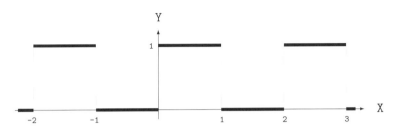

數學上一些上下振盪的不連續階梯函式可使用 $\sin(x)$、$\sin(2x)$、$\sin(3x)$、$\cdots$、$\cos(x)$、$\cos(2x)$、$\cos(3x)$、$\cdots$ 的線性組合來逼近，其中最常使用的線性組合為傅立葉級數(Fourier Series)。例如下圖的階梯函數(實線)可透過傅立葉級數(虛線)來逼近。本範例即是計算階梯函數與傅立葉級數的差距並以圖形顯示出來。

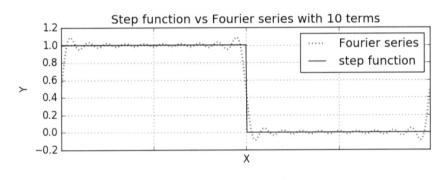

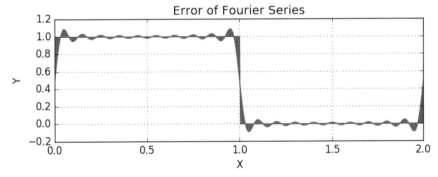

上圖的階梯函數可用以下 n 項傅立葉級數來逼近：

$$f_n(x) = \frac{1}{2} + \frac{2}{\pi}\left(\sin(\pi x) + \frac{\sin(3\pi x)}{3} + \cdots + \frac{\sin((2n-1)\pi x)}{2n-1}\right)$$
$$= \frac{1}{2} + \frac{2}{\pi}\sum_{j=1}^{n}\frac{\sin((2j-1)\pi x)}{2j-1}$$

程式執行時需輸入傅立葉級數的計算項數 n 用來計算各點的逼近值，然後將所有的逼近值連同階梯函式畫在圖紙上。本題特別利用 subplots 函式產生共用 X 軸的圖形來呈現計算結果。上圖為使用 10 項所產生的傅立葉級數圖形與階梯函數，下圖用來突顯傅立葉級數在逼近階梯函式時所產生的上下振盪現象。

程式 .... fourier.py

```python
01   import pylab
02
03   # 區分圖形為上下兩圖，共用 x 軸
04   f , gs = pylab.subplots(2, sharex=True,facecolor='w')
05
06   # hspace 設定縱向兩圖間的間距(平均縱軸高度的比例)
07   # wspace 設定橫向兩圖間的間距(平均橫軸寬度的比例)
08   pylab.subplots_adjust(hspace=0.4,wspace=0)
09
10   n = int( input("> 傅立葉項數 : ") )
11
12   a , b , np = 0 , 2 , 401
13   xs , dx = pylab.linspace(a,b,np,retstep=True)
14
15   # ss：階梯函數    ys：傅立葉串列
16   ss = [ 1 if x<=1 else 0 for x in xs ]
17   ys = [ None ] * np
18
19   # 計算傅立葉 n 項的估算值
20   for i , x in enumerate(xs) :
21       y , pix = 0 , pylab.pi * x
22       for j in range(n) : y += pylab.sin((2*j+1)*pix)/(2*j+1)
23       ys[i] = 0.5 + 2*y/pylab.pi
24
25   # 上圖
26   gs[0].plot(xs,ys,':r',label="Fourier series",lw=2)
27   gs[0].plot(xs,ss,'k',label="step function",lw=1)
28   gs[0].grid()
29   gs[0].set_xlabel("X")
30   gs[0].set_ylabel("Y")
31   gs[0].legend()
32   gs[0].set_title("Step function vs Fourier series with " + str(n) + " terms")
33
34   # 下圖
35   gs[1].fill_between(xs,ys,ss,color='r')
36   gs[1].grid()
37   gs[1].set_xlabel("X")
38   gs[1].set_ylabel("Y")
39   gs[1].set_title("Error of Fourier Series")
40
41   pylab.show()
```

■ 結語

本章許多練習題都要使用 pylab 套件來繪製一些有趣的圖形，這些圖形多與數學方程式連結在一起。在撰寫繪圖程式時，其中最重要的關鍵即是要能正確地算出代表幾何圖形的座標位置，複雜的幾何圖形往往需經過一些幾何轉換才能求得最後位置，有些圖形可能先經過縮放、再旋轉若干角度、最後平移到某位置，此時唯有純熟的應用中學時期所學到的「向量」知識，才能於程式中應用一連串數學公式算出圖形的位置。

透過撰寫這些圖形題，初學者將可了解數學對電腦繪圖的重要性，當今的電玩市場充斥著各種線上 3D 電玩或虛擬實境(VR)等遊戲程式，離開了數學這些遊戲就不復存在了。

■ 練習題

1. 撰寫程式，模擬橋牌規則發牌，每人的牌面由大到小排列，以下為四人的牌面輸出樣式：

```
SJ  S10 S5  S4  S3  S2  H9  H5  H3  DA  D5  D2  CQ
S8  S7  HJ  H10 H7  H6  D8  D4  CJ  C9  C5  C4  C2
SQ  S9  HA  HQ  H2  DK  DQ  D10 D7  CA  CK  C10 C6
SA  SK  S6  HK  H8  H4  DJ  D9  D6  D3  C8  C7  C3
```

以上的 S、H、D、C 分別代表 Spade、Heart、Diamond、Club。

2. 四個不同多面柱體骰子分別可顯示 1 到 3 點，1 到 4 點，1 到 5 點，與 1 到 6 點等不同點數，撰寫程式模擬隨意甩這四個骰子，驗算四個骰子的點數呈現連續數字的機率為 0.075 ($=\frac{27}{360}$)。（提示：可使用排序，驗證是否連續數字）

3. 撰寫程式驗證隨意取五張撲克牌，得到順子的機率為 0.0039246。請留意，要排除同花順的情況。

4. 請根據以下男童、女童圖形，自行設計相關的點矩陣串列。在程式中加入相關條件印出四肢與身體等符號，同時使用以下串列定義男女童資料，以亂數控制兒童數量在 [3,10] 之間與各別的男童、女童。執行時，每按 rtn 鍵後即重新設定 kids 串列，然後隨之印出兒童圖案。

```
kids = [ randint(0,1) for i in range(randint(3,10)) ]
```

輸出為：

```
>
      ***     ***     ***     ***     ***     ***     ***     ***
     *****   *****   *****   *****   *****   *****   *****   *****
      ***  /  *** \/  *** \   ***  /  *** \   ***  /  *** \   ***
       I       I       I       I       I       I       I       I
      111     222     333     444     555     666     777     888
     /111\   /222\   /333\   /444\   /555\   /666\   /777\   /888\
    / 111 \/ 222 \/ 333 \/ 444 \/ 555 \/ 666 \/ 777 \/ 888 \
      111     ***     ***     444     ***     666     ***     888
      | |    *****   *****    | |    *****    | |    *****    | |
      | |     | |     | |     | |     | |     | |     | |     | |
    =======================================================
```

5. 利用亂數設定 12 生肖的數量，使用直條圖呈現以下圖形：

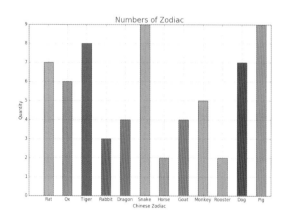

6. 利用亂數設定 12 生肖的數量，使用橫條圖呈現以下圖形：

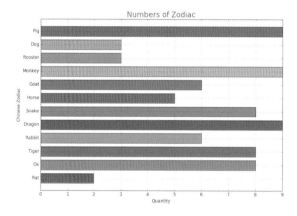

7. 利用亂數設定 12 生肖的數量，利用點散佈圖呈現以下圖形：

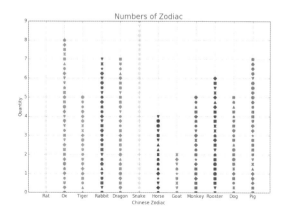

8. 利用亂數設定 12 生肖的數量，利用極座標呈現以下圖形：

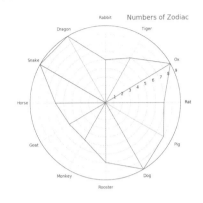

9. 以下左圖為國旗圖形尺寸，撰寫程式畫出國旗，程式將會用到點旋轉公式：

$$\begin{bmatrix} X \\ Y \end{bmatrix} = \begin{bmatrix} \cos\theta & -\sin\theta \\ \sin\theta & \cos\theta \end{bmatrix} \begin{bmatrix} x \\ y \end{bmatrix}$$

為方便起見，在計算上可使用以下資料：
首先將座標軸的原點定義在國旗左上角的圓心上，國旗的第一道光芒的尖角在正 X 軸線上，設定此尖角座標為 (15,0)，經過計算後此光芒內側弧形的兩個端點座標分別為 (8.3088,1.7929)，與 (8.3088,-1.7929)，其弧角為 24.3538°。

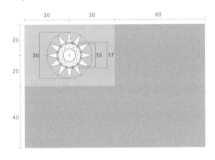

10. 利用 pylab.fill_between 函式在 $x \in [-2\pi, 2\pi]$ 間畫出 $\sin(x)$ 函數，圖形依照 y 值區分為四個區域，用不同顏色表示。

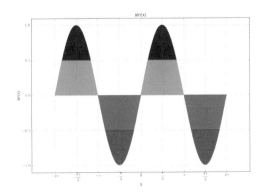

11. 撰寫程式實作牛頓迭代求根法,公式如下:

$$x_{i+1} = x_i - \frac{f(x_i)}{f'(x_i)} \qquad i \geq 0$$

求解 $f(x) = \cos(x)$ 的近似根,畫出牛頓迭代法迭代五步的過程,假設 x_0 為 0.43。

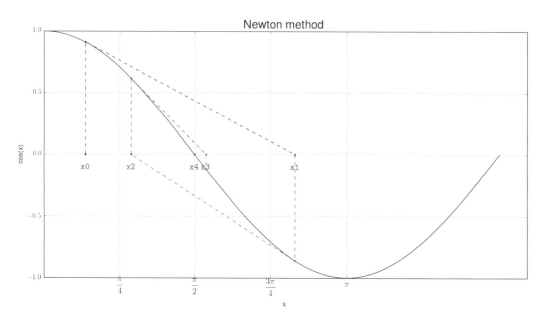

12. 在數學上,蝴蝶曲線被定義為以下參數方程式:

$$
\begin{aligned}
x &= \sin(t)\left(e^{\cos(t)} - 2\cos(4t) + \sin^5(\tfrac{t}{12})\right) \\
y &= \cos(t)\left(e^{\cos(t)} - 2\cos(4t) + \sin^5(\tfrac{t}{12})\right)
\end{aligned}
\qquad t \in [0, 12\pi]
$$

撰寫程式,分別使用 plot 描線與 fill 塗色畫出蝴蝶圖形如下:

13. 利用上一題的蝴蝶曲線參數方程式，並使用 rgba 的顏色代表方式，輸入 n，

    (a) 印出 n×n 隻各種不同顏色蝴蝶，

    (b) 同上，但只印出在對角線上的蝴蝶。

    假設上下相鄰蝴蝶的間距皆設定為 8。

14. 在數學上，要讓 (x_1, y_1) 座標點先經過旋轉 θ 角度、縮放 r 倍、再移動 (dx, dy) 距離，則最後的新座標點 (x_2, y_2) 可由以下公式求得：

$$\begin{bmatrix} x_2 \\ y_2 \end{bmatrix} = r \begin{bmatrix} \cos\theta & -\sin\theta \\ \sin\theta & \cos\theta \end{bmatrix} \begin{bmatrix} x_1 \\ y_1 \end{bmatrix} + \begin{bmatrix} dx \\ dy \end{bmatrix}$$

請撰寫程式，使用亂數套件隨意設定 θ、r、$[dx, dy]$ 隨意產生 10 到 15 隻蝴蝶。以下為產生的蝴蝶圖形：

15. 觀察下圖，設定「中央」兩字的點陣資料，利用前一題座標轉換公式，撰寫程式使用 pylab 繪圖，讓原本應顯示的點都以蝴蝶[126]表示，請自由變更各蝴蝶的旋轉角與縮放比，以下為產生的中央蝴蝶點矩陣圖形：

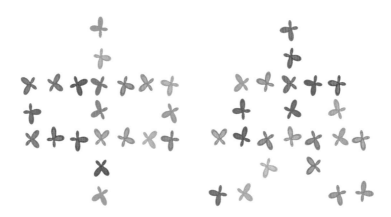

16. 觀察下圖，設定「中央」兩字的點陣資料，撰寫程式利用 pylab 繪圖，讓原本應顯示的點都以多邊形表示，自由變更各多邊形的邊數、顏色、縮放比、旋轉角，以下為產生的圖形：

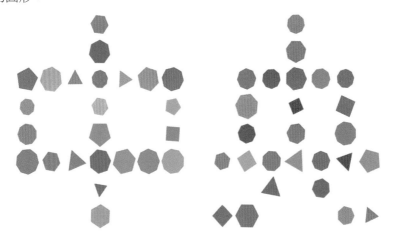

提示：多邊形可在單位圓上取等份角即可求各個頂點座標

17. 輸入螺線寬度 n，使用 pylab 畫出以下的方形旋轉螺線：

> 7　　　　　　　　　　> 8

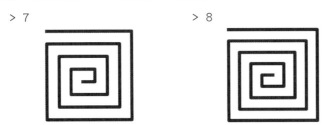

18. 同上題，利用旋轉公式與 pylab 繪圖成以下螺線圖案：

> 10

19. 撰寫程式，輸入時分，用 pylab 畫出對應的時鐘圖形如下：

> 7 , 25   > 2 , 48

20. 撰寫程式，輸入刻度尺的起始刻度，畫出 10 公分長的刻度尺如下：

> 15

21. 撰寫程式，輸入三位數，畫出以下的度量儀度刻度表：

> 793

22. 參考第四章「中大」雙重點矩陣圖範例[80]與本章畫出來的數字範例[119]，撰寫程式讀入數字，畫出此數字的雙重點矩陣圖，圖形如下，同時各個數字的顏色請使用亂數設定 (r,g,b) 方式處理。

> 65234890

第六章：字串

字串處理在程式設計中佔有重要角色，尤其在開發腳本程式(script programming)上更顯重要，這類型的程式經常需應用複雜的字串處理功能才能完成程式設計。在字串處理上，python 提供了許多簡便好用的工具，這些字串處理工具可以連環使用，經常一個連環組合而成的式子即能完成相當複雜的字串處理。跟其他程式語言相比，python 的字串處理能力是相當強大甚至於「可怕」，這也使得 python 程式語言常被用在開發各式系統管理工具。

與其他程式語言的字串型別最大的不同處是當 python 字串一旦設定後即不能更動個別字元[134]，相當於 python 的字串皆是所謂的常數字串，字串內容的更動只能透過重新組合完成，這種字元不可更動的特性雖會造成一些使用上的不便，但用久了習慣也就成為自然。

■ 字串

▶ 使用單引號或雙引號夾住的字元：'abc' , "abc" , "Tom's"

▶ 跨列文字需使用三個引號：

a = '''國立中央大學
數學系'''

b = "國立中央大學\n數學系"   # a 與 b 是一樣的字串

▶ 以三個引號夾住某段程式碼不作設定，效果等同註解

```
for i in range(1,10) :
    """
    s = 0
    for n in range(i) : s += n
    print( "sum of 0 .." , i , "is" , s )
    """
    ...
```

⊛ 此種跨列註解的第一個三引號仍需遵循縮排規定

■ 字元

▶ 字串為萬國碼字元序列，字元以 UTF-8 編碼

▶ len(字串)：取得字串長度，即字元數

▶ list(字串)：分解字串成字元串列

```
>>> school = '中央大學'
>>> foo = list(school)
>>> foo
['中', '央', '大', '學']
```

▶ for 迴圈迭代取出字元

math = '中央大學MATH'

```
# for 迴圈每次取出一個字元
for c in math : print( c , end=" - " )

# 使用下標取得字元
for i in range(len(math)) : print( math[i] , end=" - " )
```

以上兩個迴圈都輸出：

中 - 央 - 大 - 學 - M - A - T - H -

▶ 特殊字元

\' 單引號字元	\\ 反斜線字元	\ooo 八進位 ooo 字元
\" 雙引號字元	\b 退後字元	\xhh 十六進位 hh 字元
\n 換列字元	\t 定位字元	

⊛ 相等字元：

'm' == '\155'（八進位表示）== '\x6d'（十六進位表示）

■ 原生字串(raw string)

▶ 原生字串：在引號前加 r，代表引號所夾的字元就是原始字元

```
>>> print( '\\' )              # 一個反斜線
\
>>> print( r'\\' )             # 兩個反斜線
\\

>>> print( "cat\ndog" )
cat
dog
>>> print( r"cat\ndog" )
cat\ndog
```

⊛ 原生字串無法使用 r'\' 設定單一個反斜線字元

■ 字串合成與複製

▶ 多個字串合成

```
a = "中央大學"  " "  "數學系"          # a = "中央大學 數學系"
```

▶ 跨列字串合成：需使用小括號

```
b = ( "春眠不覺曉，處處聞啼鳥。"
      "夜來風雨聲，花落知多少。" )
```

▶ 字串合成：使用 +

```
c = "中央大學" + " " + "數學系"          # c = "中央大學 數學系"
```

▶ 字串複製：使用 *

```
d = "加油！" * 3                        # d = "加油！加油！加油！"
```

■ 字串字元下標

```
foo = "中央大學數學系"
```

字串 foo	,中,	,央,	,大,	,學,	,數,	,學,	,系,
正向下標	0	1	2	3	4	5	6
逆向下標	-7	-6	-5	-4	-3	-2	-1

■ 複製字串內部份字元

▶ 使用下標複製字元

a[:]	複製全部
a[i:j]	複製 a[i] 到 a[j-1] 間的字元
a[i:]	複製 a[i] 到末尾的所有字元
a[-i:]	複製末尾 i 個字元
a[:j]	複製前 j 個字元
a[i:j:k]	複製 a[i]，a[i+k]，a[i+2k]，...　末尾下標需小於　j
a[i:j:-k]	複製 a[i]，a[i-k]，a[i-2k]，...　末尾下標需大於　j

▶ 順向複製

```
>>> a = "中央大學 MATH"
>>> b = a[:]               # b = "中央大學 MATH"，a 與 b 各有獨立字串空間
>>> c = a[5:]              # c = "MATH"
>>> d = a[-4:]             # d = "MATH"
>>> e = a[0:3:2]           # e = "中大"
```

⊛ 字串複製 b = a[:] 非字串指定 b = a，後者 a 與 b 共享同一個字串空間

▶ 逆向複製

```
>>> a = "NCU MATH"
>>> b = a[-1:-5:-1]        # b = "HTAM"
>>> c = a[-1::-1]          # c = "HTAM UCN"  逆轉字串
>>> d = a[::-1]            # d = 同上
```

► 複合順逆向

```
>>> a = "NCU MATH"
>>> b = a[-1:-5:-1]              # b = "HTAM"
>>> c = a[-4:][::-1]             # c = 同上    逆向末四個字元
>>> d = a[:3][::-1]              # d = "UCN"   逆向前三個字元
```

■ 數字與字串

► float(foo)：將數字字串 foo 轉型為浮點數

► int(foo)：將整數字串 foo 轉型為十進位整數

► int(foo,x)：將 x 進位的 foo 數字字串轉型為十進位整數

```
>>> a = float("3.14")           # a = 3.14
>>> b = int("24")               # b = 24
>>> c = int("24",5)             # c = 14
>>> d = int("31",16)            # d = 49
>>> e = int("0xff",16)          # e = 255
```

► bin(n)：將整數 n 轉成二進位數字字串

► hex(n)：將整數 n 轉成十六進位數字字串

```
>>> bin(13)
'0b1101'                        # 0b 代表二進位(binary)
>>> hex(60)
'0x3c'                          # 0x 代表十六進位(hexadecimal)

>>> int(bin(13),2)    # 13 先轉為二進位數字字串再轉回整數
13
>>> int(hex(60),16)   # 60 先轉為十六進位數字字串再轉回整數
60
```

► 數字逆轉

```
>>> e = int( str(12345)[::-1] )    # e = 54321
```

■ 字串是不能更動型別(immutable type)

► 字串設定後即不能更動

```
>>> a = "數學系"
>>> a[2] = "人"                  # 錯誤，字串字元無法更動
>>> a[:2] = "物理"              # 錯誤，字串字元無法更動
```

► 重新組合字串成新字串

```
>>> b = "理學院數學系"
>>> b = b[:3] + "物理" + b[-1]      # b = "理學院物理系"
```

■ 字串分解

▶ list(foo)：分解 foo 字串為字元串列

```
>>> a = "MATH"
>>> b = list(a)                          # b = ['M', 'A', 'T', 'H']
```

▶ foo.split(sep,n)：分解 foo 字串，前 n 個字串依 sep 分隔字串分解

```
>>> a = "M-A-T-H".split('-')             # a = ['M', 'A', 'T', 'H']
>>> b = "M-A-T-H".split('-',1)           # b = ['M', 'A-T-H']
>>> c = "M-A-T-H".split('-',2)           # c = ['M', 'A', 'T-H']

>>> d = "M--A--T--H".split('--')         # d = ['M', 'A', 'T', 'H']
>>> e = "M--A--T--H".split('-')          # e = ['M', '', 'A', '', 'T', '', 'H']
```

以下 sep 為一個或兩個星號

```
>>> a = "中*大***MATH".split("*")       # a = ['中', '大', '', '', 'MATH']
>>> b = "中*大***MATH".split("**")      # b = ['中*大', '*MATH']
```

⊛ sep 不得為空字串

▶ foo.split()：分解 foo 字串，取出非空格間的字元

```
>>> a = "中 大    MATH".split()         # a = ['中', '大', 'MATH']
>>> b = " 中 大    MATH ".split()       # b = ['中', '大', 'MATH']
>>> c = "中 大\n\t   MATH".split()      # c = ['中', '大', 'MATH']
```

⊛ python 的空格包含空白(' ')、換列('\n')、定位('\t')、回列首字元('\r')

▶ 字串分解常與輸入合用，藉以一次設定許多變數

```
# 輸入三個整數以空格分開
>>> a , b , c = map( int , input("> ").split() )
> 2 4 9
>>> a + b + c
15

# 輸入以空格分開的整數存入串列
>>> d = list( map( int , input("> ").split() ) )
> 8 9 3 7
>>> d
[8, 9, 3, 7]
```

■ 字串合併

▶ sep.join(foo)：將字串或字串串列 foo 合併起來，字串間有 sep 分隔字串

```
>>> a = "--".join(['中', '央', '大', '學'])      # a = "中--央--大--學"

>>> b = "".join(['MA', 'TH'])                    # b = "MATH"

>>> c = "-".join( input("-> ") )                 # c = '1-2-3'
-> 123

>>> d = "**".join( "ncu" )                       # d = 'n**c**u'
```

▶ 對調 年/月/日 成為 月/日/年

```
>>> "/".join("105/3/26".split('/',1)[::-1])
3/26/105
```

▶ 將字串中的分隔字元換成其他字串

```
>>> a = "中---央-大--學"
>>> b = "".join( a.split("-") )          # b = "中央大學"
>>> c = "**".join( b )                    # c = "中**央**大**學"
```

以上末兩式可合併成一列： c = "**".join("".join(a.split("-")))

▶ 分離、合併、逆轉混用

```
>>> a = "123.45.6789"
>>> b = ("".join(a.split(".")))[::-1]    # b = 987654321
```

▶ 與 map 配合即可不用迴圈列印整個混合型別串列

```
>>> print( " ".join( map( str , [12,"cat",23.4] ) ) )
12 cat 23.4
```

■ 依換列字元分解為串列

▶ foo.splitlines()：將 foo 字串依換列字元分解成字串串列

```
>>> foo = "abc\n123\n\ndog"

>>> foo.splitlines()                      # 等同 foo.split("\n")
['abc', '123', '', 'dog']

>>> foo.splitlines(1)
['abc\n', '123\n', '\n', 'dog']
```

⊛ 若 splitlines 內有任何非零參數，則會保留換列字元

■ 萬國碼字元編號

▶ ord(c)：字元 c 在萬國碼編號

▶ chr(n)：萬國碼編號 n 的對應字元

```
>>> n = ord('a')        # n = 97
>>> c = chr(97)         # c = 'a'

>>> a = ord('中')       # a = 20013
>>> b = chr(20013)      # b = '中'
>>> c = chr(0x4e2d)     # c = '中'，0x4e2d 為 20013 的十六進位表示
>>> chr(ord('中'))
'中'
```

▶ 字串比大小：依次比較各字元的萬國碼編號

```
>>> "abc" < "ade"
True

>>> "dogs" > "dog"
True

>>> "中大" > "中央"       # ord("大"):22823   ord("央"):22830
False
```

- ▶ 由萬國碼編號組成字串

```
>>> [ ord(x) for x in "中央大學" ]
[20013, 22830, 22823, 23416]

>>> "".join( [ chr(x) for x in [20013, 22830, 22823, 23416] ] )
'中央大學'
```

- ▶ 產生 'abcd ... z' 字串

```
>>> "".join( [ chr(ord('a')+i) for i in range(26) ] )
'abcdefghijklmnopqrstuvwxyz'
```

■ 移除字串兩側空格

- ▶ foo.strip()：去除 foo 字串兩側的空格，回傳剩餘的字串

- ▶ foo.lstrip()：去除 foo 字串左側的空格，回傳剩餘的字串

- ▶ foo.rstrip()：去除 foo 字串右側的空格，回傳剩餘的字串

```
>>> foo = "  中央大學  "
>>> a = foo.strip()              # a = "中央大學"
>>> b = foo.lstrip()             # b = "中央大學  "
>>> c = foo.rstrip()             # c = "  中央大學"
>>> foo                          # foo 保持不變
"  中央大學  "
```

⊛ **原始字串為** immutable，**不會被變更**

■ 移除字串兩側指定字元

- ▶ foo.strip(b)：去除 foo 字串兩側在 b 字串內的字元，回傳剩餘的字串

- ▶ foo.lstrip(b)：去除 foo 字串左側在 b 字串內的字元，回傳剩餘的字串

- ▶ foo.rstrip(b)：去除 foo 字串右側在 b 字串內的字元，回傳剩餘的字串

```
>>> foo = "--132-45--6783--"
>>> a = foo.strip("-")           #  a = "132-45--6783"
>>> b = foo.strip("-13")         #  b = "2-45--678"
>>> c = foo.lstrip("-123")       #  c = "45--6783--"
>>> d = foo.rstrip("-123")       #  d = "--132-45--678"
>>> foo                          #  foo 保持不變
"--132-45--6783--"
```

⊛ 原始字串為 immutable，不會被變更

■ 搜尋字串

▶ foo.find(s)：在 foo 字串搜尋 s 字串出現的下標位置

▶ foo.find(s,a,b)：在 foo[a:b] 字串搜尋 s 字串出現的下標位置

▶ foo.rfind(s)：在 foo 字串搜尋 s 字串出現的最高下標位置

▶ foo.rfind(s,a,b)：在 foo[a:b] 字串搜尋 s 字串出現的最高下標位置

▶ foo.index(s)：在 foo 字串搜尋 s 字串出現的下標位置

以上第二、四種型式也可不設定 b，則搜尋範圍變為 foo[a:]

```
>>> foo = "math.123.math.32123"
>>> a = foo.find("math")           # a = 0
>>> b = foo.find("math",1,10)      # b = -1 , -1 代表沒有找到
>>> c = foo.find("math",1)         # c = 9
>>> d = foo.find("math",1,13)      # d = 9
>>> e = foo.rfind("123")           # e = 16
>>> f = foo.index("2")             # f = 6
>>> g = foo.index("123")           # g = 5
```

⊛ find，rfind 若搜尋不到字串，回傳 -1，但 index 則產生錯誤訊息

■ 搜尋字串：in 與 not in

▶ foo in a：檢查 a 字串是否包含 foo 字串，回傳真假值

▶ foo not in a：檢查 a 字串是否不包含 foo 字串，回傳真假值

```
>>> '8' in "13579"
False
>>> '13' in "123456789"
False
>>> '654' in "987654321"
True
>>> '456' not in "987654321"
True
```

■ 搜尋字串出現次數

▶ foo.count(s)：在 foo 字串搜尋 s 字串出現次數

▶ foo.count(s,a)：在 foo[a:] 字串搜尋 s 字串出現次數

▶ foo.count(s,a,b)：在 foo[a:b] 字串搜尋 s 字串出現次數

```
>>> foo = "math.123.math.32123"

>>> a = foo.count("math")          # a = 2
>>> b = foo.count("math",1,10)     # b = 0
>>> c = foo.count("math",5)        # c = 1
```

■ 檢查字串的起始或末尾是否有某字串

    ▶ `foo.startswith(s)`：檢查 `foo` 字串是否以 `s` 字串起始

    ▶ `foo.startswith(s,a,b)`：檢查 `foo[a:b]` 字串是否以 `s` 字串起始

    ▶ `foo.endswith(s)`：檢查 `foo` 字串是否以 `s` 字串終結

    ▶ `foo.endswith(s,a,b)`：檢查 `foo[a:b]` 字串是否以 `s` 字串終結

    以上的 `s` 也可為包含字串的常串列(tuple)，第二、四種型式的 `b` 也可省略，代表搜尋範圍變為 `foo[a:]`

```
>>> foo = "www.math.ncu.edu.tw"

>>> a = foo.startswith("www")              # a = True
>>> b = foo.startswith("ncu",3)            # b = False
>>> c = foo.startswith(("phy","math"),4)   # c = True

>>> d = foo.endswith(("kr","tw","cn"))     # d = True
>>> e = foo.endswith(("tw","jp"),4)        # e = True
```

■ 取代舊字串成新字串

    ▶ `foo.replace(old,new)`：將 `foo` 字串內的 `old` 字串全部改為 `new` 字串後回傳

    ▶ `foo.replace(old,new,n)`：將 `foo` 字串內前 `n` 個 `old` 字串改為 `new` 字串後回傳

```
>>> foo = "數學系 物理系 化學系"

>>> a = foo.replace("數學","中文")       # a = ’中文系 物理系 化學系’
>>> b = foo.replace("系","人",2)         # b = ’數學人 物理人 化學系’

>>> foo                                  # foo 保持不變
’數學系 物理系 化學系’
```

    ⊛ **原始字串為 immutable，仍保持不變，取代後回傳新字串**

■ 大小寫轉換

    ▶ `foo.upper()`：將 `foo` 字串內的英文字母轉為大寫後回傳

    ▶ `foo.lower()`：將 `foo` 字串內的英文字母轉為小寫後回傳

    ▶ `foo.title()`：將 `foo` 字串內每個英文字的第一個字母轉為大寫後回傳

```
>>> foo = "My _name_ is Tom."

>>> a = foo.upper()                    # a = "MY _NAME_ IS TOM."
>>> b = foo.lower()                    # b = "my _name_ is tom."
>>> c = foo.title()                    # c = "My _Name_ Is Tom."
```

    ⊛ **title 定義**：字串至少有個大寫字母，大寫字母在非大小寫字元之後，
                小寫字母則緊鄰在大寫字母之後。

■ 判斷字串字元類型

- ▶ foo.isdigit()：判斷 foo 字串是否全是數字
- ▶ foo.isalpha()：判斷 foo 字串是否全是英文字母
- ▶ foo.isalnum()：判斷 foo 字串是否全是英文字母或數字
- ▶ foo.isupper()：判斷 foo 字串是否英文字母全是大寫
- ▶ foo.islower()：判斷 foo 字串是否英文字母全是小寫
- ▶ foo.istitle()：判斷 foo 字串是否滿足 title 定義
- ▶ foo.isspace()：判斷 foo 字串是否全是空格字元

```
>>> a = "123".isdigit()              # a = True
>>> b = "123abc".isalpha()           # b = False
>>> c = "123abc".isalnum()           # c = True
>>> d = "123abc".islower()           # d = True
>>> e = "We Are In 30s.".istitle()   # e = False
>>> f = "My Age Is 30.".istitle()    # f = True
>>> g = " \n\t\r".isspace()          # g = True
```

■ format 格式輸出

- ▶ 使用 format 設定輸出格式

```
>>> "{}/{}/{}".format("1977",8,10)
'1977/8/10'
```

- ▶ format 輸出字串

```
>>> a = "{}有 {} 公斤".format("香蕉",148)       #  a = '香蕉有 148 公斤'
```

- ▶ 設定輸出位置：{0}，{1}，…，{n}

```
>>> a = "{1}月 {2}日 {0}年".format(2017,3,13)    # a = '3月 13日 2017年'
>>> b = "{2}/{1}/{0}".format(2017,3,13)          # b = '13/3/2017'
```

   © {n} 的 n 可以重複

- ▶ 設定輸出寬度、填補字元、精度、對齊方式

```
>>> a = "{0}:{1:5} kg".format('香蕉',234)         # a = '香蕉:  234 kg'
>>> b = "{0:>4}:{1:#>5} kg".format('鳳梨',234)    # b = '  鳳梨:##234 kg'
>>> c = '{0}:{1:#>7.2f} kg'.format('芭樂',234.5)  # c = '芭樂:#234.50 kg'
```

- ▶ 整數格式輸出

  - 填補字元、對齊、寬度

```
>>> "{0:#<5}{1:@>5}{2:*^6}".format(123,45,67)
'123##@@@45**67**'
```

   © < > ^ 分別為向左、向右、置中對齊符號，填補字元於其前，寬度於其後

- 進位方式

```
>>> "{0:#<4}-{0:0>10b}-{0:#>4x}".format(234)
'234#-0011101010-##ea'
```

  ⊛ 進位字母置於寬度之後，b 二進位、o 八進位、x/X 小寫/大寫十六進位

- 正負號與其位置

```
>>> a = "{0:#=+5}".format(12)        # a = '+##12'
>>> b = "{0:#>+5}".format(12)        # b = '##+12'
>>> c = "{0:#<+5}".format(12)        # c = '+12##'
>>> d = "{0:#^+5}".format(12)        # d = '#+12#'
>>> e = "{0:#=5}".format(-12)        # e = '-##12'
```

  ⊛ 寬度數字前的 + 號代表當整數為正數時則輸出正號

- 逗點

```
>>> a = "{:#>12,}".format(9834567)          # a = '###9,834,567'
```

▶ 浮點數格式輸出

- 小數點輸出

```
>>> "{:>f}".format(12.239013533)            # 預設小數點精度為 6
'12.239014'
```

```
>>> "{:#>7.2f}".format(12.2390)             # 7 格列印，小數佔用 2 格
'##12.24'
```

  ⊛ 7.2f 代表全部數字佔用 7 格，小數位數佔用 2 格

- 科學記號輸出

```
>>> "{0:e}||{0:#>10.2e}||{0:#>10.2E}".format(12.2390)
'1.223900e+01||##1.22e+01||##1.22E+01'
```

  ⊛ 10.2e 代表全部數字佔用 10 格，小數位數佔用 2 格

- 百分號輸出

```
>>> '{0:%}||{0:#>.1%}||{0:#>10.2%}'.format(12.239)
'1223.900000%||1223.9%||##1223.90%'
```

▶ 使用名稱參數：使用名稱替代數字代號

```
>>> "{b} has {a:#>3} dollars.".format(a=99,b="Tom")
'Tom has #99 dollars.'
```

```
>>> "{a:{f}{g}{x}.{y}f}".format(a=2.343,f="#",g=">",x=5,y=2)
'#2.34'
```

▶ 串列格式輸出

- format 左側字串內大括號數量需與串列元素數量相同
- 先組合 format 左側字串，再拆解輸出的串列

```
>>> a = [ 2 , 8 , 24 , 7 ]
>>> b = "{:0>3} "*len(a)
>>> b.format(*a)
'002 008 024 007 '
```

⊛ 使用星號於串列前可拆解串列成一個個元素

```
>>> a = "1 1 2 3 5 8 13 21 34 55"
>>> b = a.split()
>>> ("{:->3}"*len(b)).format(*b)
'--1--1--2--3--5--8-13-21-34-55'
```

⊛ 使用小括號組合格式字串

■ f-字串

▶ 使用類似 format 型式組合字串

▶ 字串前有 f 字元，也可用在跨列字串

▶ f-字串的小括號內可使用運算式

```
>>> a , b = 3 , 8
>>> c = f"{a} x {b} = {a*b}"                # c = '3 x 8 = 24'
>>> d = "{} x {} = {}".format(a,b,a*b)       # d 與 c 一樣

>>> x = 'dogs'
>>> y = f"{x.title()} have four legs."       # y = 'Dogs have four legs.'
>>> z = "{} have four legs.".format(x.title())  # z 與 y 一樣
```

⊛ f-string 在 python 3.6 之後的版本才有

■ 位元組型別：bytes 與 bytearray 型別

▶ string 與 bytes 為同筆資料不同儲存方式的物件型別，string 儲存萬國碼字元，bytes 儲存字元的編碼實作序列

▶ bytes 為不可更動型別(immutable)，bytes 物件設定後即不可更動

▶ bytes(foo,'utf-8')：將 foo 字串以 utf-8 編碼方式轉為 bytes 物件

▶ bytearray 型別為 bytes 型別的可更動版本(mutable[229])

▶ bytearray(foo,'utf-8')：將 foo 字串以 utf-8 編碼方式轉為 bytearray 物件

```
>>> a = 'c'                  # hex(ord(a)) = 0x63
>>> b = bytes(a,'utf-8')     # utf-8 編碼為 63
>>> b                        # b 佔用一個位元組
b'c'                         # 等同 b'\x63'

>>> c = '中'                 # hex(ord(c)) = 0x4e2d
>>> d = bytes(c,'utf-8')     # utf-8 編碼為 e4 b8 ad
>>> d                        # d 佔用三個位元組
```

```
b'\xe4\xb8\xad'
```

```
>>> e = bytearray(c,'utf-8')          # utf-8 編碼為 e4 b8 ad
>>> e                                 # e 佔用三個位元組
bytearray(b'\xe4\xb8\xad')
```

▶ 字串變更編碼方式

```
>>> f = '中央'                         # f 為兩個萬國碼字元
>>> bytearray(f,'utf-8')              # 使用 utf-8 編碼，共六個位元組
bytearray(b'\xe4\xb8\xad\xe5\xa4\xae')
```

```
>>> bytes(f,'big5')                   # 使用 big5 編碼，共四個位元組
b'\xa4\xa4\xa5\xa1'
```

	字串型別	位元組型別
型別名稱	string	bytes , bytearray
儲存內容	萬國碼字元	編碼後字元組
序列	字元	介於 [0,255] 的位元組
型式	'cat'	bytearray(b'cat') (bytearray 物件)
	'中'	b'\xe4\xb8\xad' (bytes 物件)
str ⟶ bytes	x = '中'	y = x.encode() ， y 為 bytes 物件
		y = bytes(x,'utf-8')
		y = bytearray(x,'utf-8')
str ⟵ bytes	x = y.decode()	y = b'\xe4\xb8\xad'
	x = str(y,'utf-8')	y = bytearray(b'\xe4\xb8\xad')

⊛ 上表內的 encode() 與 decode() 也可設定編碼方式，預設編碼方式為 utf-8

▶ 範例

- 字母編碼後序號

```
for x in bytearray('cat','utf-8') :
    print( x , end=" " )
```

輸出：

```
99 97 116
```

- 編碼後的位元組

```
>>> "中央".encode()
b'\xe4\xb8\xad\xe5\xa4\xae'
```

```
>>> list( "中央".encode() )
[228, 184, 173, 229, 164, 174]
```

- 取得部份編碼後字元

```
>>> a = "中央".encode()               # a 為 bytes 物件
>>> a[3:6]
```

```
b'\xe5\xa4\xae'
>>> a[3:6].decode()
'央'
```

- 更改 bytearray 資料：直接取代儲存的位元組內容

```
>>> b = bytearray( '中央' , 'utf-8' )          # b 為 bytearray 物件
>>> b[3:6] = '大'.encode()
>>> b.decode()
'中大'

>>> c = bytearray( 'cat' , 'utf-8' )
>>> c[1] = ord('u')                            # 將 c[1] 改為 'u' 字元的序號
>>> c
bytearray(b'cut')
```

- 字串轉換編碼：utf-8 ⟶ big5

```
>>> a = "中央".encode()                        # a 為「中央」的 utf-8 編碼
b'\xe4\xb8\xad\xe5\xa4\xae'

>>> a.decode().encode('big5')                  # a 先 utf-8 解碼，後 big5 編碼
b'\xa4\xa4\xa5\xa1'
```

■ eval 求值函式

▶ eval(foo)：對 foo 字串式子作運算

```
>>> eval( "4 + 2 * ( 6 / 3 )" )
8.0

>>> a = eval( "[ 2*x for x in range(3)]" )
>>> a
[0, 2, 4]
```

▶ 使用 eval 讀取多筆資料

- 資料以逗點分離

```
>>> a , b , c = eval( input("> ") )
> 3 , "cat" , 2.8                              # 字串要有單(雙)引號

>>> a , b , c
(3, 'cat', 2.8)
```

- 資料以空格分離

```
>>> x , y , z = map( eval , input("> ").split() )
> 5  "dog"  2.8

>>> x , y , z
(5, 'dog', 2.8)
```

⊛ 以上的輸入資料通常不會是同一種型別

▶ eval 與 input 結合可成一個計算器

```
while True :
    print( eval( input("> ") ) )
```

執行後得

```
>>> 3+4
7
>>> 2*(4-1)*8
48
```

■ 唐詩在書法中的排列

中國傳統文字的書寫順序是由上而下，再由右向左。而程式語言的列印順序是由上而下，再由左向右。若以程式來列印傳統文字的排列方式就得先經過一些處理才能正確的印出來。本例題在讀入直排字數後，要以傳統中文字的書寫方式印出孟浩然的「春曉」五言詩句。

```
> 5                        > 8                   > 10
花 夜 處 春              落 啼 春               夜 春
落 來 處 眠              知 鳥 眠               來 眠
知 風 聞 不              多 夜 不               風 不
多 雨 啼 覺              少 來 覺               雨 覺
少 聲 鳥 曉                 風 曉               聲 曉
                           雨 處               花 處
                           聲 處               落 處
                           花 聞               知 聞
                                               多 啼
                                               少 鳥
```

由於詩句是以二維方式排列，在程式設計上自然要設計成雙層迴圈，基本架構如下：

```
for ( i ... ) {
    for ( j ... ) {
        列印在 i , j 位置的詩句文字
    }
    cout << endl ;
}
```

以上外迴圈 i 是縱向順序，內迴圈 j 為橫向，當橫向的 j 迴圈整個走完後才換列。撰寫此程式，首先要理清楚雙層迴圈中的兩個變數與詩句字串下標的關聯。假設字串字元下標為 k，以下的推導可得到其間的關係：

由於唐詩的排列是由右向左，可順勢讓橫向的 j 迴圈以由右向左方式遞增，在紙上填入相關的數字後，即可觀察到詩句的字元下標 k(粗體數字)與兩迴圈的 i、j 變數有著以下簡單關係：

$$k = j \times h + i$$

以上 h 為輸入的直行字數。將公式置於雙層迴圈內就可在任何 (i,j) 位置找到對應的詩句文字，如此程式就幾乎完成。

	j			
	2	1	0	
0	落 16	啼 8	春 0	
1	知 17	鳥 9	眠 1	
2	多 18	夜 10	不 2	
3	少 19	來 11	覺 3	
4		風 12	曉 4	h = 8
5		雨 13	處 5	
6		聲 14	處 6	
7		花 15	聞 7	

i (縱向)

本範例表面上不是數學題目，但解題關鍵卻是數學，同時也是簡單數學的應用。若沒能推導出 i、j、k 三個變數間的關係，即使程式再簡單，也難以於短時間內完成程式。本題可看出數學善於隱藏的特性，同時也可看出撰寫程式前紙筆推導的重要性，許多程式問題若少了紙筆推導，要在電腦螢幕前憑空「生」出程式通常是有相當難度。

程式 .... poem.py

```
01   p = "春眠不覺曉處處聞啼鳥夜來風雨聲花落知多少"
02
03   while True :
04
05       # 讀入詩句列數
06       h = int(input("> "))
07
08       # 計算詩句行數
09       w = len(p)//h + ( 1 if len(p)%h else 0 )
10
11       for i in range(h) :
12           for j in range(w-1,-1,-1) :
13
14               k = j*h+i
15               print( p[k] if k < len(p) else "　" , end=" ")
16
17           print()
18
19       print()
```

■ 一至七字迴旋詩

```
          呆
         才　秀
        吃　長　齋
       腮　滿　鬚　鬍
      經　書　揭　不　開
     排　安　己　自　筆　紙
    明　年　不　請　我　自　來
```

以上一至七字詩出自「儒林外史」一書，此詩原句為：

　呆　秀才　吃長齋　鬍鬚滿腮　經書揭不開　紙筆自己安排　明年不請我自來

程式要將去除空格的詩句字串改以寶塔詩方式由上而下輾轉印出來。

　　本詩文字排列的特點是每列字數遞增一字，同時在雙數列，詩句為逆行排列。在程式設計上，可先試著簡化問題，將所有的空格與詩句順逆向排列先加以擱置，僅考慮如何取出各列詩句，以下為簡化後一到七字詩：

詩句	起點 a	字數 n	終點 b	字串
呆	0	1	1	p[0:1]
秀才	1	2	3	p[1:3]
吃長齋	3	3	6	p[3:6]
鬍鬚滿腮	6	4	10	p[6:10]
經書揭不開	10	5	15	p[10:15]
紙筆自己安排	15	6	21	p[15:21]
明年不請我自來	21	7	27	p[21:28]

　　假設 p 為詩句字串，若能準確的設定各列詩句起點 a 與終點 b，就可使用 p[a:b] 取得各列詩句。觀察上表可知自第二列開始的詩句起點 a 就是上一列詩句的終點 b，各列終點 b 數值就是 a 加上字數 n，由此得知程式的主要部份就為：

```
a = 0
for n in range(1,8) :
    b = a + n
    print( p[a:b] )
    a = b
```

　　有了此部份後，列印每列的左側空格與根據列數以順逆向方式列印 p[a:b] 字串就簡單了，字與字之間的兩個空格可用 " ".join(...) 方式處理，整個程式也僅有十多列而已。

| 程式 | .... | triangle_poem.py |

```python
01    p = "呆秀才吃長齋鬍鬚滿腮經書揭不開紙筆自己安排明年不請我自來"
02
03    a = 0
04    for n in range(1,8) :
05
06        # 輸出每列的空白
07        print( ' '*(2*(7-n)) , end="" )
08
09        b = a + n
10
11        if n%2 :
12            # 奇數列：順向列印，並於字與字間加上兩個空格
13            print( '  '.join(p[a:b]) )
14        else :
15            # 偶數列：逆向列印，並於字與字間加上兩個空格
16            print( '  '.join(p[a:b][::-1]) )
17
18        a = b
```

■ 八山疊翠詩

```
                        山山
                        八裡
                      山第有山
                      華道轉路
                    山好我彎高山
                    華道說響水流
                  山間人人潺潺深山
                  在日日身聲聲鳥百
                雲遊客孤叫路上行
                作莫君勸難步步人
```

此詩名為「八山疊翠詩」，整首詩的排列如山的形狀，「八山」是指在山的突出部份共有八個「山」。詩句是由山的右半邊輾轉向下讀，到底部後直接唸到左邊，最後再由左半邊輾轉向上。此題是要由以下的詩句，在去除空格後，撰寫程式列印詩句成為山的形狀。

山裡有山路轉彎　高山流水響潺潺　深山百鳥聲聲叫　路上行人步步難
勸君莫作雲遊客　孤身日日在山間　人人說道華山好　我道華山第八山

此題看似困難，但在程式設計上與前一題類似。將山分左右兩半，左半詩句字的排列是由下向上，右半詩句則由上而下。右半詩句與上題作法相似，差別在此題每列的字數需要額外設定，可用一串列儲存字數 [1,1,2,2,3,3,4,4,4,4]。將八山疊翠詩的詩句標示如下：列數、每列左右排列方向、字數與每列之前的空格(以句點替代)。

	列數	方向			方向	字數	空格數	
	0	←	......山	山	→	1	6	= 2*(4-1)
	1	→	......八	裡	←	1	6	= 2*(4-1)
	2	←	....山第	有山	→	2	4	= 2*(4-2)
	3	→	....華道	轉路	←	2	4	= 2*(4-2)
i	4	←	..山好我	彎高山	→	3	2	= 2*(4-3)
	5	→	..華道說	響水流	←	3	2	= 2*(4-3)
	6	←	山間人人	潺潺深山	→	4	0	= 2*(4-4)
	7	→	在日日身	聲聲鳥百	←	4	0	= 2*(4-4)
	8	←	雲遊客孤	叫路上行	→	4	0	= 2*(4-4)
	9	→	作莫君勸	難步步人	←	4	0	= 2*(4-4)
			p[-28:][::-1]	p[:28]				

山的右半詩句為詩句的前 28 個字，左半詩句可逆轉末尾 28 字後取得，這些都可透過簡單的字串截取得到。仿照上題作法，列印每列時都要設定起點 a、加上各列字數求得終點 b。此外列印各列時，可先將空格、左半詩句、右半詩句接在一起後一次列印。需留意，左半詩句本身是由末尾向前排列，詩句由上而下的排列方向剛好與讀詩的方向相反。

一般來說，第一次撰寫程式時很容易發生左半詩句的排列方向錯誤而不知原因。但當程式初步完成後，左半詩句的排列錯誤是很容易找到問題所在，且能很快加以排除。

　　本範例的左右兩半詩句的排列方向完全相反，乍看之下，雖有規則，卻也一時難以找到其間的規律，沒有解決方法，自然無法撰寫成程式。然而以下的程式碼也僅用了短短二十幾列，很是神奇!!事實上，利用如上題一樣的紙筆推導方式，完成程式設計一點也不神奇，我們所憑藉的也只是仔細觀察在紙上的數字與符號，透過簡單邏輯與一些數學，找到解決的方法。

程式 .... pmountain.py

```
01   poem = ( "山裡有山路轉彎高山流水響潺潺"
02            "深山百鳥聲聲叫路上行人步步難"
03            "勸君莫作雲遊客孤身日日在山間"
04            "人人說道華山好我道華山第八山" )
05
06   # p1:左半部詩句        p2:右半部詩句
07   p1 , p2 = poem[-28:][::-1] , poem[:28]
08
09   # 由上而下，各列半邊詩句字數
10   ns = [1,1,2,2,3,3,4,4,4,4]
11
12   a = 0
13   for i in range(len(ns)) :
14
15       b = a + ns[i]
16
17       if i%2 :
18           print( "  "*(4-ns[i]) + p1[a:b] + p2[a:b][::-1] )
19       else :
20           print( "  "*(4-ns[i]) + p1[a:b][::-1] + p2[a:b] )
21
22       a = b
```

■ 連環錦纏枝迴文詩

以下為宋朝南山居士所作的詩句：

寒泉漱玉清音好　好處深居近翠巒　巒秀嶜岩飛澗水　水邊松竹檜宜寒
寒窗淨室親邀客　客待閒吟恣取歡　歡宴聚陪終席喜　喜來歸興酒闌殘

此首詩為迴文頂真詩，除代表順讀與逆讀都為詩外，相鄰句的前句句尾與後句句首都使用相同字。此詩可以螺旋方式排列，稱為「連環錦纏枝圖」，詩句由左下角的「寒」字開始，先朝左，之後以順時鐘方式螺旋向內。為了順利排列，相鄰句的首尾相同字僅印出其中一個。

好 處 深 居 近 翠 巒
音 親 邀 客 待 閒 秀
清 室 喜 來 歸 吟 嶜
玉 淨 席 殘 興 恣 岩
漱 窗 終 闌 酒 取 飛
泉 寒 陪 聚 宴 歡 澗
宜 檜 竹 松 邊 水

　　本問題要由原始的詩句字串撰寫程式印出螺旋形式的連環錦纏枝圖，在程式設計上有幾個問題需要處理：

1. 如何儲存連環錦纏枝圖字元？

2. 如何跳過重複的首尾相同字？

3. 如何以螺旋方式存入字元？

解決方式依次如下：

1. 使用二維字串串列，每個中文字存成字串

    p = [[" "] * 7 for i in range(7)]

   ✳ 想想看，為何不定義 p = [" "*7 for i in range(i)]

2. 跳過第二句開始每句的句首字
   若 i 為詩句字串下標，則使用 if i > 0 and i%7 == 0 : continue

3. 設定直向與橫向螺旋陣列(參考第四章螺旋數字方陣範例[76])，由 ■ 起向左，當遇到轉彎位置時，即 ▲ ▶ ▼ ◀ 四個方向符號時，則更換下一個方向

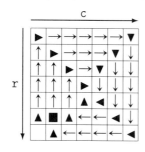

轉彎條件：

1 r==c

2 r==5 and c==0

3 r<c and r+c==6

4 r>c and r+c==7

d∈[0,3] 代表向左、向上、向右、向下等四個方向

| 程式 | .... | s_rotating_poem.py |

```
01   poem = ( "寒泉漱玉清音好" "好處深居近翠巒"
02            "巒秀聳岩飛澗水" "水邊松竹檜宜寒"
03            "寒窗淨室親邀客" "客待閒吟恣取歡"
04            "歡宴聚陪終席喜" "喜來歸興酒闌殘" )
05
06   # n      列(行)數
07   # r , c 位置下標
08   # d      方向
09   n , r , c , d = 7 , 5 , 1 , 0
10
11   # 轉彎方向
12   dr , dc = [ 0 , -1 , 0 , 1 ] , [ -1 , 0 , 1 , 0 ]
13
14   # 二維字串串列
15   p = [ [ "  " ] * n for i in range(n) ]
16
17   for i , ch in enumerate(poem) :
18
19       # 跳過重複字不處理
20       if i > 0 and i%n == 0 : continue
21
22       # 設定 p
23       p[r][c] = ch
24
25       # 更新 r 與 c 位置
26       r += dr[d]
27       c += dc[d]
28
29       # 檢查是否該轉彎
30       if ( ( r == c ) or ( r == 5 and c == 0 ) or
31            ( r < c and r+c == n-1 ) or ( r > c and r+c == n ) ) :
32           d += 1
33           if d == 4 : d = 0
34
35   # 列印
36   for i in range(n) :
37       print( " ".join(p[i]) )
38
```

■ 結語

python 提供了許多方便好用的字串處理功能，複雜的字串問題往往只要透過幾個簡單式子就能加以解決。與其他程式語言最大的不同處是當 python 字串一旦設定後，字串即不能加以更動，等同 python 的字串都是所謂的「常字串」。也就是說，所有看似需在原字串上變更的動作最終都會產生一個新的字串。這有時會造成一些使用上的不便，例如若僅要更換字串內的一個字元時，不能直接以下標方式取代字元，而是要透過函式處理。

　　以下練習題中的許多題目都需要由簡化問題起手，請根據前幾章所學到的解題方法，由簡到深逐步修改而完成程式題目。當你能以己之力完成以下的習題時，你會發現你的程式設計能力是在穩健的進步中。

■ 練習題

　1. 撰寫程式，輸入十萬以內數字，印出對應中文讀法：

```
> 15      ---> 十五
> 980     ---> 九百八十
> 5807    ---> 五千八百零七
> 2000    ---> 兩千
> 2222    ---> 兩千兩百二十二
> 82022   ---> 八萬兩千零二十二
```

　　請留意，當數字 2 出現在百位以上，以「兩」取代。

　2. 同上題，輸入千兆以下數字，印出對應中文讀法：

```
> 12345009017        --->  一百二十三億四千五百萬零九千零一十七
> 220000000230       --->  兩千兩百億零兩百三十
> 1200000200000003   --->  一千兩百兆零二億零三
```

　3. 參考一到七字詩範例[148]，改寫程式，印出以下兩種斜式排列方式：

　4. 火焰體詩則是自下往上繞著讀，請設定字串儲存以下詩句：

　　　p = "山中山路轉山崖，山客山僧山裡來。山客看山山景好，山杏山桃滿山開。"

　　撰寫程式，去除標點符號後以火焰體詩印出。

5. 參考八山疊翠詩範例[150]，修改程式，印出三座山：

```
        山山              山山              山山
        八裡              八裡              八裡
       山第有山           山第有山           山第有山
       華道轉路           華道轉路           華道轉路
      山好我彎高山         山好我彎高山         山好我彎高山
      華道說響水流         華道說響水流         華道說響水流
     山間人人潺潺深山      山間人人潺潺深山      山間人人潺潺深山
     在日日身聲鳥百        在日日身聲鳥百        在日日身聲鳥百
     雲遊客孤叫路上行      雲遊客孤叫路上行      雲遊客孤叫路上行
     作莫君勸難步步人      作莫君勸難步步人      作莫君勸難步步人
```

6. 同上題，修改程式產生倒影：

```
        山山              山山              山山
        八裡              八裡              八裡
       山第有山           山第有山           山第有山
       華道轉路           華道轉路           華道轉路
      山好我彎高山         山好我彎高山         山好我彎高山
      華道說響水流         華道說響水流         華道說響水流
     山間人人潺潺深山      山間人人潺潺深山      山間人人潺潺深山
     在日日身聲鳥百        在日日身聲鳥百        在日日身聲鳥百
     雲遊客孤叫路上行      雲遊客孤叫路上行      雲遊客孤叫路上行
     作莫君勸難步步人      作莫君勸難步步人      作莫君勸難步步人
    -----------------   -----------------   -----------------
     作莫君勸難步步人      作莫君勸難步步人      作莫君勸難步步人
     雲遊客孤叫路上行      雲遊客孤叫路上行      雲遊客孤叫路上行
     在日日身聲鳥百        在日日身聲鳥百        在日日身聲鳥百
     山間人人潺潺深山      山間人人潺潺深山      山間人人潺潺深山
      華道說響水流         華道說響水流         華道說響水流
      山好我彎高山         山好我彎高山         山好我彎高山
       華道轉路           華道轉路           華道轉路
       山第有山           山第有山           山第有山
        八裡              八裡              八裡
        山山              山山              山山
```

7. 參考八山疊翠詩範例[150]，修改程式，將山挖洞成以下圖形：

```
        山山              山山              山山
        八裡              八裡              八裡
       山第有山           山第有山           山第有山
       華  路            華  路            華  路
      山好  高山          山好  高山          山好  高山
      華道說響水流         華道說響水流         華道說響水流
     山間人人潺潺深山      山間人人潺潺深山      山間人人潺潺深山
     在日    鳥百        在日    鳥百        在日    鳥百
     雲遊    上行        雲遊    上行        雲遊    上行
     作莫    步人        作莫    步人        作莫    步人
```

8. 以下是明嘉靖年間鄔景和的詩作，詩名為「游蘇州半山寺」：

```
山山遠隔半山塘，心樂歸山世已忘。
樓閣擁山疑閬苑，村莊作畫實滄浪。
漁歌侑醉新絲竹，禪榻留題舊廟堂。
山近蘇城三四里，山峰千百映山光。
```

這也是一首八山疊翠詩，以下為詩句排列型式：

```
        山山
        遠隔
       山光半山
       映百心塘
      山峰千樂歸山
      里四三忘已世
     山近蘇城樓閣擁山
     堂廟舊題村苑閬疑
     竹禪榻留莊作畫實
     絲新醉侑歌漁浪滄
```

頂部的兩層為詩句的前四個字，之後詩句的排列是由右半邊輾轉向下，再由左半邊底層迴轉而上。請撰寫程式，讀入包含標點符號的詩句，印出此種型式的八山疊翠詩。

9. 參考連環錦纏枝迴文詩範例[152]，改寫程式輸出以下由左側的「寒」字順時鐘向內螺旋的排列方式：

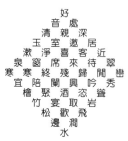

```
              好
           音    處
        清    親    深
     玉    室    邀    居
  漱    淨    喜    客    近
泉    窗    席    來    待    翠
寒    寒    終    殘    歸    聞    巒
  宜    陪    闌    興    吟    秀
     檜    聚    酒    恣    簪
        竹    宴    取    岩
           松    歡    飛
              邊    潤
                 水
```

10. 同上題，改寫程式讓詩的文字排列是由右向左，由上到下排列：

```
              竹
           親    岩
        恣    檜    近
     陪    邀    飛    好
  來    取    宜    翠    玉
酒    終    客    潤    處    泉
殘    歸    歡    寒    巒    清    寒
  闌    席    待    水    深    漱
     興    宴    窗    秀    音
        喜    聞    邊    居
           聚    淨    簪
              吟    松
                 室
```

提示：利用數學的不等式框住區域

11. 以下為明末清初萬樹所作的鄉居，共含三首七言律詩，三首詩可排列成連結在一起的方環，稱為「方結連環詩」。撰寫程式，讀入三首跨列詩句字串，印出以下的方結連環圖案：

```
塵世簪  只向書   重紫翠  三終起
回纏  醒  倉  千  來  弄  看
鏡夢從惟醉醒坐  墾萬開雲拂色山
  不      誰           戶  琴
魚台問誰花裡掩   香勝鄭公將寄愁
釣  浮  落  松  花  真  只  懷
上難雲  謹許關閉遙草芳   月明對
              有      蔣
簾際舞  多惡客但令無得   霞情重
當  去  交  新  陶  近  煙  癖
燕去來還市塵從  輸臥雲山謝玫難
  鷗      也           山  亦
行已在皆濁吳謂   中憶自童年倏作
言  水  艱  持  隆  憐  消  翁
人間濱  獨良身  老褐衣   氣海湖
```

以下為三首七言律詩的詩句：

起看山色拂雲開，萬墾千重紫翠來。開戶鄭真芳草遙，閉關許謹落花誰。
醉醒只向書倉坐，醒醉惟從夢鏡回。塵世簪纏從不問，浮雲難上釣魚台。

問誰花裡掩松關，有客新從塵市還。來去燕當簾際舞，去來鷗在水濱間。
人言行已在皆濁，吳謂持身良獨艱。濁也市交多惡客，但令無得近雲山。

自憐衣褐老隆中，憶自童年倏作翁。湖海氣消年亦謝，煙霞情重癖難玫。
謝山雲臥輸陶令，蔣遙花香勝鄭公。將寄愁懷對明月，只將琴拂弄三終。

提示：數數每次轉彎前的字數，找出規律性

12. 以下是清初名醫葉天士所寫的春夏秋冬四季藥名詩[2]，詩中隱含二十多味中藥名，讀來饒富趣味，詩句如下：

> 春風和煦滿常山，芍藥天麻及牡丹。遠志去尋使君子，當歸何必問澤蘭。
> 夏半端陽五月天，菖蒲製酒樂豐年。庭前幾多紅娘子，笑道檳郎應採蓮。
> 秋菊開花遍地黃，一回雨露一回香。扶童便取國公酒，醉到天南星大光。
> 冬來無處不防風，白紙糊窗重複重。睡到雪消陽起時，戶懸門外白頭翁。

請將四首詩句(含標點符號)存為字串串列，撰寫程式印出由右到左排列的四季詩句。在每首詩中，字都是斜向排列：

13. 以下為四首「首尾相接」描寫四季景色的頂針詩，詩句分別為：

> 春晴喜鵲噪前津，鵲噪前津柳媚新。
> 津柳媚新花戀蝶，新花戀蝶去來頻。
>
> 天長接水映平川，水映平川障碧連。
> 川障碧連芳對舍，連芳對舍草芊芊。
>
> 天高月彩散輕煙，彩散輕煙竹翠連。
> 煙竹翠連空苑靜，連空苑靜菊新鮮。
>
> 茫茫白雪舞迴廊，雪舞迴廊襯玉妝。
> 廊襯玉妝銀苑靜，妝銀苑靜淡梅香。

以上詩都可以回讀，故稱為轉尾連環式。將每首不重複的 16 字存入 p 串列：

```
p = [ "春晴喜鵲噪前津柳媚新花戀蝶去來頻",
      "天長接水映平川障碧連芳對舍草芊芊",
      "天高月彩散輕煙竹翠連空苑靜菊新鮮",
      "茫茫白雪舞迴廊襯玉妝銀苑靜淡梅香" ]
```

撰寫程式，將 p 串列的詩句印成以下型式：

14. 將曹操的短歌行存入跨列字串：

> 對酒當歌，人生幾何。譬如朝露，去日苦多。慨當以慷，憂思難忘。
> 何以解憂，唯有杜康。青青子衿，悠悠我心。但為君故，沉吟至今。
> 呦呦鹿鳴，食野之苹。我有嘉賓，鼓瑟吹笙。明明如月，何時可輟。

---

[2] 此詩無統一版本，第二首詩原詩首句為：「端陽半夏五月天」，這裡將之改為「夏半端陽五月天」

憂從中來，不可斷絕。越陌度阡，枉用相存。契闊談讌，心念舊恩。
月明星稀，烏鵲南飛。繞樹三匝，何枝可依。山不厭高，海不厭深。
周公吐哺，天下歸心。

撰寫程式，印出以下傳統由右到左的直排排列方式：

```
周 山 繞 月 契 越 憂 明 我 呦 但 青 何 慨 譬 對
公 不 樹 明 闊 陌 從 明 有 呦 為 青 以 當 如 酒
吐 厭 三 星 談 度 中 如 嘉 鹿 君 子 解 以 朝 當
哺 高 匝 稀 讌 阡 來 月 賓 鳴 故 衿 憂 慷 露 歌

天 海 何 烏 心 枉 不 何 鼓 沉 悠 唯 憂 去 人
下 不 枝 鵲 念 用 可 時 瑟 吟 悠 有 思 日 生
歸 厭 可 南 舊 相 斷 可 吹 之 至 我 難 苦 幾
心 深 依 飛 恩 存 絕 輟 笙 今 心 康 忘 多 何
```

15. 使用跨列字串儲存以下蘇東坡的「水調歌頭」：

```
水調歌頭                    蘇軾
          丙辰中秋  歡飲達旦  大醉
          作此篇  兼懷子由

明月幾時有  把酒問青天
不知天上宮闕  今夕是何年
我欲乘風歸去  危恐瓊樓玉宇  高處不勝寒
起舞弄清影  何似在人間

轉朱閣  低綺戶  照無眠
不應有恨  何事長向別時圓
人有悲歡離合  月有陰晴圓缺  此事古難全
但願人長久  千里共嬋娟
```

撰寫程式，印出以下由右到左的傳統中文排列樣式：

```
但 人 不 轉 起 我 不 明                 水
願 有 應 朱 舞 欲 知 月                 調
人 悲 有 閣 弄 乘 天 幾                 歌
長 歡 恨 低 清 風 上 時                 頭
久 離   綺 影 歸 宮 有
    合 何 戶     去 闕 把
千   事         危 今 酒
里 月 長 照 何   恐 夕 問     丙
共 有 向 無 似   瓊 是 青     辰
嬋 陰 別 眠 在   樓 何 天     中  作
娟 晴 時     人   玉 年       秋  此
    圓 圓     間   宇         歡  篇
    缺 此                 高   飲  兼
      事                 處   達  懷
      古                 不   旦  子
      難                 勝       由
      全                 寒   大  蘇
                                醉  軾
```

16. 以下左側為元稹所寫的寶塔詩，題名為：「一字至七字詩：茶」，請撰寫程式讀入原
    詩句改以右側直行方式的輸出：

```
                              茶
        茶               香 嫩
    香葉    嫩芽          葉 芽
  慕詩客    愛僧家        慕 愛
碾雕白玉    羅織紅紗      詩 僧
銚煎黃蕊色  碗轉麴塵花    客 家
夜後邀陪明月  晨前獨對朝霞  碾 羅
洗盡古今人不倦  將知醉後豈堪誇  雕 織
                              白 紅
      元稹：茶               玉 紗
                              銚 碗
                              煎 轉
                              黃 麴
                              蕊 塵
                              色 花
                              夜 晨
                              後 前
                              邀 獨
                              陪 對
                              明 朝
                              月 霞
                              洗 將
                              盡 知
                              古 醉
                              今 後
                              人 豈
                              不 堪
                              倦 誇
```

在程式中，請將詩句存成字串，句子之間有空格：

poem = （ "茶 香葉 嫩芽 慕詩客 愛僧家 碾雕白玉 羅織紅紗 銚煎黃蕊色 碗轉麴塵花 "
　　　　 "夜後邀陪明月 晨前獨對朝霞 洗盡古今人不倦 將知醉後豈堪誇" ）

17. 飛雁體詩是一種以菱形方式排列的詩句，詩句的讀法為左右開弓， 呈「人」字形，排
　　 列有如雁陣，例如：

```
        山山
       山遠花山
      山路草雲接山
     山又猿飛綠鳥樹山
    深客片抱偷澄僧林
     片繞僧樹請澄
       飯山山吟
        客尋
```

詩句讀為：

　　 山遠路又深，山花接樹林。山雲飛片片，山草綠澄澄。
　　 山鳥偷僧飯，山猿抱樹吟。山僧請山客，山客繞山尋。

將以上詩句存入字串，撰寫程式印出對應的飛雁體詩型式。

18. 輸入包含整數的字串，撰寫程式修改數字，產生五列數字遞增的字串。

```
> The scores are 24, 37, 68 points.
1: The scores are 25, 38, 69 points.
2: The scores are 26, 39, 70 points.
3: The scores are 27, 40, 71 points.
4: The scores are 28, 41, 72 points.
5: The scores are 29, 42, 73 points.
```

19. 輸入包含整數的字串，撰寫程式，印出其中的最大數。

```
> The scores are 24, 37, 68 points.
68
> There are 10 pens, 20 eraser and 15 pencils on the desk.
20
```

20. 基本漢字在萬國碼表中是介於 [19968,40870]，撰寫程式，每 20 個印出一列，以下
　　 為部份輸出：

```
19960            一丁
19980            ...
20000            ...
20020            ...
20040            ...
20060            ...
20080            ...
20100            ...
20120            ...
20140            ...
20160            ...
20180            ...
```

21. 以下英文版的小星星歌詞：

> Twinkle, twinkle, little star,
> How I wonder what you are.
> Up above the world so high,
> Like a diamond in the sky.
> Twinkle, twinkle, little star,
> How I wonder what you are.

撰寫程式設定跨列字串存入小星星歌詞，驗證由前兩列任選一字，假設此字的字數為 n，則由此字往下數到第 n 個字，找出新字後，再由新字的字數往下數，如此重複以上步驟，直到不能走下去為止，證明最後一定數到同一個字。例如：

```
little --> you --> above --> Like --> the --> twinkle --> you
```

以下為程式輸出的結果：

```
1 : Twinkle --> what --> above --> Like --> the --> twinkle --> you
2 : twinkle --> you --> above --> Like --> the --> twinkle --> you
3 : little --> you --> above --> Like --> the --> twinkle --> you
...
10 : are --> the --> high --> in --> sky --> little --> you
```

22. 參考唐詩在書法中的排列範例[146]， 撰寫程式由左到右列印詩句，各詩句的直排字數介於 5 到 10 之間隨意排列：

提示：可使用 random 套件的 shuffle[72] 函式打亂次序

23. 使用第 157 頁的葉天士四季藥名詩，撰寫程式以順時鐘螺旋方式呈現詩句如下：

第七章：檔案

程式可用來作大量運算，但程式的執行結果並不一定都要顯示於螢幕，有時候需存成資料檔供其他程式使用。此外在程式執行過程所需使用的資料，若數量過於龐大，這些資料並不適合於程式中直接設定，較好的方式是由檔案讀入取得，這樣當資料需要更動時就不需更改程式碼，而是直接修改資料檔即可，這讓程式的維護較為輕鬆。因此各種程式語言都需設計檔案存取相關語法來與檔案系統互動，藉以存取各類資料。

　　python 的檔案存取語法相當簡單，文字檔資料的讀取與寫入都是透過字串進行。資料由檔案讀入時都被存為字串，之後根據需要轉型為整數或浮點數。同樣的，當資料要存入檔案時，也需將數據轉型為字串後才能進行。透過 python 的強大字串處理功能，檔案的存取也變得很簡單。

■ 檔案輸出入

　▶ 使用 open 開啟檔案

```
# 設定 infile 物件開啟 fname 檔案準備由之讀取資料，r 代表讀檔(read)
>>> infile = open("fname","r")

# 設定 outfile 物件開啟 fname 檔案準備寫入資料到此檔，w 代表寫檔(write)
>>> outfile = open("fname","w")

# 設定 outfile 物件開啟 fname 檔案準備由末尾寫入資料，a 代表末尾寫入(append)
>>> outfile = open("fname","a")
```

　　⊛ 若省略 open 第二個參數，則代表是讀檔

　▶ 使用 close 關閉檔案連結

```
>>> infile.close()              # 關閉 infile 物件與檔案的連結
>>> outfile.close()             # 關閉 outfile 物件與檔案的連結
```

■ 檔案讀取

　▶ 使用 open 回傳設定輸入物件

```
infile = open("fname")          # 設定 infile 物件連結 fname 檔準備讀取

for line in infile :            # 迴圈每次由 infile 讀取一列存於 line 字串
    print( line.rstrip() )      # 列印去除 line 右側空格的字串資料

infile.close()                  # 關檔
```

　　　　⊛ 檔案預設是以 utf-8 編碼，若是以 big5 編碼，需使用 encoding 參數

```
infile = open( "fname", encoding='big5' )
```

▶ 使用 with open() as 設定輸入物件

```
with open("fname") as infile :        # 設定 infile 物件連結 fname 檔案準備讀取

    for line in infile :              # 迴圈每次由 infile 讀取一列存於 line 字串
        print( line.rstrip() )        # 列印去除 line 右側空格的字串資料
```

　　　　⊛ infile 離開 with ... as 區塊後，檔案自動關閉

　　　　⊛ 以上迴圈中的 line 字串包含末尾換列字元('\n')，若不使用 line.rstrip()
　　　　　去除末尾空格字元(包含換列字元)，則 print(line) 印完後會連跳兩列

▶ 讀取資料

- readline()：讀取一列資料成字串，包含換列字元
- readlines()：以列為單位讀取剩餘資料成字串串列，包含換列字元

```
with open("fname") as infile :

    print( infile.readline().rstrip() )    # 印出首列去除右側空格的字元資料

    lines = infile.readlines()             # 將剩餘列存入 lines 串列
                                           # 也可寫成 lines = list(infile)
    for line in lines :
        print( line[:12] )                 # 每列僅印前 12 個字元
```

　　　　⊛ 讀到末尾時，readline() 回傳空字串

- read(n)：讀取 n 個字元成一個字串
- read()：讀取檔案剩餘字元成一個字串

```
with open("poem") as infile :          # poem 檔：清明時節雨紛紛
    p1 = infile.read(4)                # p1 = '清明時節'
    p2 = infile.read()                 # p2 = '雨紛紛'
    print( p1 )                        # 列印：清明時節
    print( p2 )                        # 列印：雨紛紛
```

■ 檔案寫入

▶ 使用 open 設定輸出物件

▶ 使用 write 將**字串**寫入檔案

```
# 將九九乘法表的輸出寫入 fname 檔案
outfile = open("fname","w")

for x in range(1,10) :
    line = ""
```

```
        for y in range(1,10) :
            s = "{0:3} x {1:1} = {2:>2}".format(x,y,x*y)
            line += s

        # 將 line 字串透過 outfile 寫到 fname 檔案內
        outfile.write(line+"\n")

    outfile.close()
```

⊛ 若寫入的檔案已經存在，則此檔會被移除後寫入

▶ 使用 with open as 設定輸出物件

```
with  open("fname","w") as outfile :

    for x in range(1,10) :

        line = ""
        for y in range(1,10) :
            s = "{0:3} x {1:1} = {2:>2}".format(x,y,x*y)
            line += s

        # 將 line 字串透過 outfile 寫到 fname 檔
        outfile.write(line+"\n")
```

⊛ 使用 write 寫檔時，要自行加入換列字元('\n')

▶ writelines：將字串序列合併後寫入檔案

```
with open("fname","w") as outfile :

    # 型式一：寫入 1234 後換列
    outfile.writelines( [ "1" , "2", "3" , "4" ] + [ "\n" ] )

    # 型式二：輸出同上
    outfile.writelines( [ str(n) for n in range(1,5) ] + [ "\n" ] )

    # 型式三：輸出同上
    outfile.write( "".join( [ "1" , "2" , "3" , "4" ] ) + "\n" )

    # 型式四：寫入 1 2 3 4 共四列
    outfile.writelines( [ str(n)+"\n" for n in range(1,5) ] )
```

⊛ writelines 僅能處理字串串列

■ 混合讀檔、寫檔

▶ 使用不同的 open 式子設定輸出/輸入物件
  ● 複製檔案
```
infile = open("data1")
outfile = open("data2","w")
```

```
        outfile.writelines( infile.readlines() )

        infile.close()
        outfile.close()
```

- 讀檔後新增各列的列數寫入新檔
```
# 假設 data1 有 247 列
infile = open("data1")
outfile = open("data2","w")

# 以列為單位讀入 data1 檔案存入串列 lines
lines = infile.readlines()

# 根據檔案列數，設定列數格式輸出
#     len(lines)                  --> 列數              247
#     str(len(lines))             --> 列數字串          "247"
#     len(str(len(lines)))        --> 列數字串長度      3
#     str(len(str(len(lines))))   --> 列數字串的長度字串 "3"
#     fstr = "{:0>3}"
fstr = "{:0>" + str(len(str(len(lines)))) + "}"

# 每個 line 字串仍保留換列字元
for i , line in enumerate(lines) :
    line2 = fstr.format(i+1) + ": " + line
    outfile.write(line2)

infile.close()
outfile.close()
```
若 data1 有 247 列，以下為 data2 檔樣式：
```
001: ...
002: ...
...
100: ...
...
246: ...
247: ...
```

▶ with open as 同時設定輸出/輸入檔案

- 複製檔案
```
with open("data1") as infile , open("data2","w") as outfile :
    outfile.writelines( infile.readlines() )
```

- 讀檔後新增各列的列數寫入新檔
```
with open("data1") as infile , open("data2","w") as outfile :

    # 將 data1 檔各列存入 lines 字串串列內
    lines = infile.readlines()
    fstr = "{:0>" + str(len(str(len(lines)))) + "}"
```

```
# 每個 line 字串仍保留換列字元
for i , line in enumerate(lines) :
    line2 = fstr.format(i+1) + ": " + line
    outfile.write(line2)
```

⊛ infile 與 outfile 離開了 with ... as 區塊後自動關檔

■ 檔案處理自動化：一個程式可同時讀入許多檔，經過處理後寫到不同檔案。

▶ 檔名若有規則，則在建構檔名後隨即開檔

▶ 範例

● 將相同乘數但不同被乘數的九九乘法公式寫到 9 個不同檔案

```
for y in range(1,10) :

    # 輸出的檔名依次為：mtable1、mtable2、mtable3、...
    fname = "mtable" + str(y)

    with open(fname,"w") as outfile :
        for x in range(1,10) :
            line = "{:1} x {:1} = {:>2}".format(x,y,x*y)
            outfile.write(line+"\n")
```

例如：mtable2 檔內存：

```
1 x 2 =  2
2 x 2 =  4
3 x 2 =  6
4 x 2 =  8
5 x 2 = 10
6 x 2 = 12
7 x 2 = 14
8 x 2 = 16
9 x 2 = 18
```

● 讀入以上九個檔案合併成一個完整九九乘法表

```
lines = []
for y in range(1,10) :

    fname = "mtable" + str(y)
    with open(fname) as infile :
        for i , line in enumerate(infile) :
            if y == 1 :
                lines.append( line.rstrip() )
            else :
                lines[i] += " | " + line.rstrip()

print( "\n".join(lines) )
```

輸出為：

```
1 x 1 =  1 | 1 x 2 =  2 | 1 x 3 =  3  ...  1 x 8 =  8 | 1 x 9 =  9
2 x 1 =  2 | 2 x 2 =  4 | 2 x 3 =  6  ...  2 x 8 = 16 | 2 x 9 = 18
3 x 1 =  3 | 3 x 2 =  6 | 3 x 3 =  9  ...  3 x 8 = 24 | 3 x 9 = 27
4 x 1 =  4 | 4 x 2 =  8 | 4 x 3 = 12  ...  4 x 8 = 32 | 4 x 9 = 36
5 x 1 =  5 | 5 x 2 = 10 | 5 x 3 = 15  ...  5 x 8 = 40 | 5 x 9 = 45
6 x 1 =  6 | 6 x 2 = 12 | 6 x 3 = 18  ...  6 x 8 = 48 | 6 x 9 = 54
7 x 1 =  7 | 7 x 2 = 14 | 7 x 3 = 21  ...  7 x 8 = 56 | 7 x 9 = 63
8 x 1 =  8 | 8 x 2 = 16 | 8 x 3 = 24  ...  8 x 8 = 64 | 8 x 9 = 72
9 x 1 =  9 | 9 x 2 = 18 | 9 x 3 = 27  ...  9 x 8 = 72 | 9 x 9 = 81
```

■ 命令列參數

▶ 使用 sys 套件的 sys.argv 串列取得命令列參數：

```
import sys

for x in sys.argv : print(x)
```

命令列執行：

```
> python3 foo.py aa bb cc
```

以上 foo.py 為程式檔名，foo.py 的 sys.argv = ['foo.py', 'aa', 'bb', 'cc']
sys.argv 第一個字串為程式檔名，之後則為命令列參數字串，程式執行後輸出：

```
foo.py
aa
bb
cc
```

▶ 範例：由命令列取得檔案名稱，印出檔案列數

```
import sys

# 由命令列取得檔案名稱，列印檔名及其列數
for file in sys.argv[1:] :

    with open(file) as infile :
        print( file , len(infile.readlines()) )
```

命令列執行：

```
> python3 foo.py mtable1 mtable2 mtable3
```

以上 mtable1、mtable2、mtable3 為上頁範例的不同乘數乘法輸出檔，程式輸出：

```
mtable1 9
mtable2 9
mtable3 9
```

■ 時雨量檔轉製累積雨量檔

以下檔案儲存 2015 年 9 月 28 日梅姬颱風穿越台灣中部時於石門水庫上游 10 個雨量測站所記錄到的時雨量(mm)資料：

	石門	霞雲	高義	巴陵	嘎拉賀	玉峰	白石	鎮西堡	西丘斯山	池端
<徐昇式法權重>	4.32	17.03	9.29	7.31	10.02	9.34	11.52	12.74	14.46	3.97
2015-09-28 01	9	6	5	3	3	2	2	1	1	2
2015-09-28 02	8	7	6	3	4	2	3	2	2	5
2015-09-28 03	9	6	5	5	5	4	3	3	3	8
2015-09-28 04	12	7	6	6	4	3	5	4	4	5
2015-09-28 05	6	5	4	7	4	5	6	2	0	3
2015-09-28 06	3	3	9	6	8	4	4	7	1	2
2015-09-28 07	6	4	4	13	12	4	5	5	5	12
2015-09-28 08	1	4	16	20	18	15	14	18	9	14
2015-09-28 09	4	6	22	27	24	21	24	28	17	17
2015-09-28 10	8	11	27	36	16	26	28	20	7	4
2015-09-28 11	4	8	38	28	10	44	35	13	5	7
2015-09-28 12	9	10	21	21	24	21	26	21	9	12
2015-09-28 13	12	3	10	16	26	10	16	27	25	24
2015-09-28 14	4	7	25	28	29	15	12	24	50	35
2015-09-28 15	14	19	31	41	38	24	21	49	45	36
2015-09-28 16	13	12	24	45	33	17	22	43	21	17
2015-09-28 17	16	29	58	37	23	39	33	34	38	39
2015-09-28 18	26	36	48	47	36	35	31	34	46	55
2015-09-28 19	43	59	41	39	16	22	25	16	25	22
2015-09-28 20	11	19	16	21	8	4	14	9	29	35
2015-09-28 21	3	11	21	15	5	2	4	8	23	21
2015-09-28 22	6	24	14	15	7	4	10	10	30	16
2015-09-28 23	1	12	4	5	12	6	10	11	25	8
2015-09-28 24	1	6	2	4	12	9	3	5	11	6

　　檔案的第一列為各個測站名稱，第二列為各測站的雨量百分比加權數，整個石門水庫集水區域的平均時雨量為各個測站量測雨量乘上對應的加權數之和。本範例要讀入此時雨量檔(rain.dat@web)產生指定的多個小時累積雨量檔。例如：四小時累積雨量為以每四個小時為累積單位的雨量數據 ("rain4.dat")，產生的資料檔如下：

	石門	霞雲	高義	巴陵	嘎拉賀	玉峰	白石	鎮西堡	西丘斯山	池端
<徐昇式法權重>	4.32	17.03	9.29	7.31	10.02	9.34	11.52	12.74	14.46	3.97
2015-09-28:04	38	26	22	17	16	11	13	10	10	20
2015-09-28:08	16	16	33	46	42	28	29	32	15	31
2015-09-28:12	25	35	108	112	74	112	113	82	38	40
2015-09-28:16	43	41	90	130	126	66	71	143	141	112
2015-09-28:20	96	143	163	144	83	100	103	93	138	151
2015-09-28:24	11	53	41	39	36	21	27	34	89	51

　　檔案資料處理是許多上班族的工作內容之一，對一些簡單問題，使用 Excel 試算表即可解決。若為複雜的資料處理問題，則需透過程式設計才能完成。一般來說，當每一列資料在讀入程式後通常都需做字串分解，此時可使用 split() 與星號式子將資料存入串列，但分解後的數據仍為字串。若要用於計算，則需將字串型別的數字轉型為數字，此時可透過 list comprehension 或者是使用 map 函式，這些都考驗著程式設計者要熟悉串列與字串的相關語法，才能於程式設計中運用自如。

　　本題目要列印每 n 個小時的累積雨量，解題關鍵即是要找到每 n 個小時的第一個小時，重新設定累積雨量為第一個小時兩量。有了初始雨量，第二個小時之後的雨量即可累加。程式碼如同前幾章範例一樣都相當簡潔。

　　本程式只要稍加改寫，就可自動產生各種間隔小時的累積雨量資料檔，同時若配合使用
pylab 繪圖套件，所產生的資料就能以各式的圖形呈現出來，這就是使用程式設計處理資料
的好處。python 程式語言在資料處理的方便性與靈活度是試算表程式難以望其項背，當然
要達到運用自如、隨心所欲的地步，就需具備純熟的程式設計能力。

程式 .... accumulate_rainfall.py

```python
01   n = int( input( "> " ) )
02
03   ofile = "rain" + str(n) + ".dat"
04
05   with open("rain.dat") as infile , open(ofile,"w") as outfile :
06
07       # 讀寫前二列
08       outfile.write(infile.readline())
09       outfile.write(infile.readline())
10
11       # 第三列以後
12       for i , line in enumerate(infile) :
13
14           date , hr , *rain = line.split()
15
16           # 將字串數字轉型為整數
17           rain = [ int(x) for x in rain ]
18
19           if i%n == 0 :
20               # 每 n 小時雨量的第一個小時
21               rsum = rain
22           else :
23               # 每 n 小時雨量的第二個小時之後
24               for k , rf in enumerate(rain) :
25                   rsum[k] += rf
26
27           # 在 n 小時的倍數時，列印累積雨量
28           if (i+1)%n == 0 :
29
30               arf = ( date + ":" + hr +
31                       " ".join( map( lambda x : "{:>5}".format(x) , rsum ) ) )
32
33               outfile.write( arf + "\n" )
```

■ 雨量直條圖

讀入上題的時雨量檔案(rain.dat@web)，畫出各測站當天所量測到的雨量直條圖。由於 matplotlib 尚無法正確呈現中文字，圖形的測站名稱暫時以大寫字母表示。

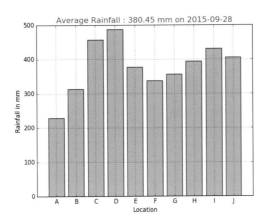

　　本題讀取上題的資料檔，由中畫出石門水庫集水區各個測站單日量測到的雨量圖。計算雨量的程式部份很簡單，大部份的程式都用在設定圖形呈現樣式。

程式 .... rain_vbar.py

```
01    import pylab
02
03    pylab.figure(facecolor='white')
04
05    with open( "rain.dat" ) as infile :
06
07        # 跳過中文測站名稱
08        infile.readline()
09
10        # 讀取百分比加權數
11        wname , *weights = infile.readline().strip().split()
12
13        sumloc = [0] * len(weights)
14
15        for line in infile :
16
17            date , hr , *srainfall  = line.strip().split()
18
19            rainfall = [ int(x) for x in srainfall ]
20
21            # 加總各個測站一天的雨量
22            sumloc = list( map( lambda x , y : x+y , sumloc , rainfall ) )
23
24    # 計算集水區一天的平均雨量
25    total =  sum( map( lambda x , y : x*float(y)/100 , sumloc , weights ) )
```

```
26
27    xs = [ x+1 for x in range(len(weights)) ]
28
29    # 給 xs 與 sumloc 畫直條圖
30    pylab.bar(xs,sumloc,align='center',color='c')
31
32    # 設定各直條圖的刻度文字：以大寫字母代替
33    pylab.xticks(xs,[ chr(ord('A')+i) for i in range(len(weights))])
34
35    # 顯示區域，格線
36    pylab.axis( (0,11,0,500) )
37    pylab.grid()
38
39    # 設定 x 軸與 y 軸文字
40    pylab.xlabel('Location')
41    pylab.ylabel('Rainfall in mm')
42
43    # 設定圖形標頭文字
44    pylab.title('Average Rainfall : ' + "{:6.2f}".format(total) +
45              ' mm on ' + date, color='r',fontsize=16)
46
47    # 儲存圖形
48    pylab.savefig('rain_vbar.png')
49
50    pylab.show()
```

■ 四小時累積雨量直條圖

本題利用 pylab 的 subplots 函式[108]讀入上題的雨量檔，計算各測站每四小時的累積雨量，以 2×3 矩陣式排列六張累積雨量圖。由於使用 pylab 畫複合圖形的程式語法相較複雜，本程式的大部份都在設定各個圖形的呈現細節。

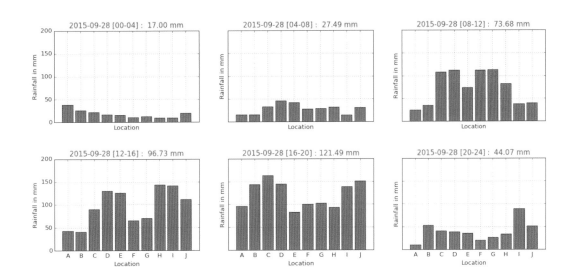

本範例教授使用者如何由資料檔讀入資料後，經過計算畫出多張子圖。未來讀者若有需要可依樣畫葫蘆輕鬆地產生矩陣式排列圖形。

程式 .... rain_subplots.py

```
01   import pylab
02
03   n = 4
04   all_sumlocs = []
05   totals = []
06
07   with open( "rain.dat" ) as infile :
08
09       # 跳過中文測站名稱
10       infile.readline()
11
12       # 讀取百分比加權數
13       wname , *weights = infile.readline().strip().split()
14
15       for k , line in enumerate(infile) :
16
17           date , hr , *srainfall  = line.strip().split()
18
19           rainfall = [ int(x) for x in srainfall ]
20
```

```
21              if k%n == 0 :
22                  # 第一個小時
23                  sumloc = rainfall
24              else :
25                  # 第二個小時後雨量加總
26                  sumloc = list( map( lambda x , y : x+y , sumloc , rainfall ) )
27
28              if (k+1)%n == 0 :
29                  all_sumlocs += [ sumloc ]
30
31                  # 計算集水區每 4 個小時的平均雨量
32                  totals += [ sum( map( lambda x , y : x*float(y)/100 ,
33                                         sumloc , weights ) ) ]
34
35  # 找出所有測站的最大雨量
36  maxr = 0
37  for x in all_sumlocs :      maxr = max( *x , maxr )
38
39  # 調整為雨量最大刻度值
40  maxr = int(pylab.ceil(maxr/50)*50)
41
42  # 子圖橫縱向數量
43  nrows , ncols = 2 , 3
44
45  # 區分 2x3 圖形六圖，共用 x , y 軸
46  fig , gs = pylab.subplots(nrows,ncols,sharex='all',sharey='all',
47                            facecolor='w')
48
49  # hspace 設定縱向兩圖間的間距(平均縱軸高度的比例)
50  # wspace 設定橫向兩圖間的間距(平均橫軸寬度的比例)
51  pylab.subplots_adjust(hspace=0.4,wspace=0.2)
52
53  # X 座標
54  xs = [ x+1 for x in range(len(weights)) ]
55
56  # 直條圖的 rgb 色碼
57  cs = ( 0.1 , 0.6 , 0.8 )
58
59  # k 圖形順序下標
60  k = 0
61
62  # 給 xs 與 sumloc 畫直條圖
63  for i in range(nrows) :
64
65      for j in range(ncols) :
66
67          # 畫直條圖
68          gs[i][j].bar(xs,all_sumlocs[k],align='center',color=cs)
69
70          # 設定各直條圖的刻度文字：以大寫字母代替
71          pylab.setp( gs[i][j] , xticks = xs ,
```

```
72                          xticklabels = [ chr(ord('A')+i)
73                                    for i in range(len(weights))] )
74
75          # 顯示區域，格線
76          gs[i][j].axis( (0,11,0,maxr) )
77          gs[i][j].grid()
78
79          # 設定 x 軸與 y 軸文字
80          gs[i][j].set_xlabel('Location')
81          gs[i][j].set_ylabel('Rainfall in mm')
82
83          # 設定圖形標頭文字
84          gs[i][j].set_title( date + ' [{:0>2}-{:0>2}]'.format(k*4,(k+1)*4) +
85                        ' : ' + "{:6.2f}".format(totals[k]) + ' mm' ,
86                        color='r' , fontsize=14 )
87          k += 1
88
89   pylab.show()
```

■ 呈現小綠人於網頁

網路的發達使得以網頁來呈現程式的輸出變得更為頻繁,為了讓瀏覽器能依程式輸出排版,程式在輸出時就要以 html 語法來安排資料。本範例特別使用 html 的表格來呈現小綠人的點矩陣圖[78],以下是簡單的 html 語法介紹。

　　html 是一種標識語言(markup language)用來將資料加以排版呈現於網頁上,資料通常寫在起始/終止標籤之間,例如:<html>...</html> 為整個 html 檔起始與終止標籤,網頁內容都寫在其中。一個 html 檔包含表頭 <head>...</head> 與主體 <body>...</body> 兩大部份,表頭用來儲存網頁的一些設定,如網頁的字元編碼方式、網頁標頭(title)、網頁連結(link)、樣式(style)等等,而網頁內容則寫在主體標籤內。html 包含許多排版標籤可用來建構各式各樣的版型,有興趣者可自行上網搜尋「html」,在此並不多加描述。以下為一個 html 檔基本型式:

```
<!DOCTYPE html>
<html>
<head>
    <meta charset="UTF-8">
    <title>小綠人</title>
</head>
<body>
...
</body>
</html>
```

以上第一列告知瀏覽器此檔為 html5 文件, <meta charset="UTF-8"> 代表網頁是以 UTF-8 編碼, <title>小綠人</title> 設定網頁標頭名稱為「小綠人」。

　　本範例要使用 html 的 table 表格標籤,藉由設定格子的長寬尺寸與控制格子的背景顏色於網頁呈現三個點陣小綠人圖形。 html 的表格標籤為 <table> </table>,表格中的每一列由 <tr> 起始 </tr> 結束。每列可有若干個欄位,各欄位可用 <th> </th> 或 <td> </td> 來設定,兩者差別是前者會將欄位文字以粗體字呈現且置中排列,<th> 通常用在表格的第一列。例如:

```
<table>
<tr><th>動物</th><th>數量</th></tr>
<tr><th>羊</th><td>20</td></tr>
<tr><th>牛</th><td>10</td></tr>
</table>
```

動物	數量
羊	20
牛	10

表格欄位的尺寸、背景或文字顏色等可在 <th> 或 <td> 內設定,例如:

```
<table>
    <tr>
        <th style="width:2cm;height:1cm;background-color:#aaffaa;color:red;">動物</th>
        <th style="width:2cm;height:1cm;background-color:#aaffaa;color:red;">數量</th>
    </tr>
```

```
        <tr style="background-color:#bbffff;">
            <th style="color:green;">羊</th>
            <td style="color:blue;text-align:center">20</td>
        </tr>
        <tr style="background-color:#bbffff;">
            <th style="color:green;">牛</th>
            <td style="color:blue;text-align:center">10</td>
        </tr>
    </table>
```

動物	數量
羊	20
牛	10

　　以上 style 樣式用來設定所使用標籤的一些樣式參數，參數以分號隔開，所有的參數設定最後都要以雙引號包裹起來。style 所能設定的樣式參數有相當多種，在此僅介紹本程式用到的樣式。例如：width 與 height 設定寬度與高度，background-color 與 color 分別為背景顏色與文字顏色。顏色設定可直接使用顏色名稱或以十六進位數字依次設定紅色、綠色、藍色三種顏色的強度。例如：#ff0000 代表紅色，#00ff00 代表藍色，#7f0000 代表暗紅色，#ffff00 則為黃色。text-align 用來控制文字的水平對齊位置，可設為 left、 center、 right 分別代表靠左，置中或靠右對齊。其他尚有許多參數，由於篇幅限制，予以忽略。

　　以上表格僅有三列，但其 html 語法已有些繁瑣，每個 <th> 或 <td> 都要輸入一長串的 style 設定是相當耗時。為簡化輸入，可先將常用樣式寫在 <head> 的 <style> 標籤內，然後在應用的標籤上使用 class 設定樣式名稱即可。例如以下在 <style> 內設定了三個樣式：rc、gm、by，之後不同的 <th> 標籤可利用 class 直接使用樣式。請留意，在 <style> 內的樣式名稱前都要加句點。

```
<!DOCTYPE html>
<html>
<head>
    <meta charset="UTF-8">
    <title>數學系</title>
    <style>
        .rc {width:1cm;height:1cm;background-color:red;color:cyan;}
        .gm {width:1cm;height:1cm;background-color:green;color:magenta;}
        .by {width:1cm;height:1cm;background-color:blue;color:yellow;}
    </style>
</head>
<body>
    <table>
        <tr><th class="rc">數</th><th class="gm">學</th><th class="by">系</th></tr>
    </table>
</body>
</html>
```

許多網頁的內容經常隨著時間更動，若以手動方式修改網頁的 html 檔是不切實際的。一般的作法是透過程式自動產生更新的 html 檔，這樣可節省大量時間。

本範例要使用網頁來呈現三個點矩陣小綠人，程式作法與第 78 頁點矩陣範例類似，唯一的差別是本範例程式透過更動表格欄位的背景顏色替代點矩陣的輸出點，當瀏覽器開啟網頁輸出檔後可看到以下的圖案：

程式 .... gman_html.py

```
01    # 小綠人點矩陣
02    gman = [ 0x180 , 0x3c0 , 0x180 , 0xc0 , 0xf0 , 0xe8 , 0x164 ,
03             0x264 , 0x70 , 0x50 , 0x8e , 0x81 , 0x82 , 0x300 ]
04
05    # 每個小綠人為 14x10 點矩陣構成
06    R , C = 14 , 10
07
08    headstr = '''
09    <!DOCTYPE html>
10    <html>
11    <head>
12      <meta charset="UTF-8">
13      <title>小 綠 人</title>
14      <style>
15          .red {width:10mm;height:10mm;background-color:red;}
16          .green {width:10mm;height:10mm;background-color:green;}
17          .blue {width:10mm;height:10mm;background-color:blue;}
18          .white {width:10mm;height:10mm;background-color:white;}
19      </style>
20    </head>
21    '''
22
23    stys = [ "red" , "green" , "blue" ]
24    wsty = "white"
25
26    tailstr = "</body>\n</html>\n"
27
```

176

```
28   # 產生 html 語法檔
29   with open( "gman.htm","w") as outfile :
30
31       outfile.write( headstr )
32       outfile.write( "<body>\n<table>\n" )
33
34       # 每列
35       for r in range(R) :
36
37           outfile.write( "<tr>\n" )
38
39           # 每個小綠人
40           for k in range(3) :
41
42               # 每行
43               for c in range(C-1,-1,-1) :
44
45                   if gman[r] & ( 1 << c ) :
46                       outfile.write( '<th class="' + stys[k] + '"></th>\n' )
47                   else :
48                       outfile.write( '<th class="' + wsty + '"></th>\n' )
49
50               outfile.write( '<th class="' + wsty + '"></th>\n' )
51
52           outfile.write( "</tr>\n" )
53
54       outfile.write( "</table>\n" )
55       outfile.write( tailstr )
```

■ 世界各國教育支出比例排名

在 wiki 百科網頁中[3]有著統計表記錄世界各個國家在教育支出佔該國 GDP 的百分比，資料(edu.dat@web)經過整理後呈現如下：

```
Afghanistan          3.1       2012      [2]
Albania              3.3       2012      [1]
Algeria              4.3       2012      [1]
Andorra              3         2012      [1]
Angola               3.5       2012      [1]
Antigua and Barbuda  2.5       2012        [1]
Argentina            5.8       2012      [1]
Armenia              3.1       2012      [1]
Australia            5.1       2012      [1]
Austria              6         2012      [1]
Azerbaijan           2.8       2012      [1]
Bahamas              2.8       2000      [1]
Bahrain              2.9       2012      [1]
Bangladesh           2.2       2012      [1]
Barbados             7.5       2012      [1]
Belarus              5.2       2012      [1]
Belgium              6.6       2012      [1]
Belize               6.6       2012      [1]
Benin                5.3       2012      [1]
Bhutan               4.7       2012      [1]
Bolivia              7.6       2012      [1]
Bosnia and Herzegovina n.a.    n.a.        [1]
Botswana             7.8       2012      [1]
...
```

以上每一列資料依次為國名、GDP 百分比、統計年度、註解。資料中有些國家的名稱可能不只為一個字，若該國沒有 GDP 百分比時則以 n.a. 替代。

現在我們要撰寫程式以 GDP 的百分比由大到小排列，沒有 GDP 百分比的國家排列在最後，同時將資料以橫線替代。此外如果 GDP 百分比一樣的國家，則按照國家名稱的字母順列排列，以下為程式執行後所要輸出的內容：

```
  1: 14.6 [2000] Marshall Islands
  2: 13.0 [2012] Lesotho
  3: 12.9 [2012] Cuba
  4: 11.0 [2000] Kiribati
  5: 10.1 [2012] Timor-Leste
  6:  9.8 [2000] Palau
  7:  8.7 [2012] Denmark
  8:  8.6 [2012] Moldova
  9:  8.4 [2012] Djibouti
 10:  8.4 [2012] Namibia
 11:  8.2 [2012] Ghana
 12:  7.8 [2012] Botswana
 13:  7.8 [2012] Iceland
 14:  7.8 [2012] Swaziland
...
178:  1.2 [2012] Central African Republic
179:  0.8 [2012] Myanmar
180:  0.7 [2000] Equatorial Guinea
181:  --- [n.a.] Bosnia and Herzegovina
182:  --- [n.a.] Grenada
183:  --- [n.a.] Haiti
184:  --- [n.a.] Macedonia
...
```

---

[3]https://en.wikipedia.org/wiki/List_of_countries_by_spending_on_education_(%25_of_GDP)

　　由以上的輸出規定，本範例在讀入資料檔後要依 GDP 支出百分比排序，同時在列印時除了要改變資料排列格式外，也要微幅更改呈現資料，這樣的簡單要求是試算表程式無法勝任的，通常透過程式設計才能處理。一般來說，資料處理是 python 程式語言的強項，通常只要撰寫一個簡短的程式就能解決大多數問題。

　　以下的程式大致區分為兩部份，第一部份為讀檔，檔案的每一列包含國名、GDP、年份、來源等等，仔細觀察資料，發現有些國家的名稱超過一個字，此時可使用星號式子將國名先存為字串串列，之後再將其合併為單一字串。程式的第二部份為排序，在 sorted 函式內定義排序標準，回傳排序串列用來表示資料是先依 GDP 百分比由大到小，再依國名字母順序排列，最後在程式末尾使用 format 重新排列資料後列印。

程式 .... edu.py

```
01   nations , gdps , years = [] , [] , []
02
03   with open("edu.dat") as infile :
04
05       for line in infile :
06
07           if line.isspace() : continue
08
09           # 星號將多字串的國家名稱儲存到串列
10           *nation , gdp , year , src = line.split()
11
12           # 儲存國名與年度資料於串列
13           nations.append( " ".join(nation) )
14           years.append( year )
15
16           # 沒有資料時，gdp 以 -1 替代
17           if year == "n.a." :
18               gdps.append( -1 )
19           else :
20               gdps.append( float(gdp) )
21
22   i = 1
23
24   # 依 gdp 由大到小，國名依字母順序排列
25   for nation , gdp , yr in sorted( zip(nations,gdps,years) ,
26                                   key=lambda p : ( -p[1] , p[0] ) ) :
27
28       if gdp == -1 :
29           line = "{:>3}:{:>5} [{:>4}] {:}".format( i , "---" ,
30                                                   yr , nation )
31       else :
32           line = "{:>3}:{:>5.1F} [{:>4}] {:}".format( i , gdp ,
33                                                   yr , nation )
34
35       print( line )
36       i += 1
```

■ 結語

由於 python 在字串處理功能非常齊備，資料轉型與串列資料截取也很簡單，加上讀存檔案方便，使得越來越多人逐漸改用 python 程式設計來替代試算表軟體，程式設計讓資料的處理更有自由度，且能快速的產生各種不同型式的輸出。以下的習題包含許多檔案輸出入問題，多加練習自然能發現以程式設計處理檔案的好處。

■ 練習題

1. eval 函式可用來將包裹成字串的運算式數值計算出來，例如：

```
>>> eval( "6 + 5 - 2**3" )
3
>>> eval( "7 * ( 2 + 5 ) - 9" )
40
```

撰寫程式讀入一個檔案包含許多列數學運算式，計算運算式數值，列印運算式與計算結果，以下為檔案內容：

```
1 + 2 * ( 3 - 4 ) + 5
8 * ( 4 / 2 ) + 8
( 3 - 2 ) * 4 + ( 25 - 21 ) * 2
```

螢幕輸出：

```
1 + 2 * ( 3 - 4 ) + 5 = 4
8 * ( 4 / 2 ) + 8 = 24.0
( 3 - 2 ) * 4 + ( 25 - 21 ) * 2 = 12
```

2. 撰寫程式由命令列讀入檔案名稱，印出帶有列數的每一列資料，為對齊起見，所有的列數所佔用的格子數要相同且以中括號框住，例如假設以下 foo.dat 檔共有 212 列，則每列至少使用三格列印列數，程式執行：

```
> lines.py foo.dat
```

螢幕輸出：

```
[  1] foo.dat 第一列
[  2] foo.dat 第二列
...
[211] foo.dat 倒數第二列
[212] foo.dat 最後列
```

3. 有一高速公路出口的里程數檔案(exits.dat@web)內容如下：

台北	23	苗栗	132	嘉義	264
林口	41	台中	178	新營	288
桃園	49	彰化	198	台南	327
中壢	62	員林	211	岡山	349
新竹	95	虎尾	235	高雄	367

撰寫程式讀入檔案，印出以下各出口的距離：

```
    台北
     18  林口
     26    8  桃園
     39   21   13  中壢
     72   54   46   33  新竹
    109   91   83   70   37  苗栗
    155  137  129  116   83   46  台中
    175  157  149  136  103   66   20  彰化
    188  170  162  149  116   79   33   13  員林
    212  194  186  173  140  103   57   37   24  虎尾
    241  223  215  202  169  132   86   66   53   29  嘉義
    265  247  239  226  193  156  110   90   77   53   24  新營
    304  286  278  265  232  195  149  129  116   92   63   39  台南
    326  308  300  287  254  217  171  151  138  114   85   61   22  岡山
    344  326  318  305  272  235  189  169  156  132  103   79   40   18  高雄
```

4. 同上題，請將輸出改用 html 表格語法呈現於網頁上，輸出如下：

5. 修改累積雨量範例[167]自動產生間隔 2、3、4、6 等小時的累積雨量檔，產生的檔名依次為 rain2.dat、rain3.dat、 rain4.dat、rain6.dat，使用同樣的資料檔。

6. ROT13 是一種簡單的替換式密碼法，可很快的將英文密碼化，逃過他人的眼光一瞥。此種方法是將 26 個英文字母排成圓環，不管是加密/解密都是將讀入的字母旋轉 13 個位置，也就是：

```
原始字母：A B C D E F G H I J K L M N O P Q R S T U V W X Y Z
對應字母：N O P Q R S T U V W X Y Z A B C D E F G H I J K L M
```

加密/解密過程中仍保持字母的大小寫，請撰寫程式讀入以下英文檔，使用 ROT13 加密後存入新檔。

```
The Quick Brown Fox Jumps Over The Lazy Dog.

Gur Dhvpx Oebja Sbk Whzcf Bire Gur Ynml Qbt.
```

7. 以下檔案為某公司六個部門對某產品在各季節的銷售量：

```
          A    B    C    D    E    F
spring   10   23   14   17   20   22
summer   16   20   22   18   25   19
autumn   15   16   23   20   24   14
winter   12   22   14   24   18   20
```

撰寫程式讀入檔案，輸出各部門各季節累積的銷售量如下：

	前1季	前2季	前3季	前4季
A	10	26	41	53
B	23	43	59	81
C	14	36	59	73
D	17	35	55	79
E	20	45	69	87
F	22	41	55	75

8. 使用上題檔案，撰寫程式畫出相關的圖形。

（a）將各個部門在各季節的銷售量畫在同一個圖形。

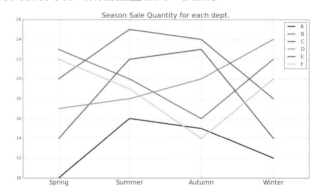

（b）以直條圖表示各部門的全年銷售量。

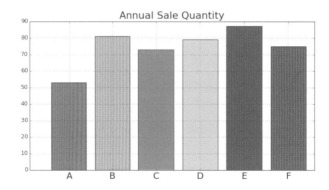

（c）以直條圖表示各部門的各季節的銷售量比較。

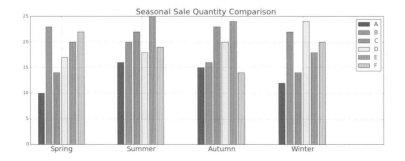

9. 以下為某班級學生各次數學考試成績(maths.dat@web)，撰寫程式讀入此成績檔案，計算平均分數與其名次。

		1	2	3	4	5	6	7	8	9	10
1	趙志明	97	38	72	50	72	41	53	96	62	27
2	錢俊傑	58	31	36	35	33	24	53	49	88	92
3	孫建宏	63	81	96	78	71	85	96	87	87	72
4	李俊宏	80	85	93	94	90	90	84	64	98	82
5	周淑芬	80	56	86	70	89	49	100	92	84	91
6	吳淑惠	98	46	35	39	38	98	37	88	24	93
7	鄭美玲	76	93	64	78	80	78	92	61	54	54
8	王雅婷	93	91	82	53	85	86	72	77	24	22
9	劉美惠	22	67	51	92	83	71	97	57	65	21
10	陳麗華	43	50	74	89	84	64	49	87	82	46
11	汪淑娟	76	75	67	20	80	84	50	87	48	51
12	江怡君	72	77	41	84	85	92	84	71	86	86

輸出：

		1	2	3	4	5	6	7	8	9	10	平均	名次
1	趙志明	97	38	72	50	72	41	53	96	62	27	60.8	10
2	錢俊傑	58	31	36	35	33	24	53	49	88	92	49.9	12
3	孫建宏	63	81	96	78	71	85	96	87	87	72	81.6	2
4	李俊宏	80	85	93	94	90	90	84	64	98	82	86.0	1
5	周淑芬	80	56	86	70	89	49	100	92	84	91	79.7	3
6	吳淑惠	98	46	35	39	38	98	37	88	24	93	59.6	11
7	鄭美玲	76	93	64	78	80	78	92	61	54	54	73.0	5
8	王雅婷	93	91	82	53	85	86	72	77	24	22	68.5	6
9	劉美惠	22	67	51	92	83	71	97	57	65	21	62.6	9
10	陳麗華	43	50	74	89	84	64	49	87	82	46	66.8	7
11	汪淑娟	76	75	67	20	80	84	50	87	48	51	63.8	8
12	江怡君	72	77	41	84	85	92	84	71	86	86	77.8	4

10. 有一職員工作檔記錄公司的派遣員工工作日期(wdates.dat@web)，資料如下：

1	趙志明	1,2,5-10,21-25,28
2	錢俊傑	1-5,8-12,13,18,29,30
3	孫建宏	2,4,8,10-20,23,27,29
4	李俊宏	3,6,8,10,12,14-20,23-29
5	周淑芬	1,3-4,6,9,15-20,22,24-30
6	吳淑惠	5,9,11-13,17-20,25,27
7	鄭美玲	1-10,20-30
8	王雅婷	2-4,5-10,13-24
9	劉美惠	3,5,8,12-20,24,26,29
10	陳麗華	4-9,12-19,23-30
11	汪淑娟	1,4,7-13,16-21,23,28-30
12	江怡君	1-8,10-15,20-25

撰寫程式讀入檔案，將每位員工的工作日數補在員工名字之後，並以中括號框住。輸出如下：

1　趙志明 [14] 1,2,5-10,21-25,28

```
2   錢俊傑 [14] 1-5,8-12,13,18,29,30
3   孫建宏 [17] 2,4,8,10-20,23,27,29
4   李俊宏 [19] 3,6,8,10,12,14-20,23-29
5   周淑芬 [19] 1,3-4,6,9,15-20,22,24-30
6   吳淑惠 [11] 5,9,11-13,17-20,25,27
7   鄭美玲 [21] 1-10,20-30
8   王雅婷 [21] 2-4,5-10,13-24
9   劉美惠 [15] 3,5,8,12-20,24,26,29
10  陳麗華 [22] 4-9,12-19,23-30
11  汪淑娟 [19] 1,4,7-13,16-21,23,28-30
12  江怡君 [20] 1-8,10-15,20-25
```

11. 某生將選課資料儲存成檔案(schedule.dat@web) 如下：

```
微積分   四:78   五:56
物理     三:12   二:7
化學     三:8    一:34
經濟     二:56
英文     五:34
體育     四:34
國文     三:56
```

撰寫程式讀取此檔，印出以下的選課表單。

```
   | 一  二  三  四  五
-----------------------
1 |         物
2 |         物
3 | 化         體  英
4 | 化         體  英
-----------------------
5 |    經  國      微
6 |    經  國      微
7 |    物      微
8 |       化  微
```

12. 修改小綠人程式[174]，產生以下「彩色版」小綠人：

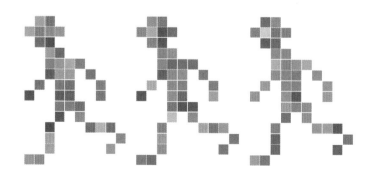

13. 參考八山疊翠詩[150]，使用 html 表格語法呈現黑色/彩色背景的山形詩句於網頁上。

彩色版的背景顏色有紅(red)、綠(green)、藍(blue)、洋紅(magenta)、黑 (black)、紫色(purple) 等共六種顏色。

14. 參考飛雁體詩[159]，使用 html 表格語法呈現黑白/彩色的詩句於網頁上。

15. 下圖為十個數字的點矩陣圖，每個數字的點陣為 5×5，各數字間有空格分開，撰寫程式讀入此檔(bitmap.dat@web)，輸出各個數字點陣圖的各列代表數字。

```
00000   1   22222 33333 4   4 55555 66666 77777 88888 99999
0   0   1       2     3 4   4 5         6       7 8   8 9   9
0   0   1   22222 33333 44444 55555 66666     7 88888 99999
0   0   1   2         3     4 5   6 6   7 8   8         9
00000   1   22222 33333     4 55555 66666     7 88888 99999
```

程式的輸出如下：

```
0 : 31 17 17 17 31
1 :  4  4  4  4  4
2 : 31  1 31 16 31
3 : 31  1 31  1 31
4 : 17 17 31  1  1
5 : 31 16 31  1 31
6 : 31 16 31 17 31
7 : 31  2  4  8  8
8 : 31 17 31 17 31
9 : 31 17 31  1 31
```

16. 參考第六章水調歌頭[158]習題，使用 html 表格語法呈現詞句於網頁上。為獲得較好的呈現效果，請在沒有字顯示的欄位使用亂數自由調整背景顏色成不同強度的灰階顏色。所謂灰階是指 red、green、blue 三個顏色的強度皆一樣。

17. pylab 使用 pylab.fill(xs,ys,color=foo) 方式可為一封閉區域圖上 foo 顏色，封閉區域的 x 座標與 y 座標分別為 xs 與 ys，起點與終點需同一點。今有某圖檔存入許多組圖形，每一組圖先設定顏色再設定座標，各組之間以空白列分隔，例如以下共有六組封閉圖形。

```
# red           # blue          # #afafff
3 2            3 2            1 2
3 6            7 2            3 2
1 5            7 4            1 5
3 2            3 2            1 2

# green         # yellow        # #afffae
3 2            3 6            1 5
7 4            7 4            3 6
5 5            7 6            1 6
3 4            3 6            1 5
3 2
```

每一組圖形的塗色以井號（#）開始，且與其後的顏色有空格分開，顏色若以井號加上六個十六進位數字表示，代表 red、green、blue 各被區分為 256 種程度，0 最小，ff 最大。例如：#afffae 代表 red、green、blue 各是 af、ff、ae。座標則為 x 與 y 座標，起點與終點需同一點成為封閉區域。

撰寫程式讀入資料檔，畫出圖案，例如以上資料檔(fill.dat@web)將會呈現以下圖案：

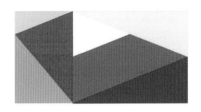

使用 pylab 程式畫圖時，為了讓背景顏色為白色，同時去除 X 與 Y 軸的軸線，請在程式的前後加上以下程式碼：

```
import pylab
pylab.figure(facecolor='white')

... 你的程式碼  ...

pylab.axis('off')
pylab.show()
```

你的程式將讀入國旗資料檔(flag.dat@web)，產生以下國旗圖：

18. 撰寫程式將以下的太極圖儲存成如上一題的檔案型式，檔名為 taichi.dat 然後再寫新程式以命令列方式讀入檔名後將太極圖畫出來，這裡假設太極圖內黑點與白點的直徑為圓直徑的六分之一。由於太極圖需要畫出大圓邊線，請修改上題程式增加畫線功能如下：當圖檔資料列以兩個井號 (##) 起始即代表其後各列的座標點為線段，需使用 pylab.plot 方式畫線，例如以下使用紅色畫線依次連接五個座標點。

```
## red
0 0
5 0
6 7
0 5
0 0
```

19. 讀入五言詩檔案(poems5.dat@web)，內含三十多首五言絕句，每首詩都包含標點符號，且詩之間有空列分隔，五言詩檔案如下：

空山不見人，但聞人語響。
返景入深林，復照青苔上。

獨坐幽篁裡，彈琴復長嘯。
深林人不知，明月來相照。

山中相送罷，日暮掩柴扉。
春草明年綠，王孫歸不歸。
...

請依第六章練習題的第 22 題列印唐詩直式排列[160]方式，讀入檔案任選六首詩，去除標點後列印詩句：

```
空懷    山聲蒼    杯天泥綠    遺江名功    花事君    人秋歸
山君    獨晚蒼    無欲小螳    恨流成蓋    未來自    暫壑山
松屬    歸荷竹    雪火新    失石八三    日故    遊美深
子秋    遠笠林    能爐醅    吞不陣分    綺鄉    桃莫淺
落夜    帶寺    飲晚酒    吳轉圖國    窗來    源學去
幽散    斜杏    一來紅              前應    裡武須
人步    陽杳                      寒知    陵盡
應詠    青鐘                      梅故
未涼                            著鄉
眠天
```

第八章：集合、字典

集合與字典是 python 程式語言中兩種比較進階的資料型別，集合可用來儲存多筆元素資料，集合最重要的特點是集合不會儲存相同元素。集合可用來模擬數學上常用的集合功能，例如：聯集、交集、差集、對稱差集、包含、包含於等集合關係。串列可很快的轉型為集合，但轉型後的集合就會濾掉串列中相同元素。此外若要找出兩串列的相同元素，只要讓其轉型為集合，再使用交集取得元素即可，這讓程式設計變得很簡單。

字典型別類似串列，但元素的取用是使用索引(key)，不是透過整數下標，索引可為整數、浮點數、字串等型別，可以混合使用，但索引不能重複。字典內的每一筆資料包含索引與其對映值(value)，對映值可為任何型別，例如對映值若為串列型別，即表示同一個索引有許多對映資料。字典可視為擴大功能的串列，常用於許多複雜的程式設計問題上，本章的範例與練習題許多都需要使用字典來完成。

- 集合：set

  ▶ 集合元素
  - 集合元素需為 immutable 型別[229]，例如：整數、浮點數、字串、常串列
  - 元素不會重複
  - 元素可為不同型別
  - 元素於集合內無特定儲存次序，取出時亦無特定次序
  ⊛ 集合的元素雖為不可更動型別，但集合物件為可更動型別

  ▶ 集合設定：集合需先設定後才能使用
  - 使用大括號
    ```
    >>> a = { 3, 2, 3, 5 }
    >>> a
    {2, 3, 5}
    ```
    ⊛ 相同元素僅存一個
  - 使用序列型別於 set() 內
    ```
    >>> b = set( [ 3, 2, 3, 5 ] )        # 由串列轉型
    >>> b
    {2, 3, 5}
    ```

```
>>> c = set( range(5) )                    # 由 range 轉型
>>> c
{0, 1, 2, 3, 4}

>>> d = set( "abbbccde" )                   # 分解字串成字元
>>> d
{'e', 'c', 'd', 'a', 'b'}
```

⊛ 序列型別：字串、序列、常序列、range 等型別

- set comprehension

```
>>> a = { x for x in range(5) }
>>> a
{0, 1, 2, 3, 4}

>>> b = { x for x in "ncumath" if x not in "aeiou" }
>>> b
{'t', 'n', 'c', 'm', 'h'}
```

⊛ set comprehension 與串列的 list comprehension[64] 類似

- 空集合

```
>>> a = set()                              # a 是空集合

>>> b = set( [1,2] )
>>> b.clear()                              # 使用 clear() 後成為空集合
```

⊛ 使用 list(foo) 將 foo 集合轉為串列

```
>>> # 去除串列重複元素
>>> foo = [ 3, 2, 9, 2, 9, 4, 1 ]
>>> foo = list( set( foo ) )
>>> foo
[9, 2, 3, 4, 1]                            # 去除相同元素
```

▶ 集合複製

- 複製元素：兩集合相同，但各佔不同空間

```
>>> a = set( range(1,4) )           # a = {1, 2, 3}
>>> b = a.copy()                    # b 集合複製自 a 集合，各佔不同空間

>>> id(a) == id(b)                  # a 與 b 兩集合是否在同個記憶空間
False
```

- 複製名稱：原集合多個名稱

```
>>> a = set( range(1,4) )           # a = {1, 2, 3}
>>> b = a                           # b 與 a 是同個集合，佔用相同空間

>>> id(a) == id(b)                  # a 與 b 兩集合是否在同個記憶空間
True
```

▶ 增減元素與元素數量

- 集合元素增減

集合操作	作用
foo.add(c)	將 c 元素加入 foo 集合
foo.remove(c)	將 c 由 foo 集合移除。若 c 不存在，有錯誤訊息
foo.discard(c)	將 c 由 foo 集合移除 若 c 不存在，沒有錯誤訊息，視為無效動作
foo.clear()	清除 foo 集合的所有元素，foo 成為空集合
foo.pop()	隨意取出一個元素，若 foo 無元素，會有錯誤訊息
len(foo)	foo 集合元素個數

⊛ 集合內元素位置是「無順序」的，使用 pop() 取出元素即變得「隨意」

```
>>> a = {2, 9, 8}          # a = {8, 9, 2}
>>> a.add(3)               # a = {8, 9, 2, 3}

>>> a.remove(9)            # a = {8, 2, 3}
>>> a.remove(5)            # 5 不在 a 中，有錯誤訊息

>>> a.discard(8)           # a = {2, 3}
>>> a.discard(7)           # 7 不在 a 中，無效動作

>>> a.pop()                # 隨意取出一個元素
2

>>> len(a)                 # a 僅剩一個元素
1

>>> a.clear()              # a 變成空集合
>>> a
set()
```

▶ 取得集合元素

- 使用 for 迴圈可逐一取得元素

```
a = set( [2,9,8,7,1,2,8] )
for x in a : print( x , end=" " )       # 取出元素無特定順序
print( "\n" + "a =" , a )
```

輸出為：

```
 8 9 2 1 7
 a = {8, 9, 2, 1, 7}
```

- 利用迴圈與 in 取得集合元素時不可在迴圈內改變集合元素

```
a = set( [2,8,7] )
for x in a :
    a.discard(x)          # 錯誤，迴圈刪除元素
    a.add(x+10)           # 錯誤，迴圈新增元素
```

▶ 過濾集合元素

```
>>> a = set( [2, 8, 7, 10, 3, 6] )

>>> a = { x for x in a if x < 5 }          # 取得 x < 5 元素
>>> a
{2, 3}

>>> a = set( filter( lambda x : x < 5 , a ) )   # 或使用 filter 過濾集合元素
```

▶ 列印集合：利用排序

```
>>> a = set( "ncumath" )
>>> print( " ".join( sorted(a) ) )
a c h m n t u

>>> b = {3, 9, 7, 4, 14, 25}
>>> print( "-".join( map( str , sorted(b) ) ) )
3-4-7-9-14-25

>>> print( "-".join( map( str , sorted( b , key=lambda x : -x ) ) ) )
25-14-9-7-4-3
```

▶ 聯集、交集、差集、對稱差集

● 集合間的運算

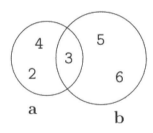

a = { 2, 3, 4 } b = { 5, 3, 6 }		
集合操作	函式用法	運算子用法與結果
聯集	a.union(b)	a | b = { 2, 3, 4, 5, 6 }
交集	a.intersection(b)	a & b = { 3 }
差集	a.difference(b)	a - b = { 2, 4 }
差集	b.difference(a)	b - a = { 5, 6 }
對稱差集	a.symmetric_difference(b)	a ^ b = { 2, 4, 5, 6 }

● 集合操作更新

集合操作更新	函式用法	運算子用法 ⟺ 相等用法	
聯集更新	a.update(b)	a |= b	⟺ a = a | b
交集更新	a.intersection_update(b)	a &= b	⟺ a = a & b
差集更新	a.difference_update(b)	a -= b	⟺ a = a - b
對稱差集更新	a.symmetric_difference_update(b)	a ^= b	⟺ a = a ^ b

a = { 2, 3, 4 }　b = { 5, 3, 6 }		
聯集更新	a |= b	a = { 2, 3, 4, 5, 6 }
交集更新	a &= b	a = { 3 }
差集更新	a -= b	a = { 2, 4 }
差集更新	b -= a	b = { 5, 6 }
對稱差集更新	a ^= b	a = { 2, 4, 5, 6 }

▶ 元素是否在集合內：in 與 not in

- a in foo：檢查 a 元素是否在 foo 集合內
- a not in foo：檢查 a 元素是否不在 foo 集合內

```
>>> a = set( [1,3,5,7] )
>>> 5 in a
True
>>> 3 not in a
False
```

▶ 兩集合間的關係

- 等於、不等於、包含、包含於

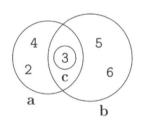

a = { 2, 3, 4 }　b = { 5, 3, 6 }　c = { 3 }			
a 等於 b	a == b	$\Longrightarrow$	False
a 不等於 b	a != b	$\Longrightarrow$	True
a 包含 c	a >= c	$\Longrightarrow$	True
a 包含但不等於 c	a > c	$\Longrightarrow$	True
c 包含於 b	c <= b	$\Longrightarrow$	True
c 包含於 b 但不等於 b	c < b	$\Longrightarrow$	True
a 與 b 無交集	a.isdisjoint(b)	$\Longrightarrow$	False

- a.issubset(b)：等同 a <= b
- a.issuperset(b)：等同 a >= b

▶ 凍集合：frozenset

- 凍集合：為建構後即不能更動的集合
- 建構方式：如同集合

```
>>> a = frozenset( [1,2] )
>>> b = frozenset( range(10) )
```

```
# 26 個字母
>>> c = frozenset( [ chr(ord('a')+i) for i in range(26) ] )
```

- 凍集合與集合互轉

```
>>> a = set( [1,3,5] )
>>> b = frozenset(a)              # 轉型為凍集合

>>> c = frozenset( [2,4,6] )
>>> d = set(c)                    # 轉型為集合
```

▶ 簡單集合範例：

- 找出所有兩位數其各個數字不重複

```
for n in range(10,100) :
    s = str(n)
    if len(s) == len(set(s)) : print( n , end=" " )

print()
```

輸出：

```
10 12 13 14 15 16 17 18 19 20 21 23 24 25 26 ... 96 97 98
```

- 找出中文字的字數

```
p = '''
尋尋覓覓，冷冷清清，淒淒慘慘戚戚。乍暖還寒時候，最難將息。
三杯兩盞淡酒，怎敵他晚來風急！雁過也，正傷心，卻是舊時相識。
滿地黃花堆積，憔悴損，如今有誰堪摘？守著窗兒，獨自怎生得黑。
梧桐更兼細雨，到黃昏點點滴滴。這次第，怎一個愁字了得！
'''

# 萬國碼基本漢字範圍 [0x4e00,0x9fa5]
wc1 = [ c for c in p if 0x4e00 <= ord(c) <= 0x9fa5 ]
wc2 = { c for c in p if 0x4e00 <= ord(c) <= 0x9fa5 }

print( '中文字數   :' , len(wc1) )
print( '不重複字數：' , len(wc2) )
```

輸出：

```
中文字數   : 97
不重複字數： 83
```

- 產生六個介於 [1,49] 樂透號碼

```
import random

lottery = set()
while True :
    lottery.add( random.randint(1,49) )
    if len(lottery) == 6 : break

print( " ".join( map( str , sorted(lottery) ) ) )
```

輸出：

```
6 9 12 15 28 32
```

⊛ 以上也可使用 random 套件的 shuffle 函式[72]打亂次序：

```
import random

# balls 為 1, 2, 3, ... ,49
balls = list( range(1,50) )

# 打亂 balls 串列次序
random.shuffle( balls )

# 取前六個球，由小到大輸出
print( " ".join( map( str , sorted( balls[:6] ) ) ) )
```

● 在 [1,5]×[1,5] 間任取 10 個格子點

```
import random

pts = set()
while True :

    # pt 為常串列
    pt = ( random.randint(1,5) , random.randint(1,5) )

    if pt not in pts :
        pts.add( pt )                    # 集合元素為常串列
        if len(pts) == 10 : break

x2 = 0
# 先依 x 座標再依 y 座標由小到大排列
for x , y in sorted( pts , key = lambda pt : pt ) :
    if x2 and x2 < x : print()
    print( "({},{})".format(x,y) , end=" " )
    x2 = x

print()
```

輸出：

```
(1,3)
(2,1)
(3,1) (3,3)
(4,1) (4,2) (4,3) (4,5)
(5,1) (5,4)
```

■ 字典：dictionary

▶ 字典元素

● 類似串列，但元素取用不用整數下標，使用索引(key)

● 每筆元素包含索引(key)與對映值(value)

- 索引需為 immutable 型別[229]，例如：整數、浮點數、字串、常串列
- 索引不會重複，且可混合不同型別
- 字典元素儲存方式與加入順序無關(未來版本可能會變更)

⊛ **字典索引雖為不可更動型別，但字典物件為可更動型別**

▶ 索引與對映值

```
>>> nums = {}                          # nums 為空字典
>>> nums["one"] = 1                    # 索引為字串，對映值為整數
>>> nums["two"] = 2
>>> nums["三"] = 3
>>> nums[4] = "four"                   # 索引為整數，對映值為字串
>>> nums[0.1] = "point one"            # 索引為浮點數，對映值為字串
>>> nums
{0.1: 'point one', '三': 3, 'two': 2, 4: 'four', 'one': 1}
```

▶ 字典設定：字典需先設定才能使用

- dict 設定

```
>>> a = dict( one=1, two=2, three=3 )
>>> a
{'two': 2, 'three': 3, 'one': 1}
```

⊛ **等號左側自動轉為字串索引，不需加引號**

- 使用串列儲存各組資料

```
>>> b = dict( [ ('one',1), ('two',2), ('three',3) ] )
>>> b
{'two': 2, 'three': 3, 'one': 1}
```

- 使用大括號

```
>>> c = { 'one':1, 'two':2, 'three':3 }
>>> c
{'two': 2, 'three': 3, 'one': 1}
```

- 使用 zip 拉鏈函式[95]將分離的索引與對映值串列合成

```
>>> d = dict( zip( ["one","two","three"] , [1,2,3] ) )
>>> d
{'two': 2, 'three': 3, 'one': 1}
```

- dict comprehension

```
>>> a2A = { chr(ord('a')+i) : chr(ord('A')+i) for i in range(26) }
>>> print( a2A['c'] + a2A['a'] + a2A['t'] )
CAT

>>> cnum = "一二三四五"
>>> f = { x : i+1 for i , x in enumerate(cnum) }
>>> f
{'四': 4, '五': 5, '一': 1, '三': 3, '二': 2}
```

- 空字典
```
>>> a = {}
>>> b = dict()

>>> c = dict( one=1, two=2 )
>>> c.clear()                        # c 使用 clear() 後成為空字典
```

▶ 字典複製
- 複製各組資料：兩字典相同，但各佔不同空間
```
>>> a = dict( dog=3, cat=5 )
>>> b = a.copy()                     # b 字典複製自 a 字典，各佔不同空間

>>> id(a) == id(b)                   # a 與 b 兩字典是否在同個記憶空間
False
```

- 複製名稱：原字典多個名稱
```
>>> a = dict( dog=3, horse=4 )
>>> b = a                            # b 與 a 是同個字典，佔用相同空間

>>> id(a) == id(b)                   # a 與 b 兩字典是否在同個記憶空間
True
```

▶ 字典資料增減與資料量
- 增加一組資料：foo[key]
```
>>> foo = dict( one=1, two=2 )
>>> foo['three'] = 3
>>> foo
{'two': 2, 'one': 1, 'three': 3}
```

- 增加一組以上資料：foo.update()
```
>>> foo = dict( one=1, two=2 )
>>> foo.update( [ ('three',3) , ('four',4) ] )

>>> foo
{'two': 2, 'four': 4, 'one': 1, 'three': 3}
```

- 讀入 b 字典的資料：foo.update(b)
```
>>> foo = dict( one=1, two=2 )
>>> bar = { 'three':3, 'four':4 }
>>> foo.update( bar )

>>> foo
{'two': 2, 'four': 4, 'one': 1, 'three': 3}
```

- 刪除一組資料：del foo[key]
```
>>> foo = { 'one':1, 'two':2 }
>>> del foo['two']
>>> foo
{'one': 1}
```

- 清除所有資料，變成空字典：`foo.clear()`

```
>>> foo = { 'one':1, 'two':2 }
>>> foo.clear()
```

- 取得資料組數：`len`

```
>>> foo = { 'one':1, 'two':2 }
>>> len(foo)
2
```

▶ 取出字典資料

- `foo.get(k,b)`：取出索引為 `k` 的對映值，若無此索引，則以 `b` 回傳

```
>>> foo = dict( one=1, two=2, three=3 )
>>> foo.get('two')
2
>>> foo.get('four')                    # 無此 key，無回傳

>>> foo.get('four',4)                  # 無此 key，但回傳 4
4
```

- 取出索引、對映值、與成對資料

操作函式	取出的資料
`foo.keys()`	取得 `foo` 字典所有的索引
`foo.values()`	取得 `foo` 字典所有的對映值
`foo.items()`	取得 `foo` 字典內所有成對資料

```
foo = { 'one':1, 'two':2, 'three':3 }

# 取出所有的索引
for k in foo.keys() :
    print( k , '-->' , foo[k] )

# 同上
for k in foo :
    print( k , '-->' , foo[k] )

# 分解索引與對映值成串列
for k , v in foo.items() :
    print( k , '-->' , v )

# p 為由 (索引,對映值) 組成的串列
for p in foo.items() :
    print( p[0] , '-->' , p[1] )
```

以上四個迴圈都輸出以下三列(但輸出次序不見得一致)：

```
two --> 2
one --> 1
three --> 3
```

※ `foo.keys()`、`foo.values()`、`foo.items()` 取出資料的次序不見得一樣

- 使用 sorted 對字典元素排序

```
foo = dict( dog=3, cat=6, horse=5, goat=2, pig=3 )

# 先依索引字元數由少到多，再根據對映值數量由大到小
for k in sorted( foo.keys() , key=lambda x : ( len(x) , -foo[x] ) ) :
    print( k , ':' , foo[k] , sep="" , end="  " )
print()

# 先依對映值由大到小，再根據對索引字母順序
for k , v in sorted( foo.items() , key=lambda p : ( -p[1] , p[0] ) ) :
    print( k , ':' , v , sep="" , end="  " )
print()

# 找出數量最多的動物
a = sorted( foo.keys() , key=lambda k : -foo[k] )[0]
print( a )
```

  輸出：

```
cat:6  pig:3  dog:3  goat:2  horse:5
cat:6  horse:5  dog:3  pig:3  goat:2
cat
```

- 迴圈 in 取出索引

```
foo = dict( one=1, two=2, three=3 )
for k in foo :
    print( k , '-->' , foo[k] )
```

  ⊛ for k in foo 等同 for k in foo.keys()

- 以迴圈取得字典資料時，不能在迴圈內增減索引資料：

```
foo = dict( one=1, two=2, three=3 )
for k in foo :
    del foo[k]                       # 錯誤，變更字典索引
    foo[k.upper()] = foo[k]          # 錯誤，變更字典索引

for k in foo.keys() :
    foo[k.upper()] = foo[k]          # 錯誤，變更字典索引

for k , v in foo.items() :
    foo[k.upper()] = v               # 錯誤，變更字典索引
```

- 使用 list 可將 keys(), values(), items() 轉為串列

```
>>> foo = dict( one=1, two=2, three=3 )

>>> list( foo.keys() )
['two', 'one', 'three']

>>> list( foo.values() )
[2, 1, 3]
```

```
>>> list( foo.items() )
[('two', 2), ('one', 1), ('three', 3)]
```

▶ 檢查索引是否存在：in 與 not in

- k in foo：檢查 k 是否為 foo 字典的索引
- k not in foo：檢查 k 是否不是 foo 字典的索引

```
>>> foo = dict( one=1 , two=2, three=3 )

>>> 'one' in foo
True

>>> 'four' not in foo
True

>>> 3 in foo
False
```

▶ 簡單字典範例

- 讀入一句英文，計算各母音的個數

```
vowelc = {}

for c in "To be, or not to be, that is the question." :
    c = c.lower()

    if c in 'aeiou' :
        vowelc[c] = 1 + ( vowelc[c] if c in vowelc else 0 )

# 依字母順序列印
for k in sorted( vowelc.keys() ) :
    print( k , ':' , vowelc[k] , sep="" , end="  " )

print()

# 依字母出現多寡列印
for k , v in sorted( vowelc.items() , key = lambda x : -x[1] ) :
    print( k , ':' , v , sep="" , end="  " )

print()

# 找出出現最多次的母音
v = sorted( vowelc.keys() , key = lambda k : -vowelc[k] )[0]
print( "數量最多的母音:" , v )
```

輸出：

```
  a:1  e:4  i:2  o:5  u:1
  o:5  e:4  i:2  a:1  u:1
  數量最多的母音: o
```

■ 尋找詩句交集字

讀入以下六首詩(poems.dat@web)，不考慮標點符號，找出六首詩都有的字。

去年今日此門中，人面桃花相映紅。人面不知何處去，桃花依舊笑春風。
春城無處不飛花，寒食東風御柳斜。日暮漢宮傳蠟燭，輕煙散入五侯家。
雲想衣裳花想容，春風拂檻露華濃。若非群玉山頭見，會向瑤臺月下逢。
折戟沉沙鐵未銷，自將磨洗認前朝。東風不與周郎便，銅雀春深鎖二喬。
繁華事散逐香塵，流水無情草自春。日暮東風怨啼鳥，落花猶似墮樓人。
娉娉裊裊十三餘，荳蔻梢頭二月初。春風十里揚州路，捲上珠簾總不如。

　　本題使用集合型別就可輕鬆解決，程式在每讀入一首詩後隨即存入集合內，由第二首詩開始利用交集函式找尋交集字。此題若不利用集合或字典型別，而僅使用串列或字串，程式也能撰寫出來，但就需要好好構思。

程式 .... poems_intersect.py

```
01   with open("poems.dat") as infile :
02
03       for n , line in enumerate(infile) :
04
05           # 去除標點符號
06           poem = set( filter( lambda c : c not in "。，" , line.strip() ) )
07
08           if n == 0 :
09               words = poem.copy()
10           else :
11               words.intersection_update(poem)
12
13   print( " ".join( words ) )
```

輸出：

春 風

以下為完全使用串列的程式版本，觀察程式碼可知在讀進第二首詩後，每次都需使用迴圈設定新的交集串列，與前相較，就顯得麻煩許多。

程式 .... poems_list.py

```
01   with open("poems.dat") as infile :
02
03       for n , line in enumerate(infile) :
04
05           line = line.strip()
```

```
06
07          if line == "" : continue
08
09          ws = sorted( [ c for c in line if c not in "。，" ] )
10
11          if n == 0 :
12              # 交集字串列
13              cwords = []
14              for w in ws :
15                  if w not in cwords : cwords += [w]      # 避免儲存重複字
16          else :
17              # 新的交集字串列
18              new_cwords = []
19
20              for w in ws :
21                  if w in cwords : new_cwords += [w]      # 找新交集字
22
23              # 更新交集字
24              cwords = new_cwords[:]
25
26  # 列印交集字
27  print( " ".join(cwords) )
```

■ 列印課表

撰寫程式讀入以下左側課程時間檔案，印出右邊排好的課程表：

```
                              |  一  二  三  四  五
                              --------------------
微積分    四:78   五:56        1 |          物
物理      三:12   二:7         2 |          物
化學      三:8    一:34        3 |  化          體  英
經濟      二:56         ---->  4 |  化          體  英
英文      五:34               --------------------
體育      四:34                5 |      經  國      微
國文      三:56                6 |      經  國      微
                              7 |      物      微
                              8 |          化  微
```

　　本題是以二維串列來儲存右側的課表，課表串列為 8×5 二維串列，第一個下標為節
數，第二個下標為星期。程式每讀取一列課程資料時，隨即要由讀取的資料設定到課表串列
內，以微積分為例：微積分 四:78 五:56，就需透過程式設定 wkclass 課表串列為以下方
式：

```
wkclass[6][3] = '微'      wkclass[7][3] = '微'
wkclass[4][4] = '微'      wkclass[5][4] = '微'
```

　　中文數字「四」、「五」需分別轉為數字 3 與 4 當成 wkclass 的第二個下標。節數
需減 1 後成為第一個下標。在程式中利用 c2n 字典將中文數字對應到 cnum 字串的下標數
字，如以下：

```
cnum = '一二三四五'

# 中文數字對數字字串下標
c2n = { b : a for a , b in enumerate(cnum) }
```

　　本範例是個很簡單的字典應用問題，但程式也可不透過字典取得下標，直接使用字串搜
尋 find() 或尋找下標 index() 取得下標，使用如下：

```
num = '一二三四五'
n = '四'

# 回傳 n 在 num 字串的下標，n 若不在 num 內回傳 -1
k = num.find(n)

# 回傳 n 在 num 字串的下標，n 若不在 num 內則產生錯誤訊息
k = num.index(n)
```

| 程式 | .... | schedule.py |

```
01   Day , Section = 5 , 8
02
03   cnum = '一二三四五'
04
05   # 中文數字對數字字串下標
06   c2n = { b : a for a , b in enumerate(cnum) }
07
08   # 兩維串列：儲存五天八節的課程名稱
09   wkclass = [ [None]*Day for i in range(Section) ]
10
11   with open("schedule.dat") as infile :
12
13       for line in infile :
14
15           course , *csect = line.split()
16
17           # p 為 星期幾:節數，例如：四:567
18           for p in csect :
19
20               a , b = p.split(':')
21
22               # w 為 wkclass 的第二個下標
23               w = c2n[a]
24
25               for c in b :
26                   # s 為 wkclass 的第一個下標
27                   s = int(c)-1
28                   wkclass[s][w] = course[0]
29
30   # 印出課程表
31   print( "    | " + " ".join( cnum ) )
32   print( "-"*(5+3*5) )
33
34   for s in range(Section) :
35
36       if s == 4 : print( "-"*(5+3*5) )
37       print( " "+str(s+1)+" | " , end="" )
38
39       for w in range(Day) :
40           print( wkclass[s][w] if wkclass[s][w] else "  " , end=" " )
41
42       print()
```

■ 製作橫條圖：各洲在教育支出比例前五名國家

此題與前一章各國教育支出比範例[178]類似，但資料檔(edus.dat@web)的最後一個欄位改為國家所在的洲，如美洲、亞洲、歐洲等等。程式要在各洲內找出國家在教育支出佔 gdp 百分率最高的前五名，畫出 3×2 矩陣式排列圖形，且每個圖形都以橫條圖表示：

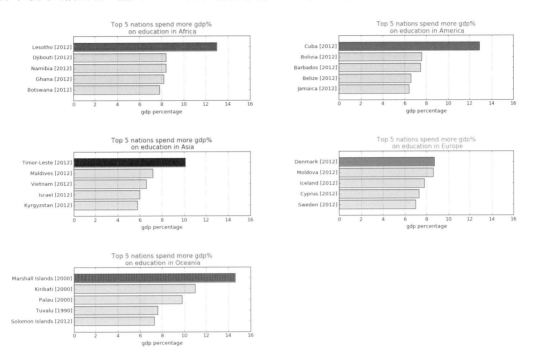

本題的作法是將洲名與洲內各國資料統一合成一對資料存入字典，洲名為索引，洲內各國資料統合成為串列，串列被當成索引的對映值。每個國家儲存國名，資料年份與 gdp 百分率成為常串列，例如：("Iran [2012]", 4.7)、("Spain [2012]", 5)。 五大洲就表示字典僅有五個索引，每個索引對映到由許多國家所組成的串列，以亞洲為例：

```
Asia : [ ( "Iran [2012]", 4.7 ) , ( "Malaysia [2012]", 5.1 ) ,
         ( "China [1999]", 1.9 ) , ... , ]
```

每次由檔案讀入一筆國家資料，經過組合，隨即加到字典索引所對映的串列末尾。當由洲名索引取出洲內國家序列時，只要利用排序函式由大到小比較 gdp 百分率，再比較國家名稱字母順序，即可取出 gdp 百分率的前五名印成橫條圖。

本範例可觀察到字典的對映值不必然是一個數字或是字串，也可以是串列，同時也可看到使用字典的最大優點：將相關聯的資料綁在一起。 本題如果不使用字典類型的資料型別，就要透過兩個串列分開儲存洲名與洲內國家，例如：

```
continents = [ "Asia", "Europe", "America", .... ]
nationgdps = [ [ ( "Iran [2012]", 4.7 ), ( "Malaysia [2012]", 5.1 ), ... ] ,
               [ ( "Norway [2012], 6.9 ), ( "Sweden [2012]", 7 ), ... ] ,
               [ ... ], ... ]
```

205

　　然後透過整數下標分別取得資料，這種儲存方式在取用資料很是麻煩，例如：以下要找出亞洲所有國家的 gdp 教育支出百分率：

```
foo = "Asia"
for i in range( len(continents) ) :
    if continents[i] == foo :              # 找到下標
        gdps = nationgdps[i]
        break

print( gdps )
```

　　各洲與洲內的國家本是相關的資料組合，使用兩個串列分開儲存造成洲與洲內的國家需找尋同位置的整數下標來連結，這樣的處置是很笨拙的。相形之下使用字典是相當直接了當，以上程式若改用字典一列就解決，兩相對比，使用字典的好處就不言而喻。

```
print( ctn["Asia"] )            # ctn 為程式範例的字典
```

　　本題使用 subplots 將五張圖形印在一起，有關 subplots 的用法也可參考累積雨量範例[171]，只要參照相關用法即能很快學會如何產生矩陣式排列圖形[108]。

程式　..　edus_cmp.py

```
01    import pylab
02
03    # 索引：洲名，對映值：( 國名 + 資料年份 , gdp ) 串列
04    ctn = {}
05
06    with open("edus.dat") as infile :
07
08        for line in infile :
09
10            # 分離資料再重新組合 ( 國名+年 , gdp ) 常串列
11            *nation , gdp , year , continent = line.split()
12            if gdp == 'n.a.' : gdp = "-1"
13            data = ( " ".join(nation) + " [" + year + "]" , float(gdp) )
14
15            # 跨兩洲的國家以斜線分割：如俄羅斯
16            for c in continent.split('/') :
17                if c in ctn :
18                    ctn[c].append( data )
19                else :
20                    ctn[c] = [ data ]
21
22    no = 5
23    xs = [ x for x in range(0,17,2) ]
24    ys = [ y for y in range(no,0,-1) ]
25
26    colors = 'rgbcmyk'
```

```
27
28   nrows , ncols = 3 , 2
29
30   # 區分 3x2 圖形五圖，共用 x , y 軸
31   fig , gs = pylab.subplots(nrows,ncols,facecolor='w')
32
33   # hspace 設定縱向兩圖間的間距(平均縱軸高度的比例)
34   # wspace 設定橫向兩圖間的間距(平均橫軸寬度的比例)
35   pylab.subplots_adjust(hspace=0.8,wspace=0.5)
36
37
38   # 依洲名排序
39   for i , k in enumerate( sorted( ctn.keys() ) ) :
40
41       r = i//ncols
42       c = i%ncols
43
44       # 各洲國家排列：先比 gdp 再比國名
45       ctn[k].sort( key = lambda p : ( -p[1] , p[0] ) )
46
47       # 儲存前 no 筆資料 vals：gdp% , nations：國名
48       vals , nations = [] , []
49       for j , p in enumerate(ctn[k]) :
50           vals.append(p[1])
51           nations.append(p[0])
52           if j+1 == no : break
53
54       # 設定第一名國家顏色與其餘四國顏色不同
55       gs[r][c].barh( ys[0],vals[0],align='center',color=colors[i] )
56       gs[r][c].barh( ys[1:],vals[1:],align='center',color='#aaffaa' )
57
58       # 設定子圖文字說明
59       gs[r][c].set_title( "Top " + str(no) +
60                           " nations spend more gdp%\n on education in "
61                           + k , color=colors[i] )
62
63       # X 軸文字
64       gs[r][c].set_xlabel("gdp percentage")
65
66       # X 軸刻度
67       gs[r][c].set_xticks(xs)
68
69       # Y 軸刻度
70       gs[r][c].set_yticks(ys)
71
72       # Y 軸刻度文字
73       gs[r][c].set_yticklabels(nations,color='k')
74
75       # 顯示垂直格線
76       gs[r][c].grid(axis='x')
77
```

207

```
78
79    # 去除最後一個圖形軸線
80    gs[2][1].axis('off')
81
82    pylab.show()
```

■ 中文筆劃數計算

萬國碼(unicode)的基本漢字範圍介於 [U+4E00,U+9FA5]，這是以十六進位表示的編號順序，若以十進位表示則是介於 [19968,40869]。今有一個中文筆劃檔(strokes.dat@web)，檔案的每一列包含漢字在萬國碼的編號與其筆劃數，例如：

```
....                  |    U+752A  6
U+7521  10            |    U+752B  7
U+7522  11            |    U+752C  7
U+7523  11            |    U+752D  9
U+7524  12            |    U+752E  9
U+7525  12            |    U+752F  12
U+7526  12            |    U+7530  5
U+7527  14            |    U+7531  5
U+7528  5             |    U+7532  5
U+7529  5             |    ....
```

以上顯示資料的末三筆所對應的漢字分別為「田」「由」「甲」，都是 5 劃。現要利用這個筆劃檔，印出所輸入中文字串的各字筆劃數與全部的筆劃。例如：

> 中央大學
中:4　央:5　大:3　學:16　　總筆劃數:28

> 山明水秀
山:3　明:8　水:4　秀:7　　總筆劃數:22

本程式的重點在如何將各列的十六進位數字字串轉成十進位數字，假設 foo = 'U+7531'，那麼可用以下簡單的方法將字串數字轉為數字[134]：

```
num = int( foo[2:] , 16 )          # num = 30001
```

以上式子的 16 代表 int 函式的第一個參數為十六進位數字字串。以下程式使用 sdict 字典儲存每個漢字萬國碼編號的筆劃數，萬國碼編號為索引，筆劃數為對映值。有了這個漢字筆劃字典後，找出輸入中文字串的各個漢字筆劃數與全部漢字的筆劃數就很簡單，使得程式碼也很簡潔。

程式 .... strokes.py

```
01
02   # 索引：萬國碼編號     對映值：筆劃數
03   sdict = {}
04
05   # 讀入筆劃檔存入 sdict 字典
06   with open( "strokes.dat" ) as infile :
07
08       for line in infile :
09           ucode , strokes = line.split()
10           num = int(ucode[2:],16)
```

```
11              sdict[num] = int(strokes)
12
13    # 輸入中文句子
14    while True :
15
16        words = input("> ")
17
18        totals = 0
19        for c in words :
20            strokes = sdict[ord(c)]
21            print( c , ":" , strokes , sep="" , end="  " )
22            totals += strokes
23
24        print( " 總筆劃數:" , totals , sep="" , end="\n\n" )
```

■ 依筆劃排序的中文字

利用上例的筆劃檔，撰寫程式將萬國碼中的所有中文字依筆劃數排序如下：

```
1 畫 ：10 個
一 丨 丶 丿 乀 乀 乙 乚 乛 乀

2 畫 ：44 個
丁 丂 七 丄 丅 丆 丩 丷 乂 乃 乄 乜 九 了 二 亠 人 亻 儿 入
八 冂 冖 冫 几 凵 刀 刁 刂 力 勹 匕 匚 匸 十 卜 卩 厂 厶 又
巜 乏 讠 阝

3 畫 ：98 個
万 丈 三 上 下 丌 与 个 丫 丬 丸 久 亿 兀 尣 么 义 丶 之 刃 也 加
习 彳 亡 亍 弌 及 亾 口 囗 土 士 夂 攵 已 九 大 巾 干 广 卅
勺 千 卄 宀 寸 小 尢 尸 屮 屲 川 彡 工 彑 彐 门 飞 亇
孑 孓 彐 幺 彳 忄 扌 氵 犭 丬 艹 辶 囗 飞 亇

4 畫 ：204 個
不 丏 丐 丑 丮 专 中 孔 丰 丰 丹 为 乌 乏 丱 纠 丟 书 予
云 仄 仍 亓 五 井 仌 亓 仁 仃 仂 仴 六 仅 仟 仉 月 勿 介 内
仌 円 仍 从 冈 仏 仐 仝 凤 凶 乣 分 切 刈 劝 办 厃 厄 厅 历 厷 丛
勾 化 匹 区 卅 匁 丯 卆 升 午 卐 卞 卄 卡 卩 产 厄 厅 历 厷 厷
              ......
```

本題的關鍵在定義一個「筆劃」對應到「字串」的字典，在讀入檔案時隨即將同筆劃的字逐一加到字串末尾。需留意，若為新筆劃，則需建立新的資料組，若筆劃索引已經存在，才將讀來的字加到此索引的對映字串末尾，如程式碼中的第 14 到 17 列。列印時使用 sorted 對筆劃索引排序，每 20 個字列印成一列。

| 程式 | .... | sort_strokes.py |

```python
01    # 索引：筆劃    對映值：同筆劃漢字所構成字串
02    sdict = {}
03
04    # 讀筆劃資料檔，將同筆劃的字存在一起
05    with open( "strokes.dat" ) as infile :
06
07        for line in infile :
08            ucode , strokes = line.split()
09
10            char = chr(int(ucode[2:],16))
11            stroke = int(strokes)
12
13            # 若筆劃數第一次出現，以字串儲存
14            if stroke not in sdict :
15                sdict[stroke] = char
16            else :
17                sdict[stroke] += char
```

```
18
19    # 依筆劃由小到大排序
20    for  stroke in sorted( sdict.keys() ) :
21
22        chars = sdict[stroke]
23        print( stroke , "劃 :" , len(chars) , "個" )
24
25        a = 0
26        while a < len(chars) :
27            print( " ".join(chars[a:a+20]) )
28            a += 20
29
30        print()
31
```

■ 結語

集合與字典兩種語法都很簡單，使用方便，往往數列程式就可完成許多動作。集合可以很快的找出不重複的元素，字典則可使用非數字下標存取資料，前者稱為索引，後者稱為對映值。字典的索引雖不得重複，但對映值可為串列型別，即代表可儲存同索引但不同對映值資料。若能善用本章的集合與字典兩種型別，你會很驚訝某些複雜的程式問題已經不再困難難寫，你能設計的程式問題會更加廣泛。

當使用迴圈來取出集合或字典元素時，元素並沒有特定順序，此時常需透過 sorted 函式來排序。本章的排序規則都很簡單，一般都可使用 lambda 函式的一列程式解決，但經常會有些複雜的排序規則超出 lambda 所能處理的，此時就要使用下一章的函式來解決。

■ 練習題

1. 設定一串 DNA 序列如下，若以每八個鹽基為一組，撰寫程式找出所有重複的鹽基序列，依數量由大到小排列。

    ```
    dna = "ACGTAAGTCCGAGTAATAGATAATCAGAATCGGAATCAAGAAGTCCGAAGTCCGAACGTAAG"
    ```

    輸出：

    ```
    AAGTCCGA 3
    AGTCCGAA 2
    GAAGTCCG 2
    ```

2. 同上題 DNA 序列，撰寫程式找出最長的重複鹽基序列。

    ```
    GAAGTCCGAA 2
    ```

3. 右邊六種動物：兔、牛、馬、羊、狗、貓。請撰寫程式，任選兩種動物找出十種不同組合，依動物順列排列，以下為輸出樣式：

1 兔牛		6 牛貓
2 兔馬		7 馬狗
3 兔貓		8 馬貓
4 牛馬		9 羊貓
5 牛狗		10 狗貓

4. 以下為一群人可以出席的時間(wkdates.dat@web)，撰寫程式讀入此檔，找出最多人出席的時間，依出席人數由多到少依序排列，若人數相同，依星期時間排列。

    ```
    A：一二三
    B：日一二四五
    C：一三五六
    D：六日
    E：二三四五六
    F：二四五
    ...
    ```

    輸出：

```
二 [10] A B E F G H I J K M
三 [ 9] A C E G H I K M N
一 [ 7] A B C G I K M
五 [ 7] B C E F H J N
六 [ 7] C D E I J M N
四 [ 5] B E F H J
日 [ 3] B D K
```

5. 使用上題資料檔，撰寫程式任選兩天印出此兩天都會出現的成員，印出所有的兩天組合，以下為依時間排列的輸出結果：

```
日 一 ： B K          一 三 ： A C G I K M      二 六 ： E I J M
日 二 ： B K          一 四 ： B                三 四 ： E H
日 三 ： K            一 五 ： B C              三 五 ： C E H N
日 四 ： B            一 六 ： C I M            三 六 ： C E I M N
日 五 ： B            二 三 ： A E G H I K M    四 五 ： B E F H J
日 六 ： D            二 四 ： B E F H J        四 六 ： E J
一 二 ： A B G I K M  二 五 ： B E F H J        五 六 ： C E J N
```

6. 以下為某個學校學生的生肖資料檔(zodiac.dat@web)，撰寫程式讀入資料檔，印出各個生肖的學生數量：

豬蛇豬牛羊羊豬羊豬龍狗羊蛇狗猴羊馬鼠羊豬蛇狗雞蛇
牛猴蛇蛇馬豬狗猴狗猴蛇蛇龍兔羊鼠豬狗豬兔龍龍猴猴雞
豬牛羊鼠兔狗狗馬狗猴虎蛇虎羊虎蛇猴馬狗蛇牛鼠羊馬牛
雞狗牛馬虎猴馬虎豬鼠豬馬羊猴龍豬馬龍鼠猴牛龍鼠羊牛
猴兔牛馬兔羊豬雞羊雞雞雞猴鼠蛇鼠豬龍龍馬馬虎蛇猴鼠
...

輸出如下：

```
鼠 23          兔 23          馬 28          雞 21
牛 21          龍 35          羊 30          狗 32
虎 17          蛇 20          猴 29          豬 33
```

7. 有一唐詩資料檔(poems.db@web)如下：

王維 鹿柴 空山不見人 但聞人語響 返景入深林 復照青苔上
李白 勞勞亭 天下傷心事 勞勞送客亭 春風知別苦 不遣柳條青
白居易 池上 水娃撐小艇 偷來白蓮回 不解藏蹤跡 浮萍一道開
王維 鳥鳴澗 人閒桂花落 夜靜春山空 月出驚山鳥 時鳴春澗中
韋應物 秋夜寄邱員外 懷君屬秋夜 散步詠涼天 空山松子落 幽人應未眠
李白 秋浦歌 白髮三千丈 離愁似個長 不知明鏡裡 何處得秋霜
盧綸 塞下曲(其三) 月黑雁飛高 單于夜遁逃 欲將輕騎逐 大雪滿弓刀
...

撰寫程式讀入此檔，輸入詩人名字，印出此詩人的所有作品。

```
> 杜甫
[1]
八陣圖：
功蓋三分國　名成八陣圖　江流石不轉　遺恨失吞吳
```

[2]
絕句：
江碧鳥逾白　山青花欲燃　今春看又過　何日是歸年

> 李白
[1]
勞勞亭：
天下傷心事　勞勞送客亭　春風知別苦　不遣柳條青
...

8. 同上題，撰寫程式，讀入一個或多個字詞，印出滿足所有條件的詩，印出詩名稱、詩
人與詩文，以下為一些輸出結果。

> 人　山
[1]
鹿柴　　　　　　　　　　　　　　　　　　　王維
空山不見人　但聞人語響　返景入深林　復照青苔上

[2]
鳥鳴澗　　　　　　　　　　　　　　　　　　王維
人閒桂花落　夜靜春山空　月出驚山鳥　時鳴春澗中

[3]
秋夜寄邱員外　　　　　　　　　　　　　　　韋應物
懷君屬秋夜　散步詠涼天　空山松子落　幽人應未眠

[4]
夜宿山寺　　　　　　　　　　　　　　　　　李白
危樓高百尺　手可摘星辰　不敢高聲語　恐驚天上人

> 李白　天
[1]
勞勞亭　　　　　　　　　　　　　　　　　　李白
天下傷心事　勞勞送客亭　春風知別苦　不遣柳條青

[2]
夜宿山寺　　　　　　　　　　　　　　　　　李白
危樓高百尺　手可摘星辰　不敢高聲語　恐驚天上人

9. 同上題資料檔，撰寫程式找出在各首詩中出現次數最多的前三個字，將此三個字與詩的
作者及詩名印成出如下型式：

「不」出現於 10 首詩中：
1　王維:鹿柴
2　李白:勞勞亭
3　白居易:池上
4　李白:秋浦歌
5　李頻:渡漢江
6　賈島:劍客
7　賈島:尋隱者不遇
8　李白:夜宿山寺
9　杜甫:八陣圖
10　王昌齡:答武陵太守

「人」出現於 7 首詩中：
1　王維:鹿柴

```
2   王維:鳥鳴澗                          「山」出現於 5 首詩中:
3   韋應物:秋夜寄邱員外                   1   王維:鹿柴
4   李頻:渡漢江                          2   王維:鳥鳴澗
5   李白:夜宿山寺                        3   韋應物:秋夜寄邱員外
6   駱賓王:易水送別                      4   賈島:尋隱者不遇
7   錢起:江行無題                        5   杜甫:絕句
```

10. 參考列印課表範例[203]，在以下選課檔中(schedule.dat@web)，每列包含科目名稱與若干組由冒號分開的星期與節數。若節數以橫線分開，例如：6-8，則代表上課節數為 6、7、8 連續三節。撰寫程式讀入以下左側選課檔印出如右側的課程表。

```
                                                     |  一 二 三 四 五
                                                     ------------------
微積分   四:78   五:56                               1 |        物
物理     三:12   二:7                                2 |        物 程
化學     三:8    一:34                               3 |  化       程 英
實驗     一:6-8              ---->                   4 |  化       程 英
經濟     二:56                                       ------------------
英文     五:34                                       5 |     經        微
程設     四:2-4                                      6 |  實 經        微
                                                     7 |  實 物        微
                                                     8 |  實    化 微
```

11. 讀入課程表(courses.dat@web)，撰寫程式印出右側原始選課單。請留意，在左方課程表單中，沒有課的節數是使用中文空格，即 chr(12288) 代替。為簡化程式，課程的每一節課都要印出，不使用橫線。輸出的課程排列順序是以課程在一周內最先上課時間為先後，以下為輸出結果：

```
   |  一 二 三 四 五
   ------------------
1 |        物                            化     一:34   三:8
2 |        物 程                         實     一:678
3 |  化       程 英                      經     二:56
4 |  化       程 英        ---->         物     二:7   三:12
   ------------------                    程     四:234
5 |     經        微                     微     四:78   五:56
6 |  實 經        微                     英     五:34
7 |  實 物        微
8 |  實    化 微
```

12. 撰寫程式檢查以下左邊選課時間表(courses2.dat@web)是否有衝堂，若有輸出如右側衝堂時間與課程。

```
微積分    四:78    五:56
物理      三:12    二:7
化學      三:8     一:34        星期二 第 7 節 ： 物理 天文
體育      四:6-8                星期三 第 2 節 ： 物理 計概
經濟      二:56         ---->   星期四 第 6 節 ： 體育 中文
天文      二:78                 星期四 第 7 節 ： 微積分 體育
程設      四:2-4                星期四 第 8 節 ： 微積分 體育
中文      四:5-6                星期五 第 6 節 ： 微積分 實驗
實驗      五:6-8
計概      三:2-4
```

13. 有一扭蛋機內有十組公仔，假設一組公仔有 n 個不同樣式的公仔，且每個扭蛋由扭蛋機出來的機率相同，請用程式模擬至少要扭多少次才能取得一組完整的公仔，輸出平均次數。以下為 n 分別在 [3,9] 間的模擬結果：

```
n   次數
3   4.992
4   7.4981
5   10.1152
6   12.8867
7   15.8292
8   18.7931
9   21.9676
```

14. 以下為某公司某月派遣員工的工作日期檔案(wdates.dat@web)：

```
1   趙志明   1,2,5-10,21-25,28
2   錢俊傑   1-5,8-12,13,18,29,30
3   孫建宏   2,4,8,10-20,23,27,29
4   李俊宏   3,6,8,10,12,14-20,23-29
5   周淑芬   1,3-4,6,9,15-20,22,24-30
6   吳淑惠   5,9,11-13,17-20,25,27
7   鄭美玲   1-10,20-30
8   王雅婷   2-4,5-10,13-24
9   劉美惠   3,5,8,12-20,24,26,29
10  陳麗華   4-9,12-19,23-30
11  汪淑娟   1,4,7-13,16-21,23,28-30
12  江怡君   1-8,10-15,20-25
```

撰寫程式，讀入檔案，依工作日數次序，由大到小重新排列，工作日數以中括號框住。派遣員工的日薪為 1200 元，輸出時也將月領薪資一併印出，格式如下：

```
 1 陳麗華 [22] 26400 4-9,12-19,23-30
 2 王雅婷 [21] 25200 2-4,5-10,13-24
 3 鄭美玲 [21] 25200 1-10,20-30
 4 江怡君 [20] 24000 1-8,10-15,20-25
 5 李俊宏 [19] 22800 3,6,8,10,12,14-20,23-29
 6 汪淑娟 [19] 22800 1,4,7-13,16-21,23,28-30
   ...
12 吳淑惠 [11] 13200 5,9,11-13,17-20,25,27
```

15. 有一簡單中文點矩陣檔案(cbitmap.dat@web)儲存 7×7 的中文點陣如下：

大 0x8 0x8 0x7f 0x8 0x14 0x22 0x41
中 0x8 0x8 0x7f 0x49 0x7f 0x8 0x8
小 0x8 0x8 0x2a 0x49 0x49 0x8 0x8
央 0x8 0x8 0x3e 0x2a 0x7f 0x14 0x63
土 0x8 0x8 0x3e 0x8 0x8 0x8 0x7f
...

總共包含「大中小央土木一二三四五六七八九十百」，撰寫程式，讀入：一些中文
字，印出其點陣圖形。若要輸出中文空白，請使用萬國碼(U+3000)空白字符，等同
chr(12288)。

> 中央一百

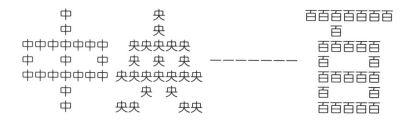

> 三百七十五

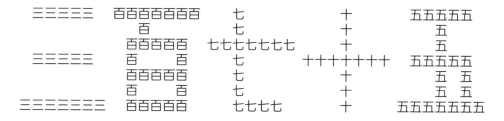

16. 參考第五章「中央」蝴蝶點陣習題[128]並使用上一題中文字點矩陣資料檔，輸入中文字
串，撰寫程式顯示各個中文字的蝴蝶點陣圖形，以下為輸入「中央一百」的蝴蝶點陣
圖：

> 中央一百

17. 讀入上上題資料檔，撰寫程式依各中文字所需「點」的數量，由少到多排列中文字的順序，輸出如下：

一 7	小 14	三 17	中 21	四 32
八 10	六 15	土 17	五 23	
二 12	大 16	九 18	央 23	
十 13	七 16	木 19	百 27	

18. 有一成語檔(idioms.dat@web)如下：

灌夫罵座	瓜田李下	病入膏肓	舟中敵國	馬革裹屍
焚膏繼晷	瓜李之嫌	盲人瞎馬	門可羅雀	…
無所適從	瓜代有期	運斤成風	閉月羞花	
班門弄斧	畫餅充飢	郢匠揮斤	防微杜漸	

撰寫程式，讀入成語檔，印出第一個字相同的成語，由個數多到少依次印出，每列最多印五個成語，輸出型式如下：

風 15
風言風語	風雨交加	風雲變幻	風起雲湧	風月無邊
風捲殘雲	風吹雨打	風雨無阻	風平浪靜	風兩飄搖
風調雨順	風雨同舟	風行一時	風馳電掣	風聲鶴唳

一 10
一竅不通	一箭雙雕	一飯千金	一語成讖	一鳴驚人
一曝十寒	一毛不拔	一衣帶水	一馬當先	一丘之貉

狼 7
狼吞虎嚥	狼嚎鬼哭	狼心狗肺	狼狽為奸	狼奔豕突
狼子野心	狼狽不堪			

如 6
如墮雲霧	如日東昇	如日方中	如雷貫耳	如魚得水
如虎添翼				

...

19. 使用上一題成語檔，撰寫程式讀入成語檔與筆劃檔(strokes.dat@web)，依照成語筆劃排列，列印時先以成語第一個字的筆劃區分，之後再依據各字的筆劃由少到多排列，程式輸出如下：

1 劃：		人仰馬翻	及瓜而代	鶴髮童顏
一毛不拔	一箭雙雕	八面玲瓏	三生有幸	
一丘之貉	一竅不通	人面桃花	上行下效	22 劃：
一衣帶水	一曝十寒		亡羊補牢	驚弓之鳥
一馬當先		3 劃：	…	驚濤駭浪
一飯千金	2 劃：	三人成虎		
一語成讖	七上八下	上下其手	21 劃：	28 劃：
一鳴驚人	九牛一毛	三令五申	鶴立雞群	鸚鵡學舌
	入木三分			

219

20. 讀入漢字筆劃檔[209](strokes.dat@web)與五言絕句檔[188](poems5.dat@web)，計算各首五言絕句的總筆劃數，印出前十首總筆劃數最少的五言絕句，由少到多排列。若總筆劃數一樣，則依次比較詩句各字的筆劃，也是由少到多，程式輸出如下：

```
 1 松下問童子，言師採藥去。只在此山中，雲深不知處。  158
 2 功蓋三分國，名成八陣圖。江流石不轉，遺恨失吞吳。  159
 3 客心爭日月，來往預期程。秋風不相待，先至洛陽城。  163
 4 空山不見人，但聞人語響。返景入深林，復照青苔上。  165
 5 白日依山盡，黃河入海流。欲窮千里路，更上一層樓。  166
 6 林暗草驚風，將軍夜引弓。平明尋白羽，沒在石棱中。  166
 7 三日入廚下，洗手作羹湯。未諳姑食性，先遣小姑嘗。  168
 8 北斗七星高，哥舒夜帶刀。至今窺牧馬，不敢過臨洮。  169
 9 江碧鳥逾白，山青花欲燃。今春看又過，何日是歸年。  172
10 孤雲將野鶴，豈向人間住。莫賣沃洲山，時人已知處。  178
```

以上筆劃數 166 劃的五言絕句共有兩首，但「白」比「林」少筆劃，故優先排在前面。

第九章：函式

函式就是將經常需重複使用的程式片段分離成一個獨立區塊等著隨時被呼叫執行，函式可用來簡化程式設計免得相同功能的程式碼被一再重複撰寫。當函式的程式片段被獨立出來後，也使得日後的程式維護工作變得輕鬆許多，一個大型的程式開發案總會撰寫許多功能不同的函式藉以簡化程式設計。

　　程式語言中的函式有如數學上的函數一樣，例如：$f(x, y) = \sin(2x) + \cos(y)$，有著函數名稱 $f(x, y)$、輸入參數 x, y、演算內容 $\sin(2x) + \cos(y)$ 、與計算後產生的數值 $f(0, 1)$。python 的函式設計也是如此，同樣有著函式名稱、輸入函式的資料、函式內部運作的程式碼與在函式結束回傳的資料。本章除了在內文中介紹如何定義函式，也將在範例中仔細說明如何設計函式與使用函式。

■ 函式：有著某特定功能的獨立程式區塊

> ▶ 語法

```
def fn( arg1 , arg2 , ... ) :          # 函式名稱：fn     參數：arg1, arg2 ...
    body                               # 函式內執行區塊
```

> ▶ 範例：階乘函式

```
def factorial( n ) :
    """輸入正整數計算階乘"""
    p = 1
    for i in range(2,n+1) : p *= i
    return p

print( '函式功能:' , factorial.__doc__ )
for n in range(1,4) :
    print( str(n) + '! =' , factorial(n) )
```

- 函式說明：
  緊接在函式名稱之後的字串(若有跨列則需使用三個引號)，此字串為函式說明文字，可使用「函式名稱.__doc__」取得字串，即 factorial.__doc__
- 回傳資料：
  使用 return arg 回傳 arg 值後離開函式，一個函式可有多個 return 式子，若無 return 則回傳 None

執行函式後輸出：

函式功能：輸入正整數計算階乘
1! = 1
2! = 2
3! = 6

⊛ 若重複定義相同名稱的函式，程式執行最後定義的函式

■ 函式參數設定：位置對應

▶ 參數位置對應：依參數設定次序一一對應

```
def power( a = 10 , n = 1 ) :
    p = 1
    for i in range(n) : p *= a
    return p
```

參數使用方式：

函式呼叫參數設定	運算結果	說明
power(3,2)	9	a = 3 , n = 2
power(3)	3	a = 3 , n = 1(預設值)
power()	10	a = 10(預設值) , n = 1(預設值)

▶ 預設值的設定順序由末尾往前設定

```
# 錯誤：末尾的 n 沒有設定預設值
def power( a = 10 , n ) :
    ....
```

```
# 正確：預設值由參數列末尾位置往前設定
def power( a , n = 1 ) :
    ....
```

■ 函式參數設定：名稱對應

▶ 參數名稱對應：不管參數設定次序，直接以參數名稱傳遞數值

```
# 計算年齡
def age( byear , cyear = 2017 ) :
    return  cyear - byear
```

函式呼叫參數設定	運算結果	說明
age(byear=2000)	17	byear = 2000, cyear = 2017(預設值)
age(cyear=2016,byear=2000)	16	byear = 2000, cyear = 2016
age(cyear=2016)	錯誤	byear 沒有設定
age(2017,byear=2000)	錯誤	byear 有兩個選擇
age(byear=2000,2020)	錯誤	見以下說明

■ 位置參數與名稱參數

▶ 位置參數：在呼叫函式時，參數名稱之後沒有等號

▶ 名稱參數：在呼叫函式時，參數名稱之後有等號

▶ **呼叫函式執行時，若同時使用兩種參數，名稱參數需在位置參數之後**

▶ 名稱參數也稱關鍵字參數，次序可隨意調整

```
# 定義 psum
def psum( a , b , c = 0 ) :
    return a * b + c

x , y , z = 3 , 4 , 5

# 執行：正確
print( psum( x, y ) )          # x y 為位置參數，輸出 12
print( psum( x, b=y ) )        # x 為位置參數，b 為名稱參數，輸出 12
print( psum( b=y, a=x ) )      # b a 為名稱參數，次序變更，輸出 12
print( psum( x, c=z, b=y ) )   # x 為位置參數，c b 為名稱參數，輸出 17

# 執行：錯誤
print( psum( a=x, b=y, z ) )   # a b 為名稱參數，z 為位置參數
                               # 名稱參數要在位置參數之後 ！！

# 執行：錯誤
print( psum( a=3, y ) )        # a 為名稱參數，y 為位置參數
                               # 名稱參數要在位置參數之後 ！！
```

■ 函式要在使用前定義

▶ 串列元素 n 次方：無回傳(等同回傳 None)

```
# 更動串列參數數值
def powers( foo , n = 1 ) :        # (1) 需先定義函式
    for i in range(len(foo)) :
        foo[i] = foo[i]**n
    return

a = [2, 3]
powers(a,4)                        # (2) 才能使用
print(a)                           # 輸出 [16, 81]
```

▶ 串列元素 n 次方：有回傳

```
# 沒有變更串列參數數值
def powers( foo , n = 1 ) :        # 定義函式
    return [ c**n for c in foo ]

a = [2, 3]
b = powers(a)                      # a = [2, 3]  b = [2, 3]
c = powers(a,3)                    # a = [2, 3]  c = [8, 27]
```

```
    d = powers( foo=a , n=3 )          # a = [2, 3]   d = [8, 27]
    e = powers( n=3, foo=a )           # a = [2, 3]   e = [8, 27]
```

■ 大型程式的開發方式：倒裝寫法

1. 檔案前端定義主函式 main()

2. 程式執行步驟寫於主函式內

3. 程式其餘函式定義於主函式之後

4. 檔案末尾執行主函式 main()

```
 def main() :                          # (1) 定義主函式 main()

     while True :                      # (2) 程式步驟寫在主函式內

         n = int( input("> ") )

         for i in range(1,n+1) :
             a = list( range(1,i+1) )

             for x in powers(a,2) :
                 print( x , end=" " )
             print()

 # 產生 foo 串列元素的 n 次方串列
 def powers( foo , n = 1 ) :           # (3) 其餘函式定義於主函式之後
     return [ c**n for c in foo ]

 main()                                # (4) 最後執行主函式
```

輸出：

```
> 3                    > 4
1                      1
1 4                    1 4
1 4 9                  1 4 9
                       1 4 9 16
```

■ 星號參數：傳遞不等數量參數到函式成為常串列或字典

▶ 單星號參數成常串列，雙星號參數成字典

▶ 不可有一個以上單星號(雙星號)參數，但兩者可搭配使用

▶ 單星號參數：接收不等數量位置參數

```
# 元素相乘
def prod( n , *args ) :                # args 是常串列(tuple)
    p = n
    for x in args : p *= x
    return  p
```

函式呼叫參數設定	運算結果	說明
prod()	錯誤	n 沒有指定
prod(3)	3	n=3 , args=()
prod(3,2)	6	n=3 , args=(2,)
prod(3,4,2)	24	n=3 , args=(4,2)

- 星號參數之後不可使用沒有預設值的參數

```
# 錯誤：除非 p 有預設值
def ssum( *args , p ) :
    return  sum( [ x**p for x in args ] )
```

```
# 正確：預設值參數要由末尾往前設定
def ssum( *args , p = 1 ) :
    return  sum( [ x**p for x in args ] )
```

```
print( ssum(3) )                    # args=(3,)      p=1    列印：3
print( ssum(3,2) )                  # args=(3,2)     p=1    列印：5
print( ssum(3,2,2) )                # args=(3,2,2)   p=1    列印：7
print( ssum(*(3,2),2) )             # 同上
print( ssum(3,2,2,p=2) )            # args=(3,2,2)   p=2    列印：17
```

⊛ 預設值參數之前若有星號參數，則需使用名稱設定

▶ 雙星號參數：接收不等數量名稱參數

```
# 列印社員相關資料
def member( name , **rec ) :

    print( name + ":" )
    for k in sorted( rec ) :
        print( k , ":" , rec[k] , sep="" , end=" " )

    print( end="\n" if len(rec) else "" )
```

函式呼叫參數設定	輸出	說明
member("Amy")	Amy:	name = 'Amy' rec = {}
member("Amy","Tom")	錯誤	無法接收 'Tom'
member("Amy",age=10)	Amy: age:10	name = 'Amy' rec = {'age':10}
member("Amy",age=10,dog=2)	Amy: age:10 dog:2	name = 'Amy' rec = {'age':10, 'dog':2}
member(name="Amy",age=10,dog=2)	同上	同上
member(dog=2,age=10,name="Amy")	同上	同上

▶ 混合單星號與雙星號：單星號取得位置參數，雙星號取得名稱參數

```python
# 列印社員，社員朋友與社員相關資料
def member( name , *friends , **rec ) :

    print( name , ":" , " ".join(friends) , sep="" )
    for k in sorted( rec ) :
        print( k , ":" , rec[k] , sep="" , end=" " )

    print( end="\n" if len(rec) else "" )
```

函式呼叫參數設定	輸出	說明
member("Amy")	Amy:	name = 'Amy' friends = () rec = {}
member("Amy","Lee")	Amy:Lee	name = 'Amy' friends = ('Lee',) rec = {}
member("Amy","Lee","Tom", age=10)	Amy:Lee Tom age:10	name = 'Amy' friends = ('Lee','Tom') rec = {'age':10}
member("Amy",age=10,dog=2)	Amy: age:10 dog:2	name = 'Amy' friends = () rec = {'age':10, 'dog':2}
member(name="Amy", age=10,dog=2)	同上	同上
member(age=10,dog=2, name="Amy")	同上	同上
member("Lee","Tom",age=10, name="Amy",dog=2)	錯誤	name 有兩筆設定值， 可為 "Lee" 或 "Amy"

⊛ **名稱參數需在位置參數之後**

■ 拆解串列或字典傳遞參數

▶ 單星號拆解串列傳入函式：

```python
# 計算 [a,b] 之間數字和
def rsum(a,b) :
    s = 0
    for i in range(a,b+1) : s += i
    return s

# 計算 2+3+4
print( rsum(2,4) )                    # a = 2  b = 4  印出：9
```

```
no = (-2,4)
print( rsum(no[0],no[1]) )          # a = -2  b = 4   印出：7

print( rsum(*no) )                  # 同上，單星號拆解串列，依次對應到函式參數
print( rsum(*(-2,4)) )              # 同上

print( rsum(no) )                   # 錯誤，rsum 需要兩個參數
```

▶ 雙星號拆解字典傳入函式：字典的索引需與函式參數名稱一樣

```
# 計算輸入科目的加權平均值
def  avg( math , phy , eng=0 ) :
    if eng == 0 :
        return (3*math + 2*phy) // 5
    else :
        return (3*math + 2*phy + eng) // 6

Tom = { 'phy':60 , 'math':90 }
Amy = { 'phy':60 , 'math':90 , 'eng':30 }

# math , phy , eng = 90 , 60 , 0
print( avg(90,60) )                 # 78
print( avg(**Tom) )                 # 同上，雙星號拆解字典

# math , phy , eng = 90 , 60 , 30
print( avg(90,60,30) )              # 70
print( avg(**Amy) )                 # 同上，雙星號拆解字典
```

  • 遺漏雙星號或是輸入的字典索引與函式參數名稱不同，都會造成錯誤

```
    Lee = { 'phy':60 , 'math':90 }
    Joe = { 'phy':60 , 'math':90 , 'chem':30 }

    print( avg(Lee) )               # 錯誤，遺漏雙星號
    print( avg(**Joe) )             # 錯誤，avg 函式沒有 chem 參數名
```

■ 函式內的變數

▶ 局部變數：定義於函式內的變數都在函式內部使用，不對外影響

```
def add_n( num , n ) :
    num += n                        # num 與 n 都為局部變數，不對外影響
    return  num

num = 3                             # num = 3
print( add_n(num,5) )               # 印出 8，num 仍不會改變
print( n )                          # 錯誤，n 沒有定義
```

▶ 全域變數：在函式內部的變數前若有 global，代表此變數為整個程式碼共用

```
# 印出半徑由 1 到 9 的圓面積
def main() :
```

```
        global pi                          # pi 為全域變數
        pi = 3.14
        for r in range(1,10) :
            print(circle_area(r))

    def  circle_area( rad ) :
        global pi                          # pi 為全域變數
        return rad*rad*pi

    main()
```

▶ 全域變數可在某函式內被更動，易讓程式難以除錯，應避免使用

```
# 使用全域變數：                        # 沒有使用全域變數：
# 在 main() 函式內較難得知 x 被變動      # 在 main() 函式內清楚知道 x 被變動
def main() :                            def main() :
    global x                                x = 1
    x = 1                                   x += fn(x)     # x 變為 6
    fn()        # x 在 fn() 變為 6          print(x)       # 印出 6
    print(x)    # 印出 6
                                        def fn( a ) :
def fn() :                                  a += 5
    global x                                return a
    x += 5      # 更動全域變數數值
                                        main()
main()
```

■ 可更動與不可更動型別

▶ python 的基本型別中有些可在原位址變更內容，有些則需另找空間儲存新資料，前者稱為 mutable 型別，後者稱為 immutable 型別，例如：以下的 a 為整數，當 a 更改數值時，a 的位址也會隨之變更，不會留在原位址。

```
>>> a = -10
>>> id(a)                # 原 a 位址：139977189736752
>>> a = 1000
>>> id(a)                # 新 a 位址：139977327589520
```

若是串列型別，更動資料並不會影響儲存位址，因串列為 mutable 型別

```
>>> b = [500,1000]
>>> id(b)                # 輸出地址：139977189760136
>>> b.append(2000)
>>> id(b)                # 地址不變，同上
```

若更改 b[0] 元素，因 b[0] 為整數型別，更改後 b[0] 會移到新空間儲存資料，但原有串列為 mutable，更改個別元素不會影響串列位址

```
>>> id(b[0])             # b[0] 原位址：139977327589520
>>> b[0] = 600
>>> id(b[0])             # b[0] 新位址：139977189736784
>>> id(b)                # b  位址不變：139977189760136
```

type	型別	M/I	樣式
int	整數	I	23, -761
float	浮點數	I	1.2, -234e-2
str	字串	I	"hello", "123"
boolean	布林數	I	True, False
complex	複數	I	1-1j, -2.7+3j
list	串列	M	[3], [7,"abc",3+2j]
tuple	常串列	I	(4,), ("ab",2)
set	集合	M	{8,2,9}
frozenset	凍集合	I	frozenset([8,2])
dict	字典	M	{"貓":'cat', "狗":'dog'}
bytearray	位元組序列	M	bytearray(b'cat')
bytes	常位元組序列	I	b'cat', bytes([99,97,116])

圖 9.2: python 設定的可更動(M)/不可更動(I)型別

⊛ 圖 9.2 為 python 中的可更動(M)/不可更動(I)型別

■ 函式參數值的更改

▶ 變數透過參數列傳入函式時並不會複製資料，僅是在函式內多個名稱可取用變數

▶ immutable 型別參數在函式內的更動會變換儲存位置，與原傳入變數脫離關係

▶ mutable 型別參數在函式內的更動不會變換儲存位置，會影響原傳入變數

```
# a 為整數(I)， b 為串列(M)
def change_vals( a , b ) :
    print(a)                    # 列印傳進來的 a 參數值
    a = 10                      # a 另找空間儲存 10， a 與 foo 脫離關係
    b.append(5)                 # b 串列增加一個元素

# foo 為整數(I)，bar 為串列(M)
foo , bar = 3 , [4, 9]          # foo = 3 , bar = [4, 9]

# 在函式內變更兩參數資料
change_vals(foo,bar)            # a , foo 同位址, b , bar 同位址

# foo 整數不變，bar 串列會變動
print( foo , bar )              # foo = 3 , bar = [4, 9, 5]
```

⊛ python 無法透過函式參數傳遞來修改 immutable 參數

▶ immutable 型別參數可透過函式回傳變更

```
def inc_one( s , t ) :          # s , t 與原傳入參數同址
    s += 1                      # s 另尋空間存新值
    t += 1                      # t 另尋空間存新值
    return s , t                # 回傳 s , t
```

```
    a , b = 2 , 5
    a , b = inc_one(a,b)                    # a , b 更動為 3 , 6
```

▶ 串列參數若指定到新串列，之後的設定不影響原傳入串列

```
def change_lists( a , b ) :
    a = [3]                        # a 指定到新串列，與原傳入 foo 串列脫離關係
    b[0] = 5                       # 修改 b[0] 元素

foo , bar = [9] , [2, 7]
change_lists( foo , bar )

print( foo , bar )                 # foo = [9] , bar = [5, 7]
```

▶ 大樂透程式
以下集合物件 fset 儲存不重複的樂透號碼，fset 物件透過大樂透號碼函式產生六個
號碼存入集合物件，集合為可更動型別，程式可在函式中更改集合物件內容

```
from random import *

# 產生 n 個樂透號碼存於 bset
def lottery( bset , n = 6 ) :
    while True :
        bset.add( randint(1,49) )
        if len(bset) == n : return

fset = set()
lottery( fset )

print( " ".join( map( str , sorted(fset) ) ) )
```

輸出：

```
  4 12 20 46 47 48
```

■ 函式的參數可以是函式

  ▶ 函式可當成參數傳入另一個函式使用

  ▶ 當成參數的函式可以為一般函式或是 lambda 函式

  ▶ 此種函式有很大的使用自由度

```
# 計算 fn 函式在 [a,b] 之間的函式值和
def fsum( fn , a , b ) :
    s = 0
    for x in range(a,b+1) : s += fn(x)      # fn 為傳入的函式參數
    return s

# 定義兩個簡單 lambda 函式
sqr = lambda x : x**2
cubic = lambda x : x**3
```

```
print( fsum(sqr,1,10) )              # 印出 1 .. 10 的平方和：385
print( fsum(cubic,1,10) )            # 印出 1 .. 10 的立方和：3025
```

▶ 定義函式來畫函式圖

```
import pylab
pylab.figure(facecolor='w')

# 在 [a,b] 區間取 n 個點畫 f 函式
def plot_fn( f , a , b , n ) :
    xs = pylab.linspace(a,b,n)       # [a,b] 取 n 個等分點存成 xs array 物件
    ys = f(xs)                       # ys array 物件為 xs 每個 x 的函式值
    pylab.plot(xs,ys,lw=2)           # lw 為線寬

# h = 2 sin(x) + 4 cos(x)
def h( x ) :
    return  2 * pylab.sin(x) + 4 * pylab.cos(x)

# 在 [-1,2] 之間取 100 個點畫 h 函式
plot_fn( h , a=-1 , b=2 , n=100 )

# 在 [-1,2] 之間取 50 個點畫 lambda 函式：x**3 - x**2 + 1
plot_fn( lambda x : x**3 - x**2 + 1 , -1 , 2 , 50 )

pylab.axis()
pylab.grid()
pylab.show()
```

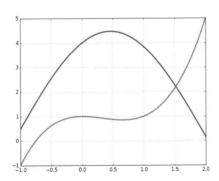

⊛ ys = f(xs) 為向量化運算，可參考第 106 頁

■ 進階排序：設計函式比大小

▶ foo.sort(key=fn)：foo 串列依 fn 函式設定重新排列，沒有回傳

▶ sorted(foo,key=fn)：回傳 foo 串列依 fn 函式設定排列的結果，foo 保持不變

▶ 排序範例

　# 比較日期：先年後月，由小到大

```
def by_small_date(x) :
    s = x.split('/')
    return  ( int(s[1]) , int(s[0]) )

# 比較日期：先年後月，由大到小
def by_big_date(x) :
    s = x.split('/')
    return  ( -int(s[1]) , -int(s[0]) )

dates = [ '2/2010' , '9/2010' , '7/2009' , '7/2008' ]

# 印出日期由小到大的排序結果
for date in  sorted( dates , key=by_small_date ) :
    print( date , end="  " )
print()

# 印出日期由大到小的排序結果
for date in  sorted( dates , key=by_big_date ) :
    print( date , end="  " )
print()
```

分別輸出：

```
7/2008   7/2009   2/2010   9/2010
9/2010   2/2010   7/2009   7/2008
```

■ 微分方程式數值求解：$y' = \sqrt[3]{x} \sin x + 0.2$

微分方程式在 $x = x_i$ 為 $y'_i = f(x_i, y_i)$，y_i 代表 $y(x_i)$，由微分定義可知：

$$y'_i = \lim_{\Delta x \to 0} \frac{y_{i+1} - y_i}{\Delta x} \approx \frac{y_{i+1} - y_i}{\Delta x}$$

代入 $y'_i = f(x_i, y_i)$ 後得：

$$y_{i+1} \approx y_i + \Delta x\, f(x_i, y_i) \qquad i = 0, 1, 2, \ldots$$

　　此公式需設定起始條件才能求解，若讓 $y_0 = c$，c 要一開始就給定，整個數值求解才能開始。以上的數值求解法稱為 Euler method，這是最簡單的數值法用來計算起始值問題(initial value problem)，缺點為計算精度偏低，若要得到較好的結果，Δx 要越小越好。

　　本程式利用函式來定義 $y'(x)$ 函數，並使用 c 迴圈來設定三個起始值，數值分別為 0、5、10，對相同微分方程式，三個不同起始值代表三個不同的微分方程式，可產生三個數值解。一般來說，所有起始值微分方程的數值方法，離起始點越遠，誤差越大。

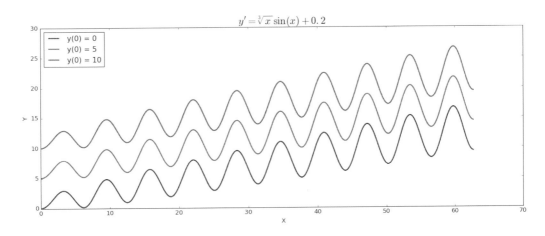

程式 ……………………………………………………………………… sinode.py

```
01    import pylab
02
03    #----------------------------------------
04    # y' = x**(1/3) sin(x) + 0.2
05    #
06    # i.c.  y(0) = val     val = range(0,11,5)
07    #----------------------------------------
08    def fn(x) :
09        return  x**(1/3) * pylab.sin(x) + 0.2
10
11    # 設定周邊空白區域為白色
12    pylab.figure(facecolor='white')
13
```

```
14    # 設定 [a,b] 與執行次數
15    a , b , n = 0 , 20*pylab.pi , 500
16    dx = (b-a)/n
17
18    # 設定 xs , ys
19    xs = [ a + i*dx for i in range(n+1) ]
20    ys = [None] * (n+1)
21
22    # c  ：起始值，在此分別為 0 5 10 三數
23    # 以下計算相同微分方程式但不同起始值的解答
24    for c in range(0,11,5) :
25
26        ys[0] = c
27
28        for i in range(n) :
29            ys[i+1] = ys[i] + dx * fn(xs[i])
30
31        sym = 'y(0) = ' + str(ys[0])
32
33        pylab.plot(xs,ys,label=sym,lw=2)
34
35    # 設定圖形標頭文字
36    pylab.title(r"$y' = \sqrt[3]{x}\, \sin(x) + 0.2$",fontsize=20)
37
38    # 設定 X 軸與 Y 軸文字
39    pylab.xlabel('X')
40    pylab.ylabel('Y')
41
42    # 設定各線條圖例位置
43    pylab.legend(loc='upper left')
44
45    pylab.show()
```

■ 大樂透對獎

用程式產生大樂透中獎號碼與十組彩券號碼，印出中獎的號碼個數與號碼，輸出如下：

```
 4 15 16 25 27 37
24 33 39 42 45 48 : 0 -->
 1 12 15 19 24 42 : 1 --> 15
 9 14 25 38 41 46 : 1 --> 25
 2  9 10 33 38 45 : 0 -->
 5 18 23 30 42 47 : 0 -->
 5 25 34 41 44 48 : 1 --> 25
 6 11 13 14 30 41 : 0 -->
 1  3 11 28 38 44 : 0 -->
 5 16 24 31 33 46 : 1 --> 16
 4 15 28 31 37 40 : 3 --> 4 15 37
```

　　本題使用集合物件儲存中獎號碼與彩券號碼，利用集合物件的交集函式找出兩組樂透號碼的相同號碼。在列印集合的樂透號碼時，為便於比對號碼利用 sorted 排序使得號碼是由小到大排列。本範例程式特別利用主函式 main()[224] 以倒裝寫法來撰寫程式，這種程式撰寫方法將程式的主要執行步驟都寫在主函式內，且置於檔案前端，方便他人觀察整個程式的執行架構，有利於程式的維護與開發。

　　對小程式來說，以函式來撰寫程式或許不需要。但對龐大的程式問題來說，將程式步驟以功能切割成一個個函式區塊，整個程式設計問題就轉變為許多小型函式區塊設計，設計規模由大縮小，適度的簡化程式設計難度，使得程式設計較容易駕馭，這種程式設計方式為由上而下的程式設計(Top-Down design)，是透過函式設計來達成的。

程式 .... lottery.py

```
01   from random import *
02
03   def main() :
04
05       # 樂透號碼數
06       num = 6
07       fset , cset = set() , set()
08
09       # 產生 num 數字的中獎號碼
10       lottery( fset , num )
11
12       # 樂透中獎號碼
13       wset = frozenset(fset)
14
15       # 由小到大印出中獎號碼
16       print( " ".join(map(lambda x : "{:>2}".format(str(x)),sorted(wset))) )
17
18       # 彩券號碼
19       for i in range(10) :
20
```

```
21          fset = set()
22
23          # 產生 num 數字彩券號碼
24          lottery( fset , num )
25
26          # 找出中獎號碼與彩券號碼相同數字
27          cset = check_num(wset,fset)
28
29          print( " ".join( map( lambda x : "{:>2}".format(str(x)),
30                             sorted(fset))) ,
31               ':', len(cset) , '-->' ,
32               " ".join(map(str,sorted(cset))) )
33
34  # 產生 n 個號碼的樂透號碼
35  def lottery( bset , n ) :
36      while True :
37          bset.add( randint(1,49) )
38          if len(bset) == n : return
39
40  # 找出兩組樂透號碼的相同號碼
41  def check_num( aset , bset ) :
42      return aset.intersection(bset)
43
44  # 執行主函式
45  main()
```

■ 印製年曆

印製年曆首先要應用由日期推算星期幾的公式，推算公式如下：

$$(Y + \lfloor Y/4 \rfloor - \lfloor Y/100 \rfloor + \lfloor Y/400 \rfloor + \lfloor 2.6 \times M - 0.2 \rfloor + D)\ \text{mod}\ 7$$

以上公式中的年(Y)、月(M)兩數字不同於實際日期的年與月，在公式中，每年的三月被當成公式中的一月，四月為二月，次年的一、二月為公式中當年的十一、十二月。例如：西元日期 2000 年 1 月 1 日，在公式則為 Y = 1999，M = 11，D = 1。又如西元 1999 年 12 月 31 日，在公式則為 Y = 1999，M = 10，D = 31。公式中的 $\lfloor x \rfloor$ 為 x 的整數部份，mod 為餘數運算子。公式回傳 [0,6] 之間整數，分別代表星期日、星期一到星期六。

本範例程式總共有四個函式，除 main 函式外，其他三個函式作用分別是 (1)計算某年是否為閏年？ (2)求得某年月的天數 (3)求得某日是星期幾。有了這三個函式協同運作，列印年曆過程就變得很直接，程式由兩層迴圈組成，外迴圈為月份迴圈，內迴圈為日期迴圈。此外程式有兩個小細節，分別為每月初一的前面空格算法，與要記得每印完星期六後隨即要跳列。整體來說，年曆列印問題是一個簡單且直接的函式應用問題。

程式 .... cal.py

```
01   def main() :
02
03       wstrs = ( "Sun" , "Mon" , "Tue" , "Wed" , "Thu" , "Fri" , "Sat" )
04       w = 4
05       fmt = "{:>" + str(w) + "}"
06
07       while True :
08
09           y = int( input("輸入西元年> ") )
10
11           # 由 1 月到 12 月
12           for m in range(1,13) :
13
14               # 列印月名與一周的星期字串
15               print( " "*12 , m , "月" )
16               for s in wstrs : print( fmt.format(s) , end="" )
17               print()
18
19               # 計算每月一日是星期幾與當月的天數
20               wday , mdays = weekday(y,m,1) , mondays(y,m)
21
22               # 先印每月一日之前的空格
23               print( " "*int(w*wday) , end="" )
24
25               # 列印每一天日期
26               for d in range(mdays) :
27
```

```
28                          print( fmt.format(d+1) , end= ("" if wday<6 else "\n" ) )
29                          wday = ( wday + 1 if wday < 6 else 0 )
30
31                  print("\n")
32
33      # 某年是否為閏年
34      def isleap( y ) :
35          return True if y%400 == 0 or ( y%100 and y%4 == 0 ) else False
36
37      # 某年某月的日數
38      def mondays( y , m ) :
39          days = [ 31 , 28 , 31 , 30 , 31 , 30 ,
40                   31 , 31 , 30 , 31 , 30 , 31 ]
41          if m == 2 :
42              return 29 if isleap(y) else 28
43          else :
44              return days[m-1]
45
46      # 計算某年月日星期幾
47      def weekday( y , m , d ) :
48          ( y , m ) = ( y-1 , m+10 ) if m < 3 else ( y , m - 2 )
49          return ( y + y//4 - y//100 + y//400 + int(2.6*m-0.2) + d )%7
50
51
52      # 執行主函式
53      main()
```

輸出：

```
輸入西元年> 2000
            1 月
Sun Mon Tue Wed Thu Fri Sat
                          1
 2   3   4   5   6   7   8
 9  10  11  12  13  14  15
16  17  18  19  20  21  22
23  24  25  26  27  28  29
30  31

            2 月
Sun Mon Tue Wed Thu Fri Sat
         1   2   3   4   5
 6   7   8   9  10  11  12
13  14  15  16  17  18  19
20  21  22  23  24  25  26
27  28  29

            3 月
Sun Mon Tue Wed Thu Fri Sat
             1   2   3   4
 5   6   7   8   9  10  11
12  13  14  15  16  17  18
19  20  21  22  23  24  25
26  27  28  29  30  31

            4 月
Sun Mon Tue Wed Thu Fri Sat
                          1
 2   3   4   5   6   7   8
 9  10  11  12  13  14  15
16  17  18  19  20  21  22
23  24  25  26  27  28  29
30

            5 月
Sun Mon Tue Wed Thu Fri Sat
     1   2   3   4   5   6
 7   8   9  10  11  12  13
14  15  16  17  18  19  20
21  22  23  24  25  26  27
28  29  30  31

            6 月
Sun Mon Tue Wed Thu Fri Sat
                 1   2   3
 4   5   6   7   8   9  10
11  12  13  14  15  16  17
18  19  20  21  22  23  24
25  26  27  28  29  30
```

```
            7 月
Sun Mon Tue Wed Thu Fri Sat
                          1
 2   3   4   5   6   7   8
 9  10  11  12  13  14  15
16  17  18  19  20  21  22
23  24  25  26  27  28  29
30  31

            8 月
Sun Mon Tue Wed Thu Fri Sat
         1   2   3   4   5
 6   7   8   9  10  11  12
13  14  15  16  17  18  19
20  21  22  23  24  25  26
27  28  29  30  31

            9 月
Sun Mon Tue Wed Thu Fri Sat
                     1   2
 3   4   5   6   7   8   9
10  11  12  13  14  15  16
17  18  19  20  21  22  23
24  25  26  27  28  29  30

           10 月
Sun Mon Tue Wed Thu Fri Sat
 1   2   3   4   5   6   7
 8   9  10  11  12  13  14
15  16  17  18  19  20  21
22  23  24  25  26  27  28
29  30  31

           11 月
Sun Mon Tue Wed Thu Fri Sat
             1   2   3   4
 5   6   7   8   9  10  11
12  13  14  15  16  17  18
19  20  21  22  23  24  25
26  27  28  29  30

           12 月
Sun Mon Tue Wed Thu Fri Sat
                     1   2
 3   4   5   6   7   8   9
10  11  12  13  14  15  16
17  18  19  20  21  22  23
24  25  26  27  28  29  30
31
```

■ 選課排序

讀入一個修課時間檔案(schedule.dat@web)，依課程每周第一次上課時間排序，將結果印出來。以下左側為修課時間，每列包含課程名稱與授課時間，右側則為排序後的結果。例如：化學在星期一的第三節是一周中最早上課時間，其次是經濟學在星期二的第五節，其他依此類推。

微積分	四:78	五:56			化學	三:8	一:34
物理	三:12	二:7	---->		經濟	二:56	
化學	三:8	一:34			物理	三:12	二:7
經濟	二:56		---->		國文	三:56	
英文	五:34				體育	四:34	
體育	四:34		---->		微積分	四:78	五:56
國文	三:56				英文	五:34	

本範例是一個排序問題，但排序的條件卻有些複雜，困難點來自要找出每門課於一周的最早上課時間，這要透過比較該門課的所有上課時間才能找到。此外各門課的最早上課時間也不一定排在最前面，例如：化學課的最早上課時間是星期一的第三節，資料排在末尾。在這種情況下，往常的排序函式僅使用 key=lambda ... 方式是無法勝任的，在此就需使用特殊的排序規則函式來處理。

觀察輸出結果，可知其與課程檔各列的資料一樣，僅是順序不同而已。如此，在由課程檔讀入各列資料後，整列的課程名稱與上課時間就以原字串直接存入串列，不需作任何處理，所有的資料截取與比較動作都在排序規則函式中進行。由於課程時間是以「中文數字:若干個英文數字」方式設定，例如：化學上課時間為 三:8 一:34 共三個小時，各小時需要將其轉為一個數字，用來比較該節課在一周上課的前後。在這裡使用一個簡單方式，即將漢字數字一到五變為十位數的 0 到 4，節數變為個位數。如此一來化學課的三個上課時段，就變為 28、3、4。3 為最小，就用來代表化學的最早上課時間與其他門課的同等數字比較。

在程式中的排序規則函式，by_weekly_earlier_hr，首先分解各列取出上課時間，在迴圈中將各個上課時間再度依冒號分解為中文數字與英文數字字串，由此利用前述方法將各個上課鐘點轉為數字，回傳最小值。在程式中，中文數字所對應的數字是先在主函式處理存成字典，名稱為 c2n，再透過 global 方式給排序規則函式使用，這是不得已的作法，因為排序規則函式僅接受由排序函式 sort 傳入的串列元素參數。在正常的情況下程式設計要避免使用 global 變數，在下個範例會詳加說明使用 global 的缺點。

程式 .... schedule_sort.py

```
01   def main() :
02
03       global    c2n
04
05       cnum = '一二三四五'
06       c2n = dict( [ ( b , a ) for a , b in enumerate(cnum) ] )
07
```

```
08          # 讀檔
09          with open("schedule.dat") as infile :
10              schedules = infile.readlines()
11
12          # 依據課程在一周內最早上課時間排序
13          schedules.sort( key=by_weekly_earlier_hr )
14
15          # 列印
16          for s in schedules :
17              print( s.strip() )
18
19      # 設定排序標準
20      def    by_weekly_earlier_hr( schedule ) :
21
22          global c2n
23
24          # 分解課名與上課時間
25          course , *csect = schedule.split()
26
27          all = []
28          for p in csect :
29              # 拆解上課時間
30              a , b = p.split(':')
31              w = c2n[a]
32
33              # 將此門課所有上課時間以整數表示
34              for c in b :
35                  s = int(c)
36                  all.append(w*10+s)
37
38          # 回傳該門課在一周最早上課時間所代表的整數
39          return    min(all)
40
41      # 執行主函式
42      main()
```

本題另有一種作法，即在讀入課程檔時，立即計算該門課的最早上課時間對應數字，將課名與數字存入字典 snum，其資料為 {'化學':3，'國文':25 , ..., }。在排序時，只要用 split() 取得第一筆字串(即課名)，馬上可使用 snum 得到該課最早上課時間的對應數字，以此數字當成排序標準。這種程式寫法避免了之前程式需要不斷地執行排序規則函式，會讓程式執行更有效率。

程式 .... schedule_sort_v2.py

```
01      def main() :
02
03          global    snum
04
05          cnum = '一二三四五'
06          c2n = dict( [ ( b , a ) for a , b in enumerate(cnum) ] )
```

```
07
08          # 課程與上課時間
09          schedules = []
10
11          # 字典，儲存課名與一周最早上課時間比較數字
12          snum = {}
13
14          # 讀檔
15          with open("schedule.dat") as infile :
16
17              for line in infile :
18
19                  schedule = line.strip()
20                  schedules += [ schedule ]
21
22                  # 回傳課程與其一周最早上課時間比較數字
23                  course , num = course_eariler_number(schedule,c2n)
24
25                  # 存入字典
26                  snum[course] = num
27
28          # 依據課程在一周內最早上課時間排序
29          schedules.sort( key = lambda s : snum[s.split()[0]] )
30
31          # 列印
32          for s in schedules :
33              print( s.strip() )
34
35
36  # 尋找最早上課時間代表數字
37  def  course_eariler_number( schedule , c2n ) :
38
39          # 分解課名與上課時間
40          course , *csect = schedule.split()
41
42          all = []
43          for p in csect :
44              # 拆解上課時間
45              a , b = p.split(':')
46              w = c2n[a]
47
48              # 將此門課所有上課時間以整數表示
49              for c in b :
50                  s = int(c)
51                  all.append(w*10+s)
52
53          return ( course , min(all) )
54
55
56  # 執行主函式
57  main()
```

242

■ 中文成語筆劃排序

一些中文書末尾的索引通常依照各字的筆劃數由筆劃少排到筆劃多，如果第一個字筆劃一樣，則依次比之後的字。本題讀入筆劃檔(strokes.dat@web)與成語檔(idioms.dat@web)，依筆劃數將成語由筆劃少排到筆劃多，輸出時連同成語各字的筆劃數一起顯示以茲比對，有關筆劃檔格式詳見第八章中文筆劃數範例[209]。

原始成語檔為每列一個成語：

灌夫罵座	郢匠揮斤	千慮一得	愚公移山	一箭雙雕	三人成虎
焚膏繼晷	舟中敵國	及瓜而代	才高八斗	一錢不值	三令五申
無所適從	門可羅雀	口若懸河	指鹿為馬	一飯千金	上行下效
燃膏繼晷	閉月羞花	口蜜腹劍	暴虎馮河	一語成讖	上下其手
班門弄斧	防微杜漸	同歸殊塗	木人石心	一髮千鈞	不值一錢
瓜田李下	馬革裹屍	國色天香	李下瓜田	一鳴驚人	九牛一毛
瓜李之嫌	負荊請罪	塞翁失馬	杜漸防微	一鼓作氣	亡羊補牢
瓜代有期	入木三分	大義滅親	殊途同歸	一敗塗地	人面桃花
畫餅充飢	出人頭地	天香國色	毛皮之附	一曝十寒	七上八下
病入膏肓	刻舟求劍	天涯海角	毛遂自薦	一毛不拔	八面玲瓏
盲人瞎馬	功虧一簣	季布一諾	江郎才盡	三生有幸	
繼晷焚膏	勢如破竹	守株待兔	沉魚落雁	三顧茅廬	
運斤成風	千鈞一髮	弄斧班門	一竅不通	三折其肱	

要輸出的成語排列型式：

1 劃：
一毛不拔 1-4-4-8
一敗塗地 1-11-13-6
一飯千金 1-12-3-8
一鼓作氣 1-13-7-10
一語成讖 1-14-6-24
一鳴驚人 1-14-22-2
一髮千鈞 1-15-3-12
一箭雙雕 1-15-18-16
一錢不值 1-16-4-10
一竅不通 1-18-4-10
一曝十寒 1-19-2-12

2 劃：
七上八下 2-3-2-3
九牛一毛 2-4-1-4
入木三分 2-4-3-4
八面玲瓏 2-9-9-20
人面桃花 2-9-10-7

3 劃：
三人成虎 3-2-6-8
上下其手 3-3-8-4
三令五申 3-5-4-5
及瓜而代 3-5-6-5
三生有幸 3-5-6-8
上行下效 3-6-3-10
亡羊補牢 3-6-12-7
三折其肱 3-7-8-8
口若懸河 3-8-20-8
才高八斗 3-10-2-4
千鈞一髮 3-12-1-15
大義滅親 3-13-13-16
口蜜腹劍 3-14-13-15
千慮一得 3-15-1-11
三顧茅廬 3-21-8-19

4 劃：
木人石心 4-2-5-4
毛皮之附 4-5-3-7

天香國色 4-9-11-6
不值一錢 4-10-1-16
天涯海角 4-11-10-7
毛遂自薦 4-12-6-16

5 劃：
出人頭地 5-2-16-6
瓜代有期 5-5-6-12
瓜田李下 5-5-7-3
瓜李之嫌 5-7-3-13
功虧一簣 5-17-1-18

6 劃：
舟中敵國 6-4-15-11
江郎才盡 6-8-3-14
守株待兔 6-10-9-8
防微杜漸 6-13-7-14
同歸殊塗 6-18-10-13
...

以上的輸出看似複雜，但這僅是成語資料的列印程序而已。整個問題若以程式設計的角度來看卻是很簡單，程式流程大概可區分為以下幾個連串步驟：

1. 讀取筆劃檔取得所有漢字筆劃：使用字典儲存每個漢字所對應的筆劃數

2. 讀取成語檔取得所有的成語：直接存入串列

3. 對成語串列排序：依照成語各字的筆劃數

4. 列印排序後的成語串列

以上幾個步驟各自獨立，可分別設計函式替代，如此一來，主函式 main 就乾淨許多，由主函式就可清楚的看到各個程式步驟。整個程式設計就是許多功用各異的函式組合而成，撰寫程式規模較小的函式就變得簡單許多。

在程式設計中，主函式與其他函式的資料交流最好是透過參數傳遞，避免使用 global 於函式間分享資料。在此程式中，為了讓排序函式能取用筆劃字典，由於無法將筆劃字典當成參數直接傳入排序函式，只好讓筆劃字典當成 global 物件在 main 與 by_strokes 兩函式共用，這是一種特殊情況。正常撰寫函式的過程中，資料於函式間傳遞最好都透過參數或是函式的回傳來更動資料，這比較容易掌握資料的正確性，使用 global 變數很容易忘記 global 資料在某個函式被更動，使得程式執行發生問題而不知出錯根源，這種情況對越大型的程式越容易發生。

本範例僅是個小程式，程式規模不過數十列，對許多實際的應用問題，程式通常以千行起跳，此時若不使用函式區塊切割程式，整個程式就會變得複雜難以駕馭，不管是在開發或是維護程式，程式設計將會是場夢魘，修改程式變得動輒得咎，處處動彈不得，這也說明使用函式於程式設計中的重要性。

程式 .... idiom_sort.py

```
01    def main() :
02
03        global sdict
04
05        # 1：讀入筆畫檔，設定 sdict 字典(由 字-->筆劃)
06        sdict = {}
07        read_strokes( sdict )
08
09        # 2：讀入成語檔，設定 idioms 成語串列
10        idioms = []
11        read_idioms( idioms )
12
13        # 3：依各字筆劃數排序
14        idioms.sort( key = by_strokes )
15
16        # 4：列印排序後的成語
17        print_idioms( idioms , sdict )
18
19
20    # 讀取筆劃檔，設定 sdict 字典(由 字-->筆劃)
21    def read_strokes( sdict ) :
22
23        with open( "strokes.dat" ) as infile :
```

```
24
25          for line in infile :
26              ucode , strokes = line.split()
27              ch = chr(int(ucode[2:],16))
28              sdict[ch] = int(strokes)
29
30
31   # 讀入成語檔，設定 idioms 成語串列
32   def read_idioms( idioms ) :
33
34       with open("idioms.dat") as infile :
35
36           for line in infile :
37               idioms += [ line.strip() ]
38
39
40   # 排序標準：依各字筆劃數排序
41   def by_strokes( idiom ) :
42
43       global    sdict
44       return [ sdict[c] for c in idiom ]
45
46
47   # 列印成語
48   def print_idioms( idioms , sdict ) :
49
50       s1 = 0
51       for ws in idioms :
52           s2 = sdict[ws[0]]
53           if s1 != s2 :
54               if s1 : print()
55               print( s2 , "畫：" )
56
57           print( ws , "-".join( map( lambda c : str(sdict[c]) , ws ) ) )
58           s1 = s2
59
60
61   # 執行主函式
62   main()
```

■ 結語

早期的程式設計是以函式設計為主，每遇到一個複雜問題首先就是加以分解成一個個小問題，每個小問題用一個簡單函式來取代。但對更大型的問題，可能要分解成好幾個層次，逐步分解，最後成為許多小問題。如此整個程式就是由許多函式組合而成，程式設計就是函式設計，這種程式設計方式稱為函式導向程式設計[253]，這與後來的物件導向程式設計有所不同。

這兩者程式設計方式的最大差別是前者的資料與處理資料的函式是各自獨立的，資料可不透過函式來變更。物件導向程式設計則將資料與函式綁在一起，資料都是透過函式來存取更動，資料不會「意外」被更動而不知，對大型程式的開發來說，沒有「意外」是很重要的一件事。

以下的習題由於題目規模不大，都可不需透過函式來完成程式設計，但嫻熟的利用函式來開發程式仍是學習程式設計的一個重要基本功夫，在此學習階段還是多以函式設計方式加以練習。

■ 練習題

1. 撰寫十進位轉換為 n 進位函式，輸入一個十進位數字與 n ，回傳字串，以下為輸出範例。

```
> 234
2 進位 : 11101010
3 進位 : 22200
4 進位 : 3222
...
9 進位 : 280
```

2. 撰寫 transpose 函式傳入二維 m×n 串列，輸出其轉置串列(transpose)，二維串列請以亂數設定。以下 A 串列由亂數產生，B 由 transpose 函式回傳。

```
A :
1 1 2
3 3 1
1 2 1
2 2 1

B :
1 3 1 2
1 3 2 2
2 1 1 1
```

3. 某程式內使用以下程式碼設定兩矩陣、計算其乘積、最後印出來：

```
# 亂數設定 m , s , n
m , s , n = ( random.randint(2,4) for x in range(3) )
```

```
a = set_matrix(m,s,2)      # a 為 m x s 矩陣，元素都在 [0,2] 之間
b = set_matrix(s,n,2)      # b 為 s x n 矩陣，元素都在 [0,2] 之間
c = matrix_mul(a,b)        # c 為 a b 乘積

print_matrix("A",a)        # 印出 a 矩陣，第一列顯示 A
print_matrix("B",b)        # 印出 b 矩陣，第一列顯示 B
print_matrix("C = A B",c)  # 印出 c 矩陣，第一列顯示 C = A B
```

以下為輸出：

```
A :
  1   2   2
  0   1   0

B :
  2   1   1   2
  2   0   2   2
  0   0   2   1

C = A B :
  6   1   9   8
  2   0   2   2
```

4. 撰寫一函式，傳入數字 n ，回傳由 1 到 n^2 的順時鐘螺旋方陣後印出，以下為主函式型式：

```
def  main() :
    n = int( input("> ") )
    a = rotating_mat(n)
    print_matrix("Rotating Matrix",a)
```

以下為輸出：

```
> 7
Rotating Matrix :
   1   2   3   4   5   6   7
  24  25  26  27  28  29   8
  23  40  41  42  43  30   9
  22  39  48  49  44  31  10
  21  38  47  46  45  32  11
  20  37  36  35  34  33  12
  19  18  17  16  15  14  13
```

5. 參考唐詩直行排列範例[146]，將其改寫為函式，傳入詩句與每直排 n 個字，回傳詩的直排字串陣列。然後利用此函式以橫向方式依次列印 n 由 5 到 10 六種直排排列詩句，以下為輸出結果：

```
花夜處春    多風處春    聲聞春    落啼春    多鳥春    夜春
落來處眠    少雨聞眠    花啼眠    知鳥眠    少夜眠    來眠
知風聞不    　聲啼不    落鳥不    多夜不    來不    風不
多雨啼覺    　花鳥覺    知夜覺    少來覺    風覺    雨覺
少聲鳥曉    落夜曉    多來曉    風曉    雨曉    聲曉
　　　知來處    少風處    雨處    聲處    花處
　　　　　雨處    聲處    花處    落處
　　　　　　　花聞    落聞    知聞
　　　　　　　　知啼    多啼
　　　　　　　　　　少鳥
```

提示：使用全型空格 chr(12288) 處理所有的空白部份

6. 參考第四章練習題第 24 題[89]於木板上呈現點矩陣數字，撰寫函式輸入個位數與木板高度，函式回傳數字在木板上隨意高度的點矩陣陣列，以下輸出的木板高度為 8。

```
> 3          > 5          > 9          > 2
----         ----         ----         2222
----         5555         9999         ---2
3333         5---         9--9         2222
---3         5555         9999         2---
3333         ---5         ---9         2222
---3         5555         9999         ----
3333         ----         ----         ----
----
```

7. 修改上題，輸入任意數，合併各個位數的輸出成以下樣式，以下圖案的木板高度為 10。

```
> 234786901

--2222------------------------------------------------------
----2--------4--4--------------------9999--0000--------
--2222--------4--4--7777--------------9--9--0--0--------
--2-----3333--4444-----7-------------9999--0--0-------
--2222-----3-----4----7--8888--6666-----9--0--0-------
-------3333-----4--7---8--8--6-----9999--0000----1---
-------3----------7---8888--6666--------------1---
-------3333-------8--8--6--6-------------1---
-------------------------8888--6666---------------1---
-----------------------------------------1---
```

8. 猜數字遊戲是中學生常玩的紙上數字推理遊戲，請撰寫程式使用程式來猜數字，輸入被猜測數字，假設為 2345，數字不重複，以下為某次程式執行的過程：

```
> 2890
  6185 : 0A 1B
  9523 : 0A 2B
  3754 : 0A 0B
  2960 : 2A 1B
  2901 : 1A 2B
  2890 : 4A 0B
```

比對時，若兩數字同位數的數字相同，得一Ａ，若只有數字相同，但位數不同，得一Ｂ。提示：可使用暴力法將所有數字一一測試，但每次程式所猜測的數字其比對結果也要加以利用，藉以降低猜錯的機率。

9. 修改第二章大象習題程式[38]，利用函式交換原始大象每列的斜線與反斜線字元，印出以下兩隻對望的大象：

> 1

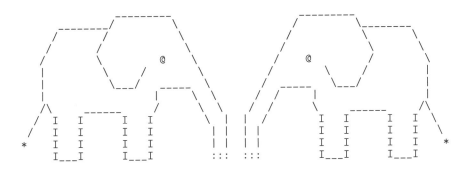

10. 使用 pylab.fill_between 函式，設計函式傳入兩個函式參數與範圍，將兩函式間的區域塗滿顏色。以下為 $\sin(x)$ 與 $\sin(x)^3$ 在 $x \in [-2\pi, 2\pi]$ 之間的區域。

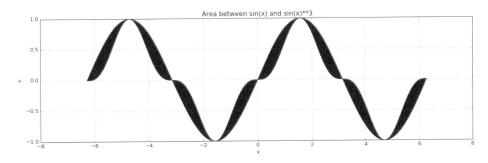

11. 參考年曆範例[237]，讀入年份，印出雙周月曆型式如下：

> 2018

```
2018-01
Sun Mon Tue Wed Thu Fri Sat Sun Mon Tue Wed Thu Fri Sat
      1   2   3   4   5   6   7   8   9  10  11  12  13
 14  15  16  17  18  19  20  21  22  23  24  25  26  27
 28  29  30  31

2018-02
Sun Mon Tue Wed Thu Fri Sat Sun Mon Tue Wed Thu Fri Sat
              1   2   3   4   5   6   7   8   9  10
 11  12  13  14  15  16  17  18  19  20  21  22  23  24
 25  26  27  28
```

```
2018-03
Sun Mon Tue Wed Thu Fri Sat Sun Mon Tue Wed Thu Fri Sat
                  1   2   3   4   5   6   7   8   9  10
 11  12  13  14  15  16  17  18  19  20  21  22  23  24
 25  26  27  28  29  30  31
...
```

12. 參考年曆範例[237]，讀入年份，印出以下兩個月份排在一起的年曆。

    > 2019

```
2019-01                           2019-02
Sun Mon Tue Wed Thu Fri Sat       Sun Mon Tue Wed Thu Fri Sat
          1   2   3   4   5                             1   2
 6   7   8   9  10  11  12          3   4   5   6   7   8   9
13  14  15  16  17  18  19         10  11  12  13  14  15  16
20  21  22  23  24  25  26         17  18  19  20  21  22  23
27  28  29  30  31                 24  25  26  27  28


2019-03                           2019-04
Sun Mon Tue Wed Thu Fri Sat       Sun Mon Tue Wed Thu Fri Sat
                      1   2             1   2   3   4   5   6
 3   4   5   6   7   8   9          7   8   9  10  11  12  13
10  11  12  13  14  15  16         14  15  16  17  18  19  20
17  18  19  20  21  22  23         21  22  23  24  25  26  27
24  25  26  27  28  29  30         28  29  30
31


2019-05                           2019-06
Sun Mon Tue Wed Thu Fri Sat       Sun Mon Tue Wed Thu Fri Sat
          1   2   3   4                                     1
 5   6   7   8   9  10  11          2   3   4   5   6   7   8
12  13  14  15  16  17  18          9  10  11  12  13  14  15
19  20  21  22  23  24  25         16  17  18  19  20  21  22
26  27  28  29  30  31             23  24  25  26  27  28  29
                                   30
...
```

13. 撰寫函式，輸入一出生日期與天數 n，回傳第 n 天的日期，n 若為 1 代表生日當天。請利用此函式計算第 100 天，1000 天與 10000 天的日期，例如：

    > 生日: 2018 1 1

```
第 100   天 :  2018-4-10
第 1000  天 :  2020-9-26
第 10000 天 :  2045-5-18
```

14. 撰寫函式，傳入兩日期計算其相隔天數。例如：

```
1> 2018 1 1
2> 2018 4 10
相隔：99 天

1> 2045 5 18
2> 2018 1 1
相差：9999 天
```

提示：撰寫另一函式傳入日期，計算此日期是當年的第幾天

15. 參考第五章數值積分法範例[114]，撰寫三個積分函式，傳入函數 f(x)，積分區間 [a,b]，等份數 n：

```
# 矩形積分
def  rintegral( f , a , b , n ) : ...

# 梯形積分
def  tintegral( f , a , b , n ) : ...

# 辛普森積分 ( n 為偶數)
def  sintegral( f , a , b , n ) : ...
```

以下為對 $\int_{\frac{\pi}{4}}^{\pi} |\sin(x) - \cos(x)| \, dx$ 取 100 等份的數值積分結果：

```
矩形積分法    2.4023e+00   誤差：1.189e-02
梯形積分法    2.4141e+00   誤差：1.117e-04
辛普森積分法  2.4142e+00   誤差：4.134e-09
```

16. 在數學上要計算兩個平面點 $p(x_1, y_1)$ 與 $q(x_2, y_2)$ 之間的距離通常是利用以下的公式來求得：

$$d(p, q) = \sqrt{(x_1 - x_2)^2 + (y_1 - y_2)^2}$$

平面上任兩點的距離一定大於等於零，且當兩點距離為零的唯一情況就是兩點重疊。將這個概念稍加延伸，採用類似方式來計算兩個函數在 [a,b] 區間的「距離」。一種較常用作法是在 [a,b] 區間內計算兩個函數差值平方的積分的平方根，也就是說，若兩函數分別為 f(x)，g(x)，則兩函數在 [a,b] 區間的「距離」，d(f,g)，可以寫成：

$$d(f, g) = \sqrt{\int_a^b (f(x) - g(x))^2 \, dx}$$

當兩個函式重疊時，距離剛好為零。請利用此定義，撰寫函式，傳入兩函數，區間與等份，使用梯形積分法計算兩函數在此區間的「距離」。請計算兩函數 $f(x) = x$ 與 $g(x) = x^2$ 在 [0,1] 之間的距離 d(f,g)？

17. 在圓周上平分 n 個點產生 n 邊形，然後由圓心連到各點形成 n 個三角形，將以上步驟撰寫成一函式，傳入 n ，畫出由 n 個三角形所組合成的 n 多邊形，每個三角形隨

意塗入不同顏色，以下為 n 由 3 到 7 的所產生的圖形。

18. 參考第五章練習題第 14 題的座標轉換公式[127]，撰寫座標轉換函式，依次傳入蝴蝶[126]串列 xs 與 ys 、旋轉角度 rang、縮放 r 倍、平移位置 dx 與 dy，函式回傳蝴蝶在新位置的串列，最後在主程式中使用此函式計算新的座標點，畫出以下 12 隻朝內圍繞的蝴蝶圖案。

在以上圖案，每隻蝴蝶在半徑為 17 的圓周上，縮放比為 1，各蝴蝶的旋轉角度與平移位置由其擺放位置計算得來。

19. 參考第五章畫出來的數字範例[119]與使用第八章練習題第 15 題[218]所定義的中文點矩陣檔(cbitmap.dat@web)，撰寫函式，傳入中文字串，畫出中文字圖形，點的顏色以亂數設定，以下為程式所畫出來的「中央一百」圖形。

> 中央一百

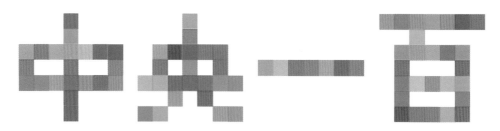

第十章：類別

對某些程式問題，人們往往會發現系統預設的資料型別並無法滿足需求，例如若要撰寫程式模擬分數運算，則至少需兩筆資料分別代表分子與分母，同時也要設定一些符號處理兩分數的運算，如讓加法符號能作兩分數的加法運算。python 並沒有分數型別，同時也不可能提供足夠的型別滿足各類程式問題的需求，此時一個合理的解決方式即是由系統提供一些機制讓使用者針對需求自行定義資料型別。

「類別」是用來讓使用者自行定義資料型別，根據問題需求，可在類別內設定各式資料成員來代表問題的屬性，同時也可設計專屬函式來操作這些資料成員，也就是說，類別是將資料成員與處理資料的函式包裝起來成為新的資料型別。這些資料成員被稱為屬性(attribute)，函式則稱為方法(method)，類別的變數則稱為實例(instance)或是物件(object)。舉例來說，若要設計分數類別，則分子與分母等資料成員即為分數屬性，操作分數運算的函式，如加、減、乘、除等運算函式稱為方法。

「物件導向程式設計」就是以類別設計為程式設計的主軸，整個程式設計都是圍繞著如何設計類別，當類別設計完成後，程式設計也差不多結束，剩下的部份就只是應用類別實例來產生所要的結果。良好的物件導向程式設計可避免傳統以撰寫大量函式所帶來的弊病，讓程式更加容易維護、修改與使用。本書僅用一章簡單介紹類別程式設計，但也佔了全書最大篇幅，讀者若要初步熟悉物件導向程式的撰寫技巧，請仔細閱覽本章範例並實作末尾的練習題。

- 類別(class)：使用者自建的資料型別

  - 實例：類別產生的實體變數，與物件同義
  - 屬性：類別內所使用的資料
    - 類別屬性(class attribute)：所有類別物件共享的資料
    - 實例屬性(instance attribute)：個別物件獨自擁有的資料
  - 方法：定義於類別內的函式
    - 實例方法(instance method)：由類別物件所執行的方法
    - 類別方法(class method)：由類別本身所執行的方法
    - 靜態方法(static method)：可由類別或類別物件所執行的方法

■ 分數類別範例：物件建構與其字串表示方式

▶ __init__ 起始方法：用來建構類別物件，不需回傳(或回傳 None)

▶ __str__ 字串表示方法：用來代表物件內容的字串

```python
# 定義 Fraction 分數類別
class Fraction :

    # 起始方法：用以建構物件，不需回傳
    def __init__( self , n = 0 , d = 1 ) :
        self.num , self.den = n , d

    # 字串表示方法：將物件屬性以「字串」呈現
    def __str__( self ) :
        if self.den == 1 :
            return str(self.num)
        else :
            return str(self.num) + '/' + str(self.den)
```

- 以上兩個方法皆是 Fraction 類別的實例方法
- 實例方法的第一個參數都是類別物件本身，通常以 self 表示
- self 所儲存的資料為個別物件所獨有，稱為實例屬性
- __init__ 與 __str__ 方法名稱前後皆有雙底線，此為 python 預設的方法名稱
- 物件的屬性與其數量可依問題需求自由設定
- python 並沒有如 C++ 同等的私有成員，但若屬性或方法名稱以一個底線起始，習慣上都被當成私有成員
- 方法名稱不能與屬性同名
- 方法名稱若有重複，則後來讀取的方法會覆蓋先前的
- 每當設計新類別時，最好先由這兩個方法開始設計：
    ▪ 起始方法用來產生物件
    ▪ 字串表示方法輸出物件屬性，可用來確認屬性內容是否正確

執行方式：

```python
# 自動使用 Fraction.__init__ 起始方法產生物件
a = Fraction()              # 預設分子為 0，分母為 1
b = Fraction(4)             # 分子 4，分母預設為 1
c = Fraction(2,3)           # 分子 2，分母 3

# 自動使用 Fraction.__str__ 字串表示方法列印物件所對應的「字串」
print( a , b , c )
```

輸出：

```
0 4 2/3
```

※ 為節省篇幅，本章之後的分數類別範例都自動包含以上兩個方法

■ **實例方法**：以分數類別為例

▶ 方法的第一個參數為物件本身

```
class Fraction :
    ...
    # 設定分子與分母
    def set_val( self , n , d = 1 ) :
        self.num , self.den = n , d

    # 取得分子 分母
    def get_num( self ) : return  self.num
    def get_den( self ) : return  self.den

    # 計算分數倍數
    def mul( self , m ) :
        return  Fraction(self.num*m,self.den)
```

▶ 兩種執行方式

● **obj**.method(arg2,arg3,...)：obj 被自動設定為第一個參數(arg1)

```
a = Fraction()                   # 分數 a = 0 參考第 254 頁
a.set_val(2,5)                   # 重新設定為 2/5
print( a.get_num() )             # 印出 a 的分子 2

a.set_val()                      # 錯誤，少了分子參數
```

※ 物件屬性也可直接透過屬性名稱更改數值，但不建議使用

```
b = Fraction()
b.num , b.den = 3 , 4            # 直接設定 b 物件分子與分母
print( b )                       # 印出：3/4
```

● class.method(**obj**,arg2,arg3,...)

```
a = Fraction()                   # a = 0
Fraction.set_val(a,3,7)          # 重新設定 a 為 3/7
print( a.mul(2) )                # 輸出 6/7
```

※ 類別起始方法不適用第二種型式，不能直接使用以下型式建構全新物件

```
# 以下 b 名稱皆為第一次使用
Fraction.__init__(b,3,7)         # 錯誤，b 未定義
Fraction(b,3,7)                  # 錯誤，b 未定義
```

■ 兩個特殊雙底線屬性

▶ __doc__：代表定義於類別名稱後的字串(可跨列)，通常被用來當成類別的說明文字。
　　　　　 此字串為類別屬性，全名為 class.__doc__

▶ __dict__：字典儲存類別或物件所有的屬性資料

● obj.__dict__：儲存實例屬性

● class.__dict__：儲存類別屬性與類別方法

```
class Fraction :
    """分數類別：num : 分子    den : 分母"""
    pass
```

執行：

```
print( Fraction.__doc__ )

a = Fraction(3,5)
print( a.__dict__ )                    # 印出 a 物件所儲存的資料
print( Fraction.__dict__ )             # 印出分數類別字典儲存內容
```

輸出：

```
分數類別：num : 分子    den : 分母
{'den': 5, 'num': 3}
{'__str__': <function Fraction.__str__ at 0x7f75f277cd08>,
 '__init__': <function Fraction.__init__ at 0x7f75f277c9d8>,
 ...(省略) }
```

▶ 可透過 `obj.__dict__` 字典直接更改物件內部屬性，但不建議使用

```
a = Fraction(3,5)              # a 為 3/5
a.num = 4                      # 等同 a.__dict__['num'] = 4
a.__dict__['den'] = 7         # 等同 a.den = 7
print(a)                      # 印出 4/7
```

　⊛ 以 `obj.__dict__` 方式任意修改物件屬性不利程式開發

■ 雙底線起始的屬性或方法

　▶ 類別物件無法直接使用

　▶ 名稱前加上 `_ClassName` 則可為類別物件取用

　▶ 可直接給類別其他方法使用

```
class Fraction :
    ...
    # 雙底線開始的方法名稱，不能由物件直接取用
    def __inverse( self ) :
        return Fraction(self.den,self.num)

    # 雙底線開始的方法名稱可由類別其他方法使用
    def inv( self ) :
        return self.__inverse()

a = Fraction(2,3)

# 錯誤，無此方法
print ( a.__inverse() )

# 正確，原雙底線方法名稱前被加上 _Fraction
```

```
print ( a._Fraction__inverse() )

# 正確
print ( a.inv() )              # 輸出：3/2
```

⊛ 類別內雙底線起始的屬性或方法與 C++ 的「私有成員」仍有差異

■ 類別方法：類別共享的方法

> 類別方法為 @classmethod 裝飾器[311](decorator)，以 @ 起始

> 類別方法的第一個參數為類別本身，通常以 cls 表示

> 類別方法使用 class.method(...) 來執行

> 類別方法經常用來定義不同型式的物件產生方式，使用 return 回傳類別物件

```
class Fraction :
    ...
    # 由字串轉換來的分數
    @classmethod
    def fromstr( cls , fstr ) :
        if fstr.isdigit() :
            num , den = int(fstr) , 1
        else :
            num , den = map( int , fstr.split('/') )
        return  cls(num,den)

    # 帶分數型式
    @classmethod
    def mixed_fraction( cls , a = 0 , n = 0 , d = 1 ) :
        num , den = a * d + n , d
        return cls(num,den)

    # 分數資料說明
    @classmethod
    def data_doc( cls ) :
        return   "num:分子 , den:分母"
```

使用方式：

```
# 以下三個 Fraction 被自動設為類別方法的第一個參數
a = Fraction.fromstr("5")
b = Fraction.fromstr("4/7")
c = Fraction.mixed_fraction(2,3,4)

# 印出：5 4/7 11/4
print( a , b , c )

# 印出： num:分子 , den:分母
print( Fraction.data_doc() )
```

⊛ 裝飾器為包裝函式的函式,用來擴充被包裝函式的功能。@classmethod 將在其後定義的方法當成預設的 classmethod 方法參數送入執行

⊛ 有關裝飾器的更進一步說明請參閱附錄 C[311]

■ 類別屬性與靜態方法

▶ 類別屬性:類別各物件所共用的資料

● 類別屬性是類別各物件共用的,非個別物件的屬性

● 以 class.attribute 方式存取

▶ 靜態方法:類別或物件共享的方法

● 靜態方法為 @staticmethod 裝飾器

● 靜態方法的第一個參數非物件或類別

● 若方法不需取用物件或類別屬性,但「性質」上歸類為類別,則設計為靜態方法

● 使用 class.staticmethod(...) 或 obj.staticmethod(...) 方式執行

● 在實務上,不常使用靜態方法

■ 類別範例:簡單計程車里程計費

▶ 類別屬性:計程車的里程計費資料適用所有計程車物件

▶ 類別方法:根據駕駛距離計算距離

▶ 靜態方法:提供類別計費資料

```python
class Taxi :

    # 類別屬性
    idis , udis , ifee , ufee = 1000 , 500 , 20 , 10

    # 實例方法
    def __init__( self , d = 0 ) : self.dis = d

    # 類別方法
    @classmethod
    def  charge( cls , dis ) :
        if dis < cls.idis :
            return  cls.ifee
        else :
            return  cls.ifee + cls.ufee * (1+(dis-cls.idis)//cls.udis)

    # 實例方法
    def  fee( self ) :
        return  Taxi.charge(self.dis)

    # 實例方法
    def  __str__( self ) :
```

```
            return  "距離: " + str(self.dis) + " m"

        # 靜態方法
        @staticmethod
        def  fee_rule() :
            return """idis : 初始里程    udis : 單位里程
ifee : 初始費用    ufee : 單位里程費用
"""

# 程式碼由此開始執行
taxies = [ Taxi(200*i) for i in range(5,21) ]

print( Taxi.fee_rule() )
for car in taxies :
    # 以下兩列 car.fee() 與 Taxi.charge(car.dis) 相同
    print( car , "-->" , car.fee() , "NT" )
    #print( car , "-->" , Taxi.charge(car.dis) , "NT" )
```

輸出：

```
idis : 初始里程    udis : 單位里程
ifee : 初始費用    ufee : 單位里程費用

距離: 1000 m --> 30 NT
距離: 1200 m --> 30 NT
距離: 1400 m --> 30 NT
距離: 1600 m --> 40 NT
距離: 1800 m --> 40 NT
...
距離: 3800 m --> 80 NT
距離: 4000 m --> 90 NT
```

■ 類別的外部函式

▶ 函式若與類別/實例屬性或方法無關則可定義在類別外部

▶ 類別的外部函式可給檔案內其他程式碼所使用

```
    # 計算兩數的 gcd
def gcd( a , b ) :
    a , b = abs(a) , abs(b)
    if a > b :
        return gcd(a%b,b) if a%b else b
    else :
        return gcd(b%a,a) if b%a else a

class Fraction :
    ...
    # 計算最簡分數
    def simplest_frac( self ) :
        g = gcd(self.num,self.den)
```

```
            return Fraction(self.num//g,self.den//g)

a = Fraction(16,28)

# 印出：4/7
print( a.simplest_frac() )
```

⊛ gcd 函式與分數屬性並無直接關係，但分數運算經常用到 gcd 函式，
    gcd 函式可設定為分數方法，歸類為分數類別的靜態方法

■ 方法與函式的使用時機

▶ 使用時機

名稱	語法	使用方式	使用時機
實例方法	`def method(obj,...)`	`obj.method(...)` 或 `class.method(obj,...)`	需使用實例屬性
類別方法	`@classmethod` `def method(cls,...)`	`class.method(...)`	需使用類別屬性
靜態方法	`@staticmethod` `def method(...)`	`obj.method(...)` 或 `class.method(...)`	不需用到物件與類別屬性 在性質上方法與類別相關
外部函式	`fn(...)`	`fn(...)`	不需使用物件與類別屬性

⊛ 如果方法同時需用到實例屬性與類別屬性，則應設定成實例方法

■ 物件指定

▶ 指定代表原物件多了個名稱

▶ 指定後兩物件為相同物件直到其中一物件變成新物件

```
a = b = Fraction(3,4)      # a 與 b 為同一個物件
b.set_val(5,6)             # a 與 b 都是 5/6
print( a is b )            # True

a = Fraction(1,2)          # a 為 1/2 ，b = 5/6 ，a 為新物件
print( a is b )            # False
```

■ 檔案與模組

▶ 每個 python 檔案自成一個模組(module)

▶ 模組名稱為去除副檔名的檔案名稱

▶ 模組內定義的物件、函式、類別自成一個使用區域

▶ import 可將其他模組併入使用

● import foo ：
   併入 foo.py 檔於程式內，使用所有 foo 模組定義的名稱前都需加上「foo.」

- from foo import * ：
  併入 foo.py 檔，可直接使用 foo 模組定義名稱，不需加上「foo.」

- from foo import a ：
  僅併入 foo.py 檔的 a 於程式內，使用時不需加上「foo.」

- from foo import a , b , ...：
  僅併入 foo.py 檔的 a , b , ... 於程式內，使用時不需加上「foo.」

- import foo , bar , ...：
  併入 foo.py、bar.py、... 等多個檔案

▶ 操作範例：

- chars.py 檔案用來產生介於兩字元間的連續字元字串：

  ```
   chars.py 檔案

  class Chars :
      def __init__( self , c1 , c2 ) :
          n1 , n2 = ord(c1) , ord(c2)
          self.s = "".join([ chr(c) for c in range(n1,n2+1) ])

      def __str__ ( self ) : return  self.s

  # 印出 c1 到 c2 連續字元
  def pchars(c1,c2) :  print( Chars(c1,c2) )

  # 回傳在 c1 到 c2 字串，字元間有 sep 分開
  def chars_sep(c1,c2,sep) : return sep.join( str( Chars(c1,c2) ) )
  ```

- c1.py 取得 chars.py 程式檔：

  ```
   c1.py 檔案

  import chars

  # 印出：abcde
  print( chars.Chars('a','e') )

  # 印出：abcde
  chars.pchars('a','e')

  # 印出：a--b--c--d--e
  print( chars.chars_sep('a','e','--') )
  ```

- c2.py 僅取用 chars.py 的 pchars 與 chars_sep 兩函式：

  ```
   c2.py 檔案
  ```

261

```
# 僅由 chars.py 併入 pchars 與 chars_sep 兩函式
from chars import pchars , chars_sep

# 印出：abcde
pchars('a','e')

# 印出：a--b--c--d--e
print( chars_sep('a','e','--') )

# 錯誤：沒有併入 Chars 類別
print( Chars('a','e') )
print( chars.Chars('a','e') )
```

▶ 若在 bar.py 檔內使用 from foo import a ，需留意由 foo.py 併入的名稱 a 可能會與 bar.py 檔內的同名稱重複，此時程式會保留最後出現的名稱設定，通常是 bar.py。

> **c3.py 檔案**

```
from chars import pchars
...

# 請留意：以下函式名稱與 chars.pchars 一樣
def pchars(a,b) : print(a+b)

# 執行 c3.py 新的 pchars
pchars('a','e')              # 輸出：ae
```

▶ foo.__name__ 字串儲存 import foo 併入的模組名稱

```
import math
print( math.__name__ )       # 輸出：math
```

■ __name__ 模組名稱字串

　▶ 字串儲存模組名稱

　▶ 檔案若為起始執行檔，則 __name__ 字串自動設定為 "__main__"

　▶ 操作範例：

　　● bar.py 檔使用 import foo 將 foo.py 檔併入程式內：

> **bar.py 檔案**

```
import foo
print( __name__ )            # 輸出：__main__
print( foo.__name__ )        # 輸出：foo
```

- 定義兩個檔案 foo.py 與 bar.py：

┌─────────────────┐
│ foo.py 檔案 │
└─────────────────┘

```
def foo() : print( "foo" )

print( "foo:" , __name__ )
```

┌─────────────────┐
│ bar.py 檔案 │
└─────────────────┘

```
import foo
print( "bar:" , foo.__name__ )
print( "bar:" , __name__ )
```

分別執行 foo.py 與 bar.py 得到以下的輸出結果：

執行	foo.py	bar.py
輸出	foo: __main__	foo: foo
		bar: foo
		bar: __main__

▶ __name__ 可用來建構程式測試區塊

- 在程式開發階段時常需測試程式，為避免測試用的程式與已有的程式區塊混雜在一起，難以區分，可藉由檢查 __name__ 值是否等於 "__main__" 分離測試程式為獨立一區

┌─────────────────┐
│ foo.py 檔案 │
└─────────────────┘

```
# A 程式區塊：開發完成程式區塊
...
pass

if __name__ == "__main__" :        # 判斷 foo.py 是否為起始執行檔
    # B 程式區塊：測試用程式區塊
    pass
```

  - 當 foo.py 為起始執行檔案時，會執行 B 程式區塊，用來測試 B 程式區塊
  - 當 foo.py 不是起始執行檔案時，則跳過 B 程式區塊，僅使用 A 程式區塊

▶ 可搭配自行定義的 main 函式達到類似 C 語言主函式 main() 的效果

┌─────────────────┐
│ foo.py 檔案 │
└─────────────────┘

```
# A 程式區塊：開發完成程式區塊
...
pass

# 定義類似 C 語言的主函式
def main() :
    pass

if __name__ == "__main__" :
    # B 程式區塊：測試用程式區塊
    main()
```

- 當 foo.py 為起始執行檔時，程式由 main() 函式開始執行
- 當 bar.py 檔 import foo 時，可在 bar.py 檔內使用 foo.main() 執行 foo 模組的 main() 函式

■ 運算子覆載

▶ 定義新類別時，常需使用一些運算符號來處理物件間的運算，此時可使用運算子覆載讓原有的運算子可用在類別物件

▶ python 常用的運算子符號都有對應的函式名稱，例如：加號的對應名稱為 __add__，當執行 p1 + p2 加法運算時，程式改用 p1.__add__(p2) 方式執行

▶ 運算子方法都是實例方法，第一個參數都是類別物件

▶ 使用者可根據需要在**類別內**重新定義運算子

```
class Fraction :
    ...
    # 加法運算子
    def  __add__( self , frac ) :
        n = self.num * frac.den + self.den * frac.num
        d = self.den * frac.den
        return Fraction(n,d)
    ...

a , b = Fraction(2,3) , Fraction(5,2)

# 分數加法
c = a + b          # 也可寫成 c = a.__add__(b)
print( c )         # 印出 19/6
```

▶ 以下為常用的運算子與其對應名稱

- 基本運算子：+、-(減)、-(負)、*、... 等，如圖 10.3
- 複合運算子：+=、-=、*=、... 等，如圖 10.3
- 比較運算子：<、<=、>、>=、==、!= 等，如圖 10.4
- 其他運算子：[]、del、in 等，如圖 10.5

⊛ 如果已定義 +、-、*、... 等運算子，則對應的 +=、-=、*=、... 可略而不寫，python 會自動改用原運算子替代，例如：a += b 改以 a = a + b 替代執行

▶ 分數的運算子覆載操作

```
class Fraction :
    ...
    # 乘法：p1*p2
    def __mul__ ( self , frac ) :
        d = self.den * frac.den
        n = self.num * frac.num
        return Fraction(n,d)
```

運算子	運算式	函式運算
+	p1 + p2	p1.__add__(p2)
-	p1 - p2	p1.__sub__(p2)
*	p1 * p2	p1.__mul__(p2)
/	p1 / p2	p1.__truediv__(p2)
//	p1 // p2	p1.__floordiv__(p2)
**	p1 ** p2	p1.__pow__(p2)
%	p1 % p2	p1.__mod__(p2)
-	-p1	p1.__neg__()
<<	p1 << p2	p1.__lshift__(p2)
>>	p1 >> p2	p1.__rshift__(p2)
&	p1 & p2	p1.__and__(p2)
|	p1 | p2	p1.__or__(p2)
^	p1 ^ p2	p1.__xor__(p2)
~	~p1	p1.__invert__()

運算子	運算式	函式運算
+=	p1 += p2	p1.__iadd__(p2)
-=	p1 -= p2	p1.__isub__(p2)
*=	p1 *= p2	p1.__imul__(p2)
/=	p1 /= p2	p1.__itruediv__(p2)
//=	p1 //= p2	p1.__ifloordiv__(p2)
**=	p1 **= p2	p1.__ipow__(p2)
%=	p1 %= p2	p1.__imod__(p2)
<<=	p1 <<= p2	p1.__ilshift__(p2)
>>=	p1 >>= p2	p1.__irshift__(p2)
&=	p1 &= p2	p1.__iand__(p2)
|=	p1 |= p2	p1.__ior__(p2)
^=	p1 ^= p2	p1.__ixor__(p2)

圖 10.3: 基本運算子與複合運算子

運算子	運算式	方法運算
<	p1 < p2	p1.__lt__(p2)
<=	p1 <= p2	p1.__le__(p2)
>	p1 > p2	p1.__gt__(p2)
>=	p1 >= p2	p1.__ge__(p2)
==	p1 == p2	p1.__eq__(p2)
!=	p1 != p2	p1.__ne__(p2)

圖 10.4: 比較運算子

運算子	運算式	方法運算
[]	p1[i]	p1.__getitem__(i)
[]	p1[i]=x	p1.__setitem__(i,x)
del []	del p1[i]	p1.__delitem__(i)
in	x in p1	p1.__contains__(x)

圖 10.5: 下標運算子與包含

```
# 負數：-p1
def __neg__ ( self ) :
    return Fraction(-self.num,self.den)

# 複合 += 運算
# p1 += p2   利用加法運算子方法，回傳物件本身
# 若已定義 __add__ 可省略此方法
def __iadd__ ( self , frac ) :
    self = self + frac
    return self

# 比較：p1 < p2
def __lt__ ( self , frac ) :
    return True if  self.num*frac.den < self.den*frac.num   else False

# 比較：p1 == p2
def __eq__ ( self , frac ) :
    if self.num*frac.den == self.den*frac.num :
        return True
    else :
        return False
```

⊛ 更詳細的分數運算子覆載操作可參考第 279 頁範例

■ 類別間的關係：類別繼承

▶ 複雜程式問題往往需設計許多不同類別

▶ 某些類別之間並非完全無關，互相獨立

▶ A B 兩類別有「是一個」關係：**每個 A 類別物件也可視同一個 B 類別物件**

類別	關係
四輪車 轎車 火車	每輛轎車都「是一輛」四輪車
水果 花 鳳梨 蘋果 玫瑰	每個鳳梨都「是一種」水果
	每個蘋果都「是一種」水果
	每朵玫瑰都「是一種」花
多邊形 三角形 四邊形 正方形	每個三角形都「是一個」多邊形
	每個四邊形都「是一個」多邊形
	每個正方形都「是一個」四邊形

▶ 當兩類別為「是一個」關係，則可使用「類別繼承」簡化類別的程式設計

▶ 若每個 A 類別物件也可視為一個 B 類別物件，則代表：

- A 類別繼承自 B 類別

- B 類別為被繼承類別

- A 類別為繼承類別

■ 類別繼承

▶ 基礎類別(base class)為被繼承類別或稱超類別(superclass)、父類別(parent class)

▶ 衍生類別(derived class)為繼承類別或稱次類別(subclass)、子類別(child class)

▶ 類別架構：透過類別繼承組合的類別關係

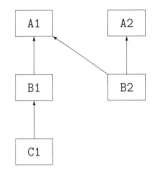

```
class A1 : pass

class A2 : pass

# 單一繼承： B1 繼承自 A1，A1 為父類別，B1 為子類別
class B1(A1) : pass

# 多重繼承： B2 同時繼承自 A1 與 A2
class B2(A1,A2) : pass

# 單一繼承： C1 繼承自 B1
class C1(B1) : pass
```

■ 基礎類別與衍生類別

▶ 衍生類別物件可視同基礎類別物件

▶ 衍生類別物件擁有基礎類別物件的所有性質

▶ 衍生類別物件可使用衍生/基礎類別內的所有方法

▶ 衍生類別內的**方法**可使用衍生/基礎類別內的所有方法

■ 類別繼承的好處

▶ 重複使用已有程式

▶ 簡化未來程式開發

▶ 較好的程式延伸性

▶ 降低維護開發費用

▶ 類別使用相同介面

▶ 方便建立程式庫

■ 簡單範例：三角形與多邊形類別架構

▶ 每個三角形可視為一多邊形

▶ 三角形繼承自多邊形：多邊形為父類別，三角形為子類別

▶ 「繼承」代表三角形類別物件與方法可直接使用多邊形類別方法與屬性

▶ 多邊形類別：定義三角形類別與多邊形類別共有的屬性與方法

▶ 三角形類別：定義僅屬於三角形特有的方法與屬性

```python
cno = "零一二三四五六七八九"

# 平面點類別
class Point :
    # 起始方法
    def __init__( self , x = 0 , y = 0 ) : self.x , self.y = x , y

    # 字串表示方法
    def __str__( self ) : return  "({},{})".format(self.x,self.y)

# 多邊形類別
class Polygon :

    # 起始方法：pts 為由平面點構成的串列
    def __init__( self , pts ) : self.pts = pts

    # 字串表示方法
    def __str__( self ) :
        return " ".join( [ str(pt) for pt in self.pts ] )

    # 實例方法：幾邊形
    def name( self ) : return  cno[len(self.pts)] + "邊形"

# 三角形：繼承多邊形類別
class Triangle(Polygon) :

    # 起始方法：繼承 Polygon 起始方法
    def __init__( self , p1 , p2 , p3 ) :
        Polygon.__init__( self , [p1,p2,p3] )

    # 實例方法：三角形(不是三邊形)
    def name( self ) : return  "三角形"

if __name__ == "__main__" :

    # 定義五個點
    p1 , p2 , p3 = Point(0,0) , Point(1,0) , Point(0,2)
    p4 , p5     = Point(-2,2) , Point(-2,-1)

    # 由三角形與多邊形組成的串列
    shapes = [ Triangle(p1,p2,p3) , Polygon([p1,p2,p3,p4]) ,
               Polygon([p1,p2,p3,p4,p5]) ]

    # 列印：各別幾何形狀的名稱與座標點
    for shape in shapes :
        print( shape.name() , shape )
```

程式輸出：

```
三角形 (0,0) (1,0) (0,2)
四邊形 (0,0) (1,0) (0,2) (-2,2)
五邊形 (0,0) (1,0) (0,2) (-2,2) (-2,1)
```

以上類別繼承程式有幾個特點：

- ▶ 當產生 Triangle 物件時，程式先執行 Triangle 類別的起始方法，在起始方法內執行繼承來的 Polygon 起始方法設定三個座標點屬性

- ▶ 當 shape 為 Triangle 物件時，最後一列的 shape.name() 執行三角形的 name() 方法，印出「三角形」

- ▶ 列印 Triangle 物件時，因 Triangle 沒有定義字串表示方法，遂使用由 Polygon 父類別繼承來的 __str__ 方法印出座標點

- ▶ 所有 Polygon 物件的處理，都與子類別 Triangle 無關

■ 基礎類別與多個衍生類別

- ▶ 基礎類別是所有衍生類別的交集類別

- ▶ 每個衍生類別物件可視同基礎類別物件

- ▶ 同層衍生類別之間有著個別差異

- ▶ 同層衍生類別各有不同的類別屬性與方法

- ▶ Shape 形狀類別架構：參考圖 10.6

  - Shape 類別為 Circle、Polygon、Oval 的交集類別
  - Circle、Polygon、Oval 物件可視同 Shape 物件
  - Circle、Polygon、Oval 方法也可執行 Shape 類別的方法
  - Circle、Polygon、Oval 物件也可執行 Shape 類別的方法
  - Polygon 類別為 Triangle 與 Quadrange 的交集類別
  - Triangle 與 Quadrange 物件可視同 Polygon/Shape 物件
  - Triangle 與 Quadrange 方法也可執行 Polygon/Shape 類別的方法
  - Triangle 與 Quadrange 物件也可執行 Polygon/Shape 類別的方法

■ 衍生類別與其物件

- ▶ 每個衍生類別物件可視同基礎類別物件使用

- ▶ 衍生類別物件可使用本身與基礎類別的方法/屬性

- ▶ 衍生類別物件執行方法的次序是由物件類別起依繼承順序向上直至最頂層類別

- ▶ 衍生類別物件屬性包含所有繼承來的各個基礎類別屬性

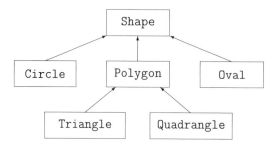

圖 10.6: Shape 類別架構

▶ 衍生類別的起始方法通常會執行直屬基礎類別的起始方法

▶ 類別架構：多邊形、三角形、四邊形、矩形。參考圖 10.7

```python
cno = "零一二三四五六七八九"

# 基礎類別：多邊形類別
class Polygon :
    def __init__( self , n ) : self.npt = n

    def __str__( self ) :
        return  cno[self.npt] + "邊形"

# 三角形繼承自多邊形
class Triangle(Polygon) :
    def __init__( self ) :
        Polygon.__init__(self,3)            # 執行 Polygon 起始方法

    def __str__( self ) : return  "三角形"

# 四邊形繼承自多邊形
class Quadrangle(Polygon) :
    def __init__( self ) :
        Polygon.__init__(self,4)            # 執行 Polygon 起始方法

# 矩形繼承自四邊形
class Rectangle(Quadrangle) :
    def __init__( self ) :
        Quadrangle.__init__(self)           # 執行 Quadrangle 起始方法

    def __str__( self ) : return  "矩形"

if __name__ == "__main__" :

    # 四個不同圖形
    shapes = [ Polygon(5) , Triangle() , Quadrangle() , Rectangle() ]

    # 輸出：五邊形 三角形 四邊形 矩形 共四列
```

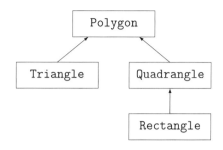

圖 10.7: Polygon 類別架構

```
for shape in shapes :
    print( shape )                              # 等同 print( str(shape) )
```

⊛ 由於四邊形並無 __str__，使用繼承來的 Polygon.__str__ 列印 Quadrange 物件

⊛ Polygon 類別架構內各類別的邊數都存於 Polygon 類別內

■ 執行類別架構方法的順序

▶ 類別繼承順序：本身類別 → 父類別 → ⋯ → 最頂層基礎類別

▶ super().method(args)：依類別繼承順序由父類別起找尋方法執行

▶ self.method(args)：依類別繼承順序由本類別起找尋方法執行

▶ class.method(self,args)：直接執行 class.method(self,args)，class 需在
繼承順序內

▶ 類別架構：多邊形、三角形、四邊形、矩形（圖 10.7）

```
cno = "零一二三四五六七八九"

# 繼承順序：Polygon
class Polygon :

    def __init__( self , n ) : self.npt = n
    def name( self ) : return  cno[self.npt] + "邊形"
    def total_angle( self ) : return 180*(self.npt-2)
    def property( self ) :
        return "{}個邊，內角和 {} 度".format(cno[self.npt],self.total_angle())
    def __str__( self ) : return self.name()


# 繼承順序：Triangle --> Polygon
class Triangle(Polygon) :

    # 執行 Polygon 的起始方法
    def __init__( self ) : super().__init__(3)
    def name( self ) : return "三角形"
    def property( self ) :
```

```
                    return ( super().property() + "，有內心、外心、垂心、重心、旁心" )
        def __str__( self ) : return self.name()


    # 繼承順序：Quadrangle --> Polygon
    class Quadrangle(Polygon) :

        # 執行 Polygon 起始方法，也可使用 super().__init__(4)
        def __init__( self ) : Polygon.__init__(self,4)
        # 可省略
        def __str__( self ) : return self.name()


    # 繼承順序：Rectangle --> Quadrangle --> Polygon
    class Rectangle(Quadrangle) :

        # 執行 Quadrangle 起始方法
        def __init__( self ) : super().__init__()
        def name( self ) : return "矩形"
        def property( self ) : return ( Polygon.property(self) +
                                        "，兩對邊等長，四個角皆為直角" )

        def __str__( self ) : return self.name()


    if __name__ == "__main__" :

        shapes = [ Polygon(5) , Triangle() , Quadrangle() , Rectangle() ]

        for shape in shapes :
            print(shape,'：',shape.property(),sep="")
```

輸出：

```
五邊形：五個邊，內角和 540 度
三角形：三個邊，內角和 180 度，有內心、外心、垂心、重心、旁心
四邊形：四個邊，內角和 360 度
矩形：四個邊，內角和 360 度，兩對邊等長，四個角皆為直角
```

⊛ 更完整的類別架構程式設計可參考以下兩個範例：「多邊形類別架構程式[283]」與「函式求根類別架構[287]」

■ 找尋近似顏色

有一 RGB 顏色檔(rgb.dat@web)共包含三百多種顏色的色彩組合，檔案資料如下：

```
LightBlue2 178 223 238
Yellow2 238 238 0
LightSalmon2 238 149 114
LightSalmon4 139 87 66
...
```

　　檔案的每一列都有四筆資料，分別為顏色名稱與紅(Red)、綠(Green)、藍(Blue)三種顏色強度組合。所謂 RGB 就是指紅、綠、藍三原色。所有顏色都由此三種顏色以不同強度組合而成，紅、綠、藍各顏色強度都以一個介於 [0,255] 的整數代表，0 為最小，255 最大，由此可組合出一千六百多萬種不同顏色，遠超出人眼所能辨別的顏色數量。黑色就是三種顏色強度都為 0，白色都為 255。純綠色為紅藍兩色都為 0，綠色強度為 255。若讓紅色與藍色強度同步向上調整，則會成為淺綠色。灰色為 RGB 三色強度一樣，深灰色代表各色強度較小，若數值接近 255，顏色會成為淡灰色。

　　本範例在讀入 RGB 顏色檔後，輸入某個顏色名稱，利用顏色「距離」公式計算與檔案內其他顏色的距離，依距離大小排序印出前十個相近顏色。這裡的「相近」是指以人眼辨視為基準的相近顏色，可由以下顏色「距離」公式求得兩色距離，距離較小代表兩顏色越相近：

$$\Delta C = \sqrt{2\,\Delta r^2 + 4\,\Delta g^2 + 3\,\Delta b^2 + \bar{r}\,\frac{\Delta r^2 - \Delta b^2}{256}}$$

　　公式中 ΔC 為兩色距離，Δr、Δg、Δb 分別代表紅色、綠色、藍色的差距，$\bar{r}$ 為兩個紅色的平均值。以黑白兩色為例，黑色 RGB 三色強度為 0、白色則為 255，代入公式後兩色距離為 765。

　　在本範例程式中特別設計了 Color 顏色類別用來儲存各筆顏色名稱及三原色強度，當程式每由檔案讀入一筆顏色資料後，隨即建構顏色物件當成 colors 字典的對映值。 Color 類別將顏色距離公式設計為實例方法 distance_from，只要將另一個顏色物件當成參數傳入方法內，即能計算兩個顏色的距離。例如若 a 與 b 為兩顏色物件，則 a.distance_from(b) 可求得兩色的距離，如此只要利用迴圈將檔案內的顏色逐一當成 b 迭代運算，就可求得各顏色與 a 顏色的距離。

　　一般來說，定義一個類別，都要從設計 __init__ 起始方法與 __str__字串表示方法兩個方法開始，前者用來產生類別物件，由此設定物件的相關屬性，後者用來列印物件，可馬上核對物件的屬性是否正確。以顏色類別為例：

```
# 產生顏色物件
color = Color("Yellow", 255, 255, 0)

# 輸出：ffff00 Yellow
print( color )
```

有了這兩個方法後，類別的其他方法就可逐一添加撰寫，這是開發類別程式的標準寫法。

在程式中，每讀入一個顏色後，隨即產生一個顏色物件存入顏色字典以方便之後比較。以下為部份列印結果，輸出的第二行代表兩色距離，之後則為 RGB 顏色與名稱。

```
 > Yellow                            > Green
 -->         ffff00 Yellow           -->         00ff00 Green
 1:   44.9 eeee00 Yellow2            1:   34.0 00ee00 Green2
 2:   80.0 ffd700 Gold               2:  100.0 00cd00 Green3
 3:  111.9 eec900 Gold2              3:  150.0 32cd32 LimeGreen
 4:  131.3 cdcd00 Yellow3            4:  179.5 76ee00 Chartreuse2
 5:  134.6 ffc125 Goldenrod          5:  181.3 66cd00 Chartreuse3
 6:  154.4 adff2f GreenYellow        6:  185.8 7cfc00 LawnGreen
 7:  157.6 b3ee3a OliveDrab2         7:  190.4 7fff00 Chartreuse
 8:  160.3 eeb422 Goldenrod2         8:  203.0 00cd66 SpringGreen3
 9:  167.8 eead0e DarkGoldenrod2     9:  207.2 00ee76 SpringGreen2
10:  180.0 ffa500 Orange           10:  220.0 00ff7f SpringGreen
```

請留意，本題特別以設計類別方式來撰寫程式，但程式也可直接使用字典儲存顏色資料來完成。一般來說，越複雜的程式問題，越需使用設計類別方式來開發程式。

程式 .... rgb.py

```python
01   import math
02
03   # 顏色類別
04   class Color :
05       "顏色類別儲存：顏色名稱與 R G B 數值"
06
07       nrgb = 3
08
09       # 起始方法
10       def __init__( self , cname , r , g , b ) :
11           self.cname = cname
12           self.rgb = [ int(x) for x in [ r , g , b ] ]
13
14       # 字串表示方法：輸出以十六進位表示的顏色強度與名稱
15       def __str__( self ) :
16           return ( ("{:0>2x}"*Color.nrgb).format( *(self.rgb) )
17                    + " " + self.cname )
18
19       # 回傳顏色名稱與各組合顏色強度
20       def name( self )  : return self.cname
21       def red( self )   : return self.rgb[0]
22       def green( self ) : return self.rgb[1]
23       def blue( self )  : return self.rgb[2]
24
25       # 兩顏色的距離
26       def distance_from( self , color ) :
27           dr , dg , db = [ self.rgb[i]-color.rgb[i] for i in range(Color.nrgb) ]
28           ravg = ( self.red() + color.red() ) / 2
```

```
29
30          return math.sqrt( 2*dr**2 + 4*dg**2 + 3*db**2 +
31                              ravg*(dr**2-db**2)/256 )
32
33

34  if __name__ == "__main__" :
35
36      # 顏色字典：( 顏色名稱 --> Color 物件 )
37      colors = {}
38
39      # 讀入顏色檔，將每個顏色存成 Color 物件存入 colors 字典
40      with open("rgb.dat") as infile :
41          for line in infile :
42              cname , *rgb = line.split()
43              colors[cname] = Color(cname,*rgb)
44
45      while True :
46
47          color_name = input("> ")
48
49          if color_name in colors :
50
51              # 取得輸入顏色的顏色物件
52              color = colors[color_name]
53
54              print( "-->" + " "*6 , color )
55
56              # 計算輸入顏色與其他顏色的距離
57              cpair = [ ( colors[x] , color.distance_from(colors[x]) )
58                          for x in colors if x != color_name ]
59
60              # 利用排序找出顏色距離最小的前十筆相近顏色
61              i = 1
62              for c , d in sorted( cpair,
63                                      key=lambda p : (p[1], p[0].name()) )[:10] :
64                  print("{:>2}: {:>5.1f} {:}".format(i,d,c))
65                  i += 1
66
67          print()
```

■ 兩個水桶裝倒水模擬

大小兩個水桶,裝滿容量分別是 5 公升與 3 公升,水桶沒有刻度。現要設計程式模擬水桶裝水、倒水使得經過一些裝倒水動作後,大水桶可得 4 公升的水。需留意,由於水桶沒有刻度,每次裝水動作都會裝到滿水位,且將 a 水桶的水倒向 b 水桶時,要當 a 水桶沒水或是 b 水桶已是滿水位時才停止倒水。

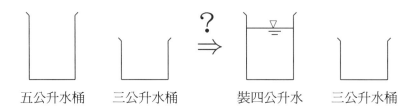

| 五公升水桶 | 三公升水桶 | 裝四公升水 | 三公升水桶 |

本題設計了 Bucket 水桶類別來模擬水桶各個裝倒水動作,每個水桶需儲存兩筆資料為水桶屬性:一為水桶的容量,即滿水位容積,二為水桶的水容積。當水桶要裝滿水時,水容積最多到滿水位容積。倒光水時,水容積減至零。若要由 a 水桶倒向 b 水桶時,要考慮 a 水桶的水在倒入 b 水桶時不能產生外溢,若有外溢,倒水隨即停止,此時 a 水桶會有剩餘水。若不會外溢,則 a 水桶的水要倒光,倒完後兩水桶的水容積都會更動。如此,Bucket 水桶類別共需設計五個方法,分別為 __init__ 初始方法、 __str__ 字串表示方法、fill_water 裝滿水、empty_bucket 倒光水、pour_to 倒水到另一水桶。

為了示範如何設計運算子覆載,在程式裡特別使用 a >> b 來模擬將 a 水桶的水倒向 b 水桶的動作,>> 運算子是透過設計 __rshift__ 來完成,即

```
# 將水倒向 foo
def pour_to( self , foo ) :
    ....
    return self

# 使用 a >> b 模擬 a 水桶倒向 b 水桶動作
def __rshift__( self , foo ) :
    return self.pour_to(foo)
```

以上 __rshift__ 方法內直接使用 pour_to() 倒水方法來完成,此倒水方法最後回傳 a 水桶物件本身,即 return self,這個回傳很重要,在某些情況會影響執行結果,例如:若 a、b、c 代表三個水桶,則

```
a >> b >> c        # 等同 ( a >> b ) >> c
                   # 等同先執行  a >> b , 再執行 a >> c
```

以上動作先將 a 水桶的水倒向 b 水桶,接下來再將 a 水桶的水倒向 c 水桶。也就是執行 a >> b >> c 時是先執行 a >> b,執行後因 pour_to() 回傳 a 物件本身,如此才能接著執行 a >> c。進一步的應用,可參考水桶習題[292]。

程式在執行後輸出：

> a , b 兩水桶容量分別為 5 公升與 3 公升 ：
  a：水桶高：5 ， 水位高：0　　b：水桶高：3 ， 水位高：0

> a 先裝滿水後倒向 b ：
  a：水桶高：5 ， 水位高：2　　b：水桶高：3 ， 水位高：3

> b 倒光後，a 再倒水到 b ：
  a：水桶高：5 ， 水位高：0　　b：水桶高：3 ， 水位高：2

> a 先裝滿水後倒向 b ：
  a：水桶高：5 ， 水位高：4　　b：水桶高：3 ， 水位高：3

程式 .... bucket.py

```
01   class Bucket :
02
03       # 初始方法：設定水桶容積與水容積
04       def __init__( self , h , w = 0 ) :
05           self.bucket_height , self.water_height = h , w
06
07       # 字串表示方法
08       def __str__( self ) :
09           return ( "水桶高：" + str(self.bucket_height) + " ， " +
10                    "水位高：" + str(self.water_height) )
11
12       # 裝滿水
13       def fill_water( self ) :
14           self.water_height = self.bucket_height
15
16       # 水倒光
17       def empty_bucket( self ) :
18           self.water_height = 0
19
20       # 將水倒向 foo，水不得外溢
21       def pour_to( self , foo ) :
22
23           remain = foo.bucket_height - foo.water_height
24
25           if self.water_height >= remain :
26               foo.water_height = foo.bucket_height
27               self.water_height -= remain
28           else :
29               foo.water_height += self.water_height
30               self.water_height = 0
31
32           return self
33
34
35       # 使用 A >> B 模擬 A 水桶倒向 B 水桶動作
```

```
36        def __rshift__( self , foo ) :
37            return self.pour_to(foo)
38
39
40    if __name__ == '__main__' :
41
42        a , b = Bucket(5,0) , Bucket(3,0)
43
44        print( "> a , b 兩水桶容量分別為 5 公升與 3 公升  : " )
45        print( "   a : " + str(a) , "     b : " + str(b) )
46        print()
47
48        # a 先裝滿水後倒向 b
49        a.fill_water()
50        a >> b
51        print( "> a 先裝滿水後倒向 b : " )
52        print( "   a : " + str(a) , "     b : " + str(b) )
53        print()
54
55        # b 倒光後，a 再倒水到 b
56        b.empty_bucket()
57        a >> b
58        print( "> b 倒光後，a 再倒水到 b : " )
59        print( "   a : " + str(a) , "     b : " + str(b) )
60        print()
61
62        # a 先裝滿水後倒向 b
63        a.fill_water()
64        a >> b
65        print( "> a 先裝滿水後倒向 b : " )
66        print( "   a : " + str(a) , "     b : " + str(b) )
```

■ 分數類別設計

設計分數類別與覆載相關運算子，使得兩分數物件可利用 +、-、*、/ 運算子執行加減乘除四則運算。同時也可以執行 +=、-=、*=、/= 與分數之間的六個比較運算。

程式執行後輸出：

```
num:分子 , den:分母
f1 = 2/6
f2 = 2/4
f3 = 5/3

2/6 + 2/4 = 5/6
2/6 - 2/4 = -1/6
2/6 * 2/4 = 1/6
2/6 / 2/4 = 2/3

f3 += f1  ---> f3 = 2

f1 < f2
f1 != f2
```

　　本題需為分數類別定義一系列的運算子方法，撰寫這些運算子方法要特別留意回傳型別，例如：+ 法運算子回傳新物件，而 += 運算子則回傳 self 本身。一般來說，-=、*=、>>=、... 等都需回傳物件本身。此外六個比較運算子，通常可先撰寫 < 與 == 兩個運算子，其餘四個可由此兩個組合而得。運算子方法是根據類別的需求來設計的，當發現使用運算子的表達方式比單純的文字名稱更易讓人理解時，此時就是撰寫運算子方法的時機。

　　本程式另外定義了兩個類別方法[257]，這是以 @classmethod 起始的裝飾器[311]，用來便利使用者以不同型式來產生物件，這在類別設計時常常使用。本章末尾有許多習題需設計運算子，可多加練習。

程式 .... frac.py

```
001  def gcd( a , b ) :
002      a , b = abs(a) , abs(b)
003      if a > b :
004          return gcd(a%b,b) if a%b else b
005      else :
006          return gcd(b%a,a) if b%a else a
007
008  class  Fraction :
009
010      """分數類別：num : 分子  den : 分母"""
011
012      # 起始方法
013      def  __init__( self , n , d = 1 ) :
014          self.num , self.den = n , d
```

```
015
016        # 使用字串設定分數
017        @classmethod
018        def  fromstr( cls , fstr ) :
019            if fstr.isdigit() :
020                n , d = int(fstr) , 1
021            else :
022                n , d = map( int , fstr.split('/') )
023
024            return  cls(n,d)
025
026        # 使用帶分數設定分數
027        @classmethod
028        def  mixed_frac( cls , a = 0 , num = 0 , den = 1 ) :
029            n , d = a * den + num , den
030            return  cls(n,d)
031
032        # 回傳最簡分數
033        def simplest_frac( self ) :
034            g = gcd(self.num,self.den)
035            return Fraction(self.num//g,self.den//g)
036
037        # 重新設定分數
038        def set_val( self , n = 0 , d = 1 ) :
039            self.num , self.den = n , d
040
041        # 取得分子與分母
042        def get_num( self ) : return  self.num
043        def get_den( self ) : return  self.den
044
045        # 分數加法
046        def __add__( self , frac ) :
047            n = self.num * frac.den + self.den * frac.num
048            d = self.den * frac.den
049            return Fraction(n,d).simplest_frac()
050
051        # 分數減法
052        def __sub__( self , frac ) :
053            n = self.num * frac.den - self.den * frac.num
054            d = self.den * frac.den
055            return Fraction(n,d).simplest_frac()
056
057        # 分數乘法
058        def __mul__( self , frac ) :
059            n = self.num * frac.num
060            d = self.den * frac.den
061            return Fraction(n,d).simplest_frac()
062
063        # 分數除法
064        def __truediv__( self , frac ) :
065            n = self.num * frac.den
```

```
066              d = self.den * frac.num
067              return Fraction(n,d).simplest_frac()
068
069       # 分數 +=
070       def __iadd__( self , frac ) :
071              self = self + frac
072              return self
073
074       # 分數 -=
075       def __isub__( self , frac ) :
076              self = self - frac
077              return self
078
079       # 分數 *=
080       def __imul__( self , frac ) :
081              self = self * frac
082              return self
083
084       # 分數 /=
085       def __itruediv__( self , frac ) :
086              self = self / frac
087              return self
088
089       # <
090       def __lt__( self , frac ) :
091              return True if self.num*frac.den < self.den*frac.num else False
092
093       # ==
094       def __eq__( self , frac ) :
095              return True if self.num*frac.den == self.den*frac.num else False
096
097       # >=  !=  <=  >
098       def __ge__( self , frac ) : return  not ( self < frac )
099       def __ne__( self , frac ) : return  not ( self == frac )
100       def __le__( self , frac ) : return ( self < frac or self == frac )
101       def __gt__( self , frac ) : return  not ( self <= frac )
102
103       # 分數
104       @classmethod
105       def data_doc( cls ) : return   "num:分子 , den:分母"
106
107       # 輸出分數字串表示分式
108       def  __str__ ( self ) :
109              if self.den == 1 :
110                  return str(self.num)
111              else :
112                  return "/".join( [ str(self.num) , str(self.den) ] )
113
114
115   if __name__ == "__main__" :
116
```

```
117        f1 = Fraction(2,6)
118        f2 = Fraction.fromstr("2/4")
119        f3 = Fraction.mixed_frac(1,2,3)
120
121        print( Fraction.data_doc() )
122
123        print( "f1 =" , f1 )
124        print( "f2 =" , f2 )
125        print( "f3 =" , f3 )
126        print()
127
128        print( f1 , "+" , f2 , '=' , f1+f2 )
129        print( f1 , "-" , f2 , '=' , f1-f2 )
130        print( f1 , "*" , f2 , '=' , f1*f2 )
131        print( f1 , "/" , f2 , '=' , f1/f2 )
132        print()
133
134        f3 += f1
135        print( "f3 += f1  ---> f3 =" , f3 )
136
137        print()
138        print( "f1 < f2" if f1 < f2 else "f1 >= f2" )
139        print( "f1 == f2" if f1 == f2 else "f1 != f2" )
```

■ 多邊形類別架構設計

今有由平面點構成的 Polygon 多邊形類別架構如下：

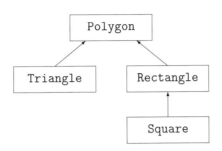

　　多邊形類別架構下的所有點都被儲存在 Polygon 基礎類別， Rectangle 長方形另存兩邊長，Square 正方形則儲存一邊長。每個類別物件都可旋轉，旋轉後回傳各自的類別物件，並沒有統一回傳類別。在類別架構的設計原則下，多邊形基礎類別儲存的屬性或方法都是整個類別架構的所有類別物件共用的。基礎類別是整個類別架構下所有類別的共享類別，各個衍生類別所儲存的屬性或建立的方法則是衍生類別間的個別差異。

　　一般在設計類別架構時，首先需設想要開發多少個類別，界定各類別的屬性與功能，然後才分析類別間的關係。了解哪些類別有繼承關係，找出共同的交集成為基礎類別，基礎類別儲存所有衍生類別共同的屬性與方法，省卻每個衍生類別都要各自設定同樣的屬性與方法。一般來說，使用到類別架構的程式題目通常都很龐大，在撰寫程式之前，必須要有嚴謹的紙上作業，理清各個類別之間的關係，否則類別架構出錯，會影響整個程式設計，使得程式越寫越亂，難以由中擴增功能或維護，反而造成更多問題。

　　本程式可以看出物件導向程式設計是以類別設計為主，整個程式除了末尾十幾列用來執行的程式碼外，其餘的程式碼都是用在設計類別，當類別都設計完成後，程式設計就已經進入尾聲。

本程式執行後輸出：

```
1 四邊形(0.0,0.0)->(2.0,0.0)->(2.0,3.0)->(0.0,1.0)　面積：4.0
2 三角形(0.0,0.0)->(2.0,0.0)->(2.0,3.0) 內接圓半徑：0.70　　面積：3.0
3 長方形(0.0,0.0)->(0.0,2.0)->(-3.0,2.0)->(-3.0,0.0)兩邊長：2.0 3.0　面積：6.0
4 正方形(2.0,3.0)->(7.0,3.0)->(7.0,8.0)->(2.0,8.0) 邊長：5.0　面積：25.0

> 旋轉 90 度：
1 四邊形(0.0,0.0)->(0.0,2.0)->(-3.0,2.0)->(-1.0,0.0)
2 三角形(0.0,0.0)->(0.0,2.0)->(-3.0,2.0) 內接圓半徑：0.70
3 長方形(0.0,0.0)->(-2.0,0.0)->(-2.0,-3.0)->(-0.0,-3.0) 兩邊長：2.0 3.0
4 正方形(-3.0,2.0)->(-3.0,7.0)->(-8.0,7.0)->(-8.0,2.0) 邊長：5.0
```

程式 .... geometry.py

```
001    import math
002
003    cno = "零一二三四五六七八九十"
```

```
004
005    # 平面向量點
006    class Point :
007
008        def __init__( self , x = 0 , y = 0 ) : self.x , self.y = x , y
009
010        def __str__( self ) :
011            return  "({:>3.1f},{:>3.1f})".format(self.x,self.y)
012
013        def get_x( self ) : return self.x
014        def get_y( self ) : return self.y
015
016        # pt1 + pt2
017        def __add__( self , pt ) :
018            return Point(self.x+pt.x,self.y+pt.y)
019
020        # pt1 - pt2
021        def __sub__( self , pt ) :
022            return Point(self.x-pt.x,self.y-pt.y)
023
024        # 點到原點長度
025        def len( self ) : return math.sqrt(self.x**2+self.y**2)
026
027        # 旋轉點，輸入角度
028        def rotate( self , ang ) :
029            rang = ang*math.pi/180
030            x = self.x * math.cos(rang) - self.y * math.sin(rang)
031            y = self.x * math.sin(rang) + self.y * math.cos(rang)
032            return Point(x,y)
033
034
035    # 多邊形基礎類別
036    class Polygon :
037
038        def __init__( self , pts ) : self.pts , self.n = pts , len(pts)
039        def name( self ) : return cno[self.n] + "邊形"
040
041        def __str__( self ) : return self.name() + self.pts_str()
042
043        # 座標點連接
044        def pts_str( self ) :
045            return "->".join( [ str(pt) for pt in self.pts ] )
046
047        # 旋轉座標點
048        def rotate_pts( self , ang ) :
049            return [ pt.rotate(ang) for pt in self.pts ]
050
051        # 多邊形面積
052        def area( self ) :
053            a , n = 0 , self.n
054            for i in range(n) :
```

```
055            a += ( self.pts[i].get_x() * self.pts[(i+1)%n].get_y() -
056                    self.pts[i].get_y() * self.pts[(i+1)%n].get_x() )
057        return abs(a)/2
058
059    # 周長
060    def perimeter( self ) :
061        s = 0
062        for i in range(self.n) :
063            s += (self.pts[(i+1)%self.n]-self.pts[i]).len()
064        return s
065
066    # 旋轉
067    def rotate( self , ang ) : return Polygon(self.rotate_pts(ang))
068
069
070 # 三角形繼承多邊形
071 class Triangle(Polygon) :
072
073    # 三點座標
074    def __init__( self , pts ) : super().__init__(pts)
075
076    @classmethod
077    def from_pts( cls , pt1 , pt2 , pt3 ) : return  cls([pt1,pt2,pt3])
078
079    def name( self ) : return "三角形"
080
081    def __str__( self ) :
082        return ( self.name() + self.pts_str() +
083                " 內接圓半徑 : " + "{:<5.2f}".format(self.icircle_rad() ) )
084
085    # 內接圓半徑
086    def icircle_rad( self ) : return 2*super().area()/super().perimeter()
087
088    # 旋轉
089    def rotate( self , ang ) : return Triangle(super().rotate_pts(ang))
090
091
092 # 多邊形繼承多邊形
093 class Rectangle(Polygon) :
094
095    # 三個相鄰點得矩形座標
096    def __init__( self , pt1 , pt2 , pt4 ) :
097        pt3 = pt2 + ( pt4 - pt1 )
098        self.len1 , self.len2 = (pt2-pt1).len() , (pt4-pt1).len()
099        super().__init__([pt1,pt2,pt3,pt4])
100
101    @classmethod
102    def from_pt_len( cls , pt1 , len1 , len2 , ang=0 ) :
103        pt2 = pt1 + Point(len1,0).rotate(ang)
104        pt4 = pt1 + Point(0,len2).rotate(ang)
105        return  cls(pt1,pt2,pt4)
```

```
106
107        def name( self ) : return "長方形"
108
109        def __str__( self ) :
110            return ( self.name() + self.pts_str() +
111                      " 兩邊長：" + "{:} {:}".format(self.len1,self.len2) )
112
113        def rotate( self , ang ) :
114            pts = super().rotate_pts(ang)
115            return Rectangle(pts[0],pts[1],pts[3])
116
117
118  # 正方形繼承長方形
119  class Square(Rectangle) :
120
121      # 兩相鄰點得方形座標
122      def __init__( self , pt1 , pt2 ) :
123          pt4 = pt1 + (pt2-pt1).rotate(90)
124          self.len = (pt2-pt1).len()
125          super().__init__(pt1,pt2,pt4)
126
127      @classmethod
128      def from_pt_len( cls , pt1 , len , ang=0 ) :
129          pt2 = pt1 + Point(len,0).rotate(ang)
130          return  cls(pt1,pt2)
131
132      def name( self ) : return "正方形"
133
134      def __str__( self ) :
135          return ( self.name() + super().pts_str() +
136                    " 邊長：" + "{:}".format(self.len) )
137
138      def rotate( self , ang ) :
139          pts = super().rotate_pts(ang)
140          return Square(pts[0],pts[1])
141
142
143  if __name__ == "__main__" :
144
145      pt1 , pt2 , pt3 , pt4 = Point() , Point(2,0) , Point(2,3) , Point(0,1)
146
147      gs = [ Polygon([pt1,pt2,pt3,pt4]) ,
148             Triangle.from_pts(pt1,pt2,pt3) ,
149             Rectangle.from_pt_len( pt1 , 2 , 3 , 90 ) ,
150             Square.from_pt_len( pt3 , 5 ) ]
151
152      for i , g in enumerate(gs) :
153          print(i+1,g," 面積："+str(g.area()))
154
155      print("\n> 旋轉 90 度：")
156      for i , g in enumerate(gs) : print(i+1,g.rotate(90))
```

■ 函式求根類別架構設計

在微積分中有幾個簡單的數值方法可用來估算函式根，例如：二分逼近法、割線法與牛頓法，其中除割線法外，其餘兩種方法已於數值求根法[111]介紹。本例題將透過求根類別架構來設計這三種求根子類別，在進入實際程式設計階段前，以下簡單介紹三種求根方法：

1. 二分逼近法(bisection method)是微積分中間值定理的直接應用，假若函數的根 r ∈ (a,b)，滿足 f(a)f(b) < 0，讓 c 為 a 與 b 的中點，則可檢查 f(a)f(c) < 0 或是 f(c)f(b) < 0 來決定根是在 (a,c) 之間或是在 (c,b) 之間，如此就縮小一半區間範圍，重複此步驟直到 f(c) 逼近 0。

2. 割線法(secant method)是利用靠近根的兩個點 a 與 b，求得一割線 L 穿過 (a,f(a)) 與 (b,f(b)) 兩點，然後計算割線 L 與 X 軸的交點 c 來估算根 r。若 f(c) 不接近 0，則讓新的 a、b 兩點為舊的 b、c 兩點，重複迭代直到 f(c) 逼近 0。以下為迭代公式：

$$c = b - f(b)\frac{b-a}{f(b)-f(a)}$$

3. 牛頓迭代法(Newton's method)利用根的近似點 x_1 來計算 $(x_1, f(x_1))$ 切線與 X 軸的交點 x_2 為近似根。若 $f(x_2)$ 不接近 0，讓新的 x_1 為 x_2，重複迭代直到 $f(x_2)$ 逼近 0，牛頓法迭代公式如下：

$$x_2 = x_1 - \frac{f(x_1)}{f'(x_1)}$$

以上方法求得的近似根 c 或 x_2 都要測試函數值的絕對值是否小於預設的誤差值。這三個求根方法以牛頓法收斂最快，如果起始點 x_1 在根附近，則牛頓法通常很快就會逼近根，而二分逼近法則是一種最慢的求根方法。使用牛頓法要另外計算函數微分值，當函數是由許多項組合在一起時，推導函數微分的過程有時候很冗長，容易出錯。為方便起見，在程式中特別利用微分定義來估算微分，避免每當更動函數時，還要另外推導函數的微分公式。

在程式設計上，三種方法都是求根法，可設計 Root_Finding 為其共同繼承的基礎類別，三種方法為其衍生類別。基礎類別是三種子類別的交集，三種數值方法的共同資料屬性可存於基礎類別，例如：預設的函數誤差值上限與收斂迭代次數。衍生類別間的個別差異即是各自求根演算法，定義於各類別之中。

數值求根方法通常要由根的近似值起始運算才能收斂，根的近似值可透過函數圖形大約得知。在程式中，我們也設計一簡單函式 plot_fn 來畫出函式的圖形。函數是定義於 fn 函式，牛頓法所用的微分函數則是使用簡單的中間值微分公式。右圖為程式範例所求解 $f(x) = x\cos(x) - 5\sin(\frac{x}{10}) + 4$ 的函數圖形。

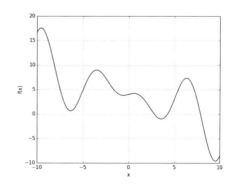

　　以下為使用三種求根方式的運算結果，其中二分逼近法的起始區間為 [2,3]； Secant 法的兩個起點分別是 x=2 與 x=3；牛頓法的起始點則為 x=2。

```
Bisection method :[32] 2.7915574  6.465e-11
Secant method    :[ 5] 2.7915574  7.654e-12
Newton's method  :[ 4] 2.7915574  0.000e+00
```

　　輸出的每一列包含求根法的名稱、收斂時迭代的次數、近似根、近似根的函數值。由結果可看出牛頓法的迭代次數最少，近似根也最精確。

程式 .... root_finding.py

```
001  from math import *
002  import pylab
003
004  # 函式
005  def fn( x ) :
006      return    x * cos(x) - 5 * sin(x/10) + 4
007
008  # 計算微分
009  def df( x , h=1.e-7 ) :
010      return    ( fn(x+h) - fn(x-h) ) / (2*h)
011
012  # 在 [a,b] 間畫圖，npts 為點數
013  def plot_fn( a , b ,  npts = 100 ) :
014
015      dx = ( b - a ) / (npts-1)
016      xs = [ a + i * dx for i in range(npts) ]
017      ys = [ fn(x) for x in xs ]
018
019      pylab.figure(facecolor='white')
020      pylab.grid()
021      pylab.xlabel("x")
022      pylab.ylabel("f(x)")
023      pylab.plot( xs , ys )
024      pylab.show()
025
026
027  # 定義求根基礎類別
028  class Root_Finding :
029
030      def __init__( self , err = 1.e-10 ) :
031          self.n , self.err = 0 , err
032
033      # 設定收斂誤差
034      def set_err( self , err ) : self.err = err
035
036      # 迭代次數
037      def iter_no( self ) : return self.n
038
```

288

```
039
040    # 二分逼近法
041    class Bisection(Root_Finding) :
042
043        def __init__( self , err = 1.e-10 ) :
044            super().__init__(err)
045
046        def __str__( self ) : return "Bisection method"
047
048        # 二分求根法：在 [a,b] 區間內求根
049        def find_root( self , a , b ) :
050
051            fa , fb , n = fn(a) , fn(b) , 1
052
053            while True :
054                c = ( a + b ) / 2
055                fc = fn(c)
056
057                if abs(fc) < self.err : break
058
059                if fa * fc < 0 :
060                    b , fb = c , fc
061                elif fb * fc < 0 :
062                    a , fa = c , fc
063
064                n += 1
065
066            self.n = n
067            return c
068
069
070    # 割線法
071    class Secant(Root_Finding) :
072
073        def __init__( self , err = 1.e-10 ) :
074            super().__init__(err)
075
076        def __str__( self ) : return "Secant method"
077
078        # 割線求根法：由 a , b 兩點起始
079        def find_root( self , a , b ) :
080
081            fa , fb , n = fn(a) , fn(b) , 1
082
083            while True :
084                c = b - fb * (b-a) / (fb-fa)
085                fc = fn(c)
086                if abs(fc) < self.err : break
087
088                a , b = b , c
089                fa , fb = fb , fc
```

```
090                    n += 1
091
092            self.n = n
093            return c
094
095
096    # 牛頓迭代法
097    class Newton(Root_Finding) :
098
099        def __init__( self , err = 1.e-10 ) :
100            super().__init__(err)
101
102        def __str__( self ) : return "Newton's method"
103
104        # 牛頓求根：由點 x1 起始
105        def find_root( self , x1 ) :
106
107            n = 1
108            while True :
109                x2 = x1 - fn(x1)/df(x1)
110                if abs(fn(x2)) < self.err : break
111                x1 , n = x2 , n+1
112
113            self.n = n
114            return x2
115
116
117    if __name__ == '__main__' :
118
119        # 畫函式圖形
120        plot_fn(-10,10,200)
121
122        foo = Bisection()
123        rt = foo.find_root(2,3)
124        print( "{:<17}:[{:>2}] {:>9.7f} {:>10.3e}".format(
125              str(foo) , foo.iter_no() , rt , fn(rt) ) )
126
127        foo = Secant()
128        rt = foo.find_root(2,3)
129        print( "{:<17}:[{:>2}] {:>9.7f} {:>10.3e}".format(
130              str(foo) , foo.iter_no() , rt , fn(rt) ) )
131
132        foo = Newton()
133        rt = foo.find_root(2)
134        print( "{:<17}:[{:>2}] {:>9.7f} {:>10.3e}".format(
135              str(foo) , foo.iter_no() , rt , fn(rt) ) )
136
```

■ 結語

函式導向程式設計是以函式設計為主，函式與傳入的資料是各自獨立，互不相干，資料只有在傳入函式時才需臨時調整成函式所需的格式。但在物件導向程式設計中，方法存在的目的即是「服務」屬性，方法與屬性不是各自獨立，類別將屬性與方法綁在一起，並透過起始方法將傳入的各式資料全部轉變為類別統一設定的格式，使得類別內的方法都能使用相同格式的屬性。這個小改變，造成開發類別的各種方法或是使用類別物件都變得非常方便，使用者不用再去煩惱要準備哪種格式資料給方法使用，省卻了許多麻煩，這也是物件導向程式設計會用來開發大型程式的主要原因之一。

對開發大程式，應試著強迫以類別來設計程式。但由於類別語法相對複雜，設計一個好的類別或類別架構程式需要足夠的經驗累積。以下的練習題，請多加練習。

■ 練習題

1. 參考找尋近似顏色範例[273]，改寫程式，在 Color 類別內撰寫方法用來找出在某顏色差距內的所有近似色，find_close_colors，然後印出有著最多近似色的前三個顏色，這裡的近似色是指兩顏色的差距小於 20 但不為 0 的顏色。以下為找尋近似色的程式片段，你的程式還需要印出近似色最多的前三個顏色：

```
# 最大顏色差距
dis = 20

# 對每個顏色找出顏色差距在 dis 內的其他顏色後存起來
for cname in colors :
    colors[cname].find_close_colors(colors,dis)
```

輸出為：

```
[1] Seashell4:              4 14.1 8b8b7a LightYellow4
1  8.7 8b8386 LavenderBlush4  5 16.7 8b8386 LavenderBlush4
2 10.1 8b8b83 Ivory4          6 17.9 838b8b Azure4
3 12.5 8b8989 Snow4           7 18.3 8b8878 Cornsilk4
4 16.0 8b8b7a LightYellow4
5 16.2 8b8878 Cornsilk4      [3] Honeydew4:
6 16.3 838b83 Honeydew4      1 12.6 838b8b Azure4
7 16.4 828282 grey5          2 12.7 8b8b83 Ivory4
8 16.8 8b8378 AntiqueWhite4  3 16.3 8b8682 Seashell4
                             4 16.3 8b8989 Snow4
[2] Ivory4:                  5 18.1 828282 grey5
1 10.1 8b8682 Seashell4      6 19.0 8b8b7a LightYellow4
2 10.2 8b8989 Snow4          7 19.0 7a8b8b LightCyan4
3 12.7 838b83 Honeydew4
```

2. 設計打亂區間資料類別，Random_Shuffle，元素可為整數或字元，資料會先被打亂，然後使用 get() 取得元素，當所有元素都被取出後，需再度打亂元素順序，以下為程式碼：

```
# foo 為 8 9 10 11 等四個數字
foo = Random_Shuffle(8,11)

# 執行 16 次，依次印出打亂後元素
for i in range( 4 * foo.len() ) :
    print( foo.get() , end=" " )
```

291

```
        print()

        # bar 為 'a' 'b' 'c' 'd' 'e' 等五個字元
        bar = Random_Shuffle('a','e')

        # 執行 10 次，依次印出打亂後元素
        for i in range( 2 * bar.len() ) :
            print( bar.get() , end=" " )
        print()
```

以下為程式執行的結果：

```
8 9 11 10 8 11 9 10 11 9 8 10 9 8 10 11
d a c e b c a d b e
```

提示：你可能需使用 type(x) 確認 x 的型別，使用如下：

```
>>> type(82)
<class 'int'>

>>> type('cat')
<class 'str'>
```

3. 有若干人玩紙牌遊戲，請分別設計紙牌(Cards)與玩家(Player)兩類別，模擬紙牌分牌給玩家，最後印出每位玩家由小到大的牌組，執行的程式碼如下：

```
        deck = Cards()

        a, b, c, d = Player("Tom") , Player("Sam") , Player("Joe") , Player("Amy")

        # 模擬分牌：輪流五次，每次依順序各分一張牌給每個人
        for i in range(5) :
            deck >> a >> b >> c >> d

        print( a , b , c , d , sep="\n" )
```

輸出：

```
Tom : C6 C7 D7 D8 D10
Sam : C9 C10 D3 H2 SK
Joe : CJ H5 H9 H10 S2
Amy : C8 D4 DQ H3 S3
```

提示：>> 要回傳物件本身

4. 參考水桶裝倒水範例[276]，修改程式，設計相關的方法使得以下的程式碼得以運作。

```
        # 空水桶
        a , b , c = Bucket(5,"a") , Bucket(3,"b") , Bucket(100,"c")

        # fill 代表水桶一開始即是滿水位
        f = Bucket(100,"f",fill=True)

        # f 倒向 a 後，f 再倒向 b
        f >> a >> b
        print( a , b , c , foo , sep=" , " )

        # b 倒向 c 後，a 再倒向 b
        a >> ( b >> c )
```

```
print( a , b , c , foo , sep=" , " )

# b 倒向 c 後，a 再倒向 b
a >> ( b >> c )
print( a , b , c , foo , sep=" , " )

# f 倒向 a 後，a 再倒向 b
( a << f ) >> b
print( a , b , c , foo , sep=" , " )
```

輸出為：

```
a:5/5 , b:3/3 , c:0/100 , f:92/100
a:2/5 , b:3/3 , c:3/100 , f:92/100
a:0/5 , b:2/3 , c:6/100 , f:92/100
a:4/5 , b:3/3 , c:6/100 , f:87/100
```

提示：<< 與 >> 運算子方法要回傳物件本身

5. 有一成績檔案，包含人名與三筆成績(score.dat@web)，撰寫 Score 成績類別讀入成績檔，計算平均成績，然後以互動式，讀入 a , b 兩數，印出平均成績在 [a,b] 之間的人與其成績，成績由高到低排列，相關程式碼如下：

```
# score 物件讀入 score.dat 資料檔
score = Score("score.dat")

while True :

    a , b = [ int(x) for x in input("> ").split() ]

    # 取得平均成績在 [a,b] 間的所有名單
    names = score.find_score_between(a,b)

    # 列印名單的成績資料，且由高分到低分排列
    print( score.get_records( names ) )
```

以下為部份輸出：

```
> 80 90
1  羅永璘: 89.0 (85,93,89)
2  陳永詔: 83.3 (86,84,80)
3  黃義清: 83.0 (86,87,76)
4  陳博翔: 80.7 (78,92,72)
```

6. 設計 Toy_Car 模型車類別模擬模型車的行進，假設模型車可以固定速度直行若干秒數，轉彎再前進，以下為運作的程式碼：

```
# 由 (0,1) 位置開始，秒速 2 單位，方向：0 度(朝東)
car = Toy_Car(0,1,speed=2,dir=0)

car.forward(10)        # 行進 10 秒
print( car )

car.drive(5,90)        # 左轉 90 後行進 5 秒
print( car )

car.drive(15,90)       # 左轉 90 後行進 10 秒
print( car )
```

輸出：

車子位置 (20.0,　1.0)，朝向 0 度方向
車子位置 (20.0, 11.0)，朝向 90 度方向
車子位置 (-10.0, 11.0)，朝向 180 度方向

7. 某骰子遊戲規則：兩人各擲三個骰子，若其中兩個骰子點數一樣，則骰子組的點數就是剩下的骰子點數。如果三個骰子點數都不一樣，則骰子組的點數為零。例如：2 5 2 的點數為 5，若為 3 3 3，則點數為 3，若為 4 5 6，則點數為零。每次兩人同時擲骰子，當點數相同時，需重新擲骰子直到分出勝負為止，程式印出勝利的一方。以下為部份程式碼，請完成整個程式設計。

```python
a , b = Dice("小明") , Dice("小華")

while True :

    a.throw_dices()
    b.throw_dices()

    print(a, b, sep="\n", end="\n\n")

    if a.val() != b.val() : break

print( ( a.name() if a.val() > b.val() else b.name() ) + "贏" )
```

輸出：

```
小明 1 3 6 --> 0
小華 2 6 4 --> 0

小明 3 2 3 --> 2
小華 4 1 3 --> 0

小明贏
```

8. 撰寫程式模擬剪刀、石頭、布遊戲，輸入玩家名字，印出直到分出勝負為止之間的所有過程。請留意：在某些狀況下，雖然無法決定唯一的優勝者，但可能會出現有人提早被淘汰的情況。以下為執行的程式碼片段：

```python
players = ( "小華", "小明", "小民", "花花", "阿杰" )

game = SSP(players)

while True :
    game.play()              # 出拳
    print( game )            # 印出結果
    if game.over() : break

print( game.winner() )
```

以上為某次執行的輸出：

```
小華   小明   小民   花花   阿杰
剪刀   布     剪刀   布     布
--> 剪刀

小華   小民
石頭   石頭
--> 沒勝負
```

```
小華　小民
剪刀　石頭
--> 石頭

小民
```

9. 設計 Morse_Code 摩氏電碼類別，輸入英文字後將其所對應的摩氏碼印出，並加以印證。每個字碼之間以空白分開，以下為摩氏碼對應表：

字母	摩氏碼	字母	摩氏碼	字母	摩氏碼	字母	摩氏碼
A	.-	H	....	O	---	V	...-
B	-...	I	..	P	.--.	W	.--
C	-.-.	J	.---	Q	--.-	X	-..-
D	-..	K	-.-	R	.-.	Y	-.--
E	.	L	.-..	S	...	Z	--..
F	..-.	M	--	T	-		
G	--.	N	-.	U	..-		

執行程式碼如下：

```
foo = Morse_Code()

while True :
    foo = input("> ").strip()

    # 找出摩氏碼
    bar = morse.encode(foo)

    # 印出摩氏碼，並反求英文字
    print( bar , "-->" , morse.decode(bar) )
```

輸出：

```
> sos
... --- ... --> sos
> python
.--. -.-- - .... --- -. --> python
```

10. 撰寫類別定義多項式函式，使以下程式得以運作：

```
# a = 3 + X + 2 X^2 - X^3 - X^4
a = Poly(3,1,2,-1,-1)
print( "a =", a )

# b = 1 + X + X^2 + X^3 + X^4
b = Poly.vecform(4,1)          # 由 X^0 到 X^4 的係數都是 1
print( "b =", b )

c = a + b
print( "a+b =" , c )

d = b - Poly.vecform(2,1)
print( "d =" , d )
```

```
輸出：
    a = 3 + X + 2 X^2 - X^3 - X^4
    b = 1 + X + X^2 + X^3 + X^4
    a+b = 4 + 2 X + 3 X^2
    d = X^3 + X^4
```

11. 參考上題，設計方法使其可以執行以下求值、微分、積分等動作：

```
a = Poly(5,-2,3,-12)

print( "多項式 :" , a )
print( "微分函數 :" , a.derivative() )
print( "微分函數在 x=1 值 :" , a.derivative().val(1) )
print( "積分函數 :" , a.integral() )
print( "積分函數在 x=2 值 :" , a.integral().val(2) )
print( "在 [0,1] 的定積分 :" , a.integral_over(0,1) )
```

輸出為：

```
多項式 : 5 - 2 X + 3 X^2 - 12 X^3
微分函數 : -2 + 6 X - 36 X^2
微分函數在 x=1 值 : -32
積分函數 : 5 X - X^2 + X^3 - 3 X^4
積分函數在 x=2 值 : -34.0
在 [0,1] 的定積分 : 2.0
```

12. 地球的經度以英國格林威治天文台為界線分為東經與西經，東西經各為 180 度，東經 130 度 23 分，以 130e23 表示，西經 20 度 55 分，則用 20w55 表示。在經度分界處，0 度以 0e0 表示，180 度則為 180e0。觀察以下程式碼，設計相關程式，使得程式得以執行：

```
while True :
    foo = input("> ")

    bar = Longtitude(foo)
    for i in range(-2,3) :
        print( bar.shift(i*10) , end=" " )
    print("\n")
```

輸出：

```
> 5e34
14w26 4w26 5e34 15e34 25e34

> 160w34
179e26 170w34 160w34 150w34 140w34
```

13. 堆疊(stack)是一種資料儲存機制可將存入的元素顛倒順序取出，也就是先存入的元素較後取出來，如同將子彈擠入彈匣的過程一樣。推入稱為 push，取出稱為 pop，且都由頂部(top)推入或取出，如右圖。請設計 Stack 類別與相關實例方法使其得以完成以下的動作：

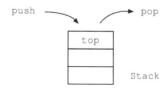

```
foo = Stack()

# 依次推入 '1', '22', '333' 三個字串
for i in range(1,4) : foo.push(str(i)*i)
print( foo )

# 先列印頂部元素後，再取出元素
while not foo.empty() :
    print( foo.top() )
    foo.pop()                        # 一般來說，pop() 不回傳元素

print( foo )

# 一次推入一個串列
foo.pusharray( [6,7,8] )
print( foo )

# 直接更動頂部元素為 1
foo.set_top(1)
print( foo , "top:", foo.top() )
```

程式輸出：

```
> stack size : 3
333 22 1
333
22
1
> stack size : 0
> stack size : 3
8 7 6
> stack size : 3
1 7 6  top: 1
```

14. 佇列(queue)也是一種資料儲存機制，但與上一題堆疊不同處，佇列保持存入的順序，
    也就是說，先存進的元素，也會先被取出來，在應用上通常是用來模擬跟排隊有關的問
    題。元素是由尾部(back)推入稱為 push，由前方(front)取出稱為 pop，如下圖。請
    設計 Queue 類別與相關實例方法使其得以完成以下的動作：

執行的程式碼：

```
foo = Queue()

# 依次推入 '1', '22', '333' 三個字串
for i in range(1,4) :
    foo.push(str(i)*i)
```

```
print( foo )

# 先列印前端元素後，再取出元素
while not foo.empty() :
    print( foo.front() )
    foo.pop()

print( foo )

# 一次推入一個串列
foo.pusharray( [6,7,8] )
print( foo )
```

輸出為：

```
> Queue size : 3
1 22 333
1
22
333
> Queue size : 0
> Queue size : 3
6 7 8
```

15. 定義整數範圍為以下型式：

數字型式	數字範圍
[a,b]	代表數字 x 在 a 數字與 b 數字之間，且 a < b
[a:b]	代表數字 x 在 a 位數與 b 位數之間，且 $1 \leq a \leq b$
[a]	代表數字 x 為 a 位數，且 $1 \leq a$

以上 [1,99] 與 [1:2] 兩者的數字範圍相同，但兩者取出數字的機率有所差異，前者範圍內的所有數字取出機率相同，而後者則是先決定位數，有了位數後，再由同位數的所有數字中隨機取出數字。撰寫程式，設計 Intrange 類別，接受三種數字範圍後產生物件，隨意產生 10 個數字，程式碼如下：

```
while True :
    num = input("> ")
    foo = Intrange(num)

    for i in range(10) :
        print( foo.get_num() , end=" " )

    print("\n")
```

輸出為：

```
> [1,9]
9 5 1 7 2 7 3 7 7 4

> [1,99]
75 5 15 64 67 34 25 43 72 83

> [1:2]
```

```
4 77 3 98 66 2 8 46 7 5

> [2]
54 76 78 88 51 28 17 44 84 88
```

16. 設計日期類別，可用來計算兩日期的差距，比較日期前後，加日數等運算，相關執行程式碼如下：

```
foo = Date(2018,3,2)

date = input("> ")
bar = Date.from_str(date)

print( "foo : " , foo )
print( "bar : " , bar )
print( 'nth day of year : ' , bar.nth_day_of_year() , end="\n\n" )

print( "foo <  bar : " , foo <  bar )
print( "foo == bar : " , foo == bar , end="\n\n" )

print( "foo -  bar : " , foo -  bar , end="\n\n" )

print( "bar + 10  : " , bar + 10 )
print( "bar + 200 : " , bar + 200 )
print( "bar + 365 : " , bar + 365 )
print( "bar + 731 : " , bar + 731 )
```

輸出為：

```
> 2018-3-7
foo :  2018-03-02
bar :  2018-03-07
nth day of year :  66

foo <  bar :  True
foo == bar :  False

foo -  bar :  -5

bar + 10  :  2018-03-17
bar + 200 :  2018-09-23
bar + 365 :  2019-03-07
bar + 731 :  2020-03-07
```

17. 參考求根類別架構範例[287]，設計以下相關程式碼，各別畫出求解過程圖形：

```
# 使用 Bisection 畫出求解過程，畫出函式圖形 x in [0,5]
# 起始範圍在 [1,4]，迭代 4 次
Bisection().plot_estimate(0,5,1,4,4)

# 使用 Secant 法畫出求解過程，畫出函式圖形 x in [0,5]
# 起始點依次為 2 , 3.5 ，迭代 3 次
Secant().plot_estimate(0,5,2,3.5,3)
```

```
# 使用 Newton 法畫出求解過程，畫出函式圖形 x in [0,5]
# 起始點在 x = 3.4 ， 迭代 3 次
Newton().plot_estimate(0,5,3.4,3)
```

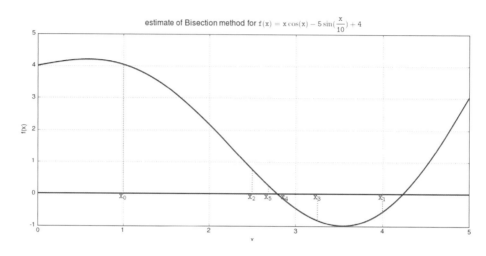

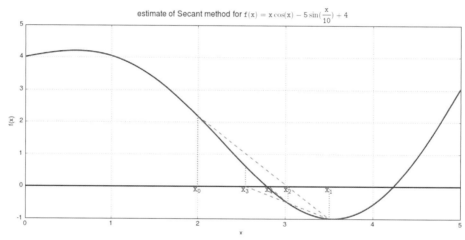

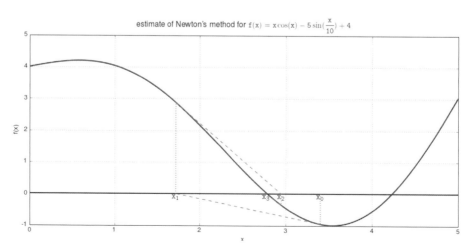

18. 參考列印點陣圖形範例[78]，設計數字點陣類別(Bitmap)用來列印數字的點陣圖形，並設計 += 、 <<= 、 >>= 運算子方法，以下為運作的程式碼：

```
num = Bitmap(723456000)
print( num )

num += 999                    # 數字增加 999
print( num )

num <<= 3                     # 數字向左旋三位
print( num )

num >>= 1                     # 數字向右旋一位
print( num )
```

輸出為：

```
7777 2222 3333 4   4 5555 6666 0000 0000 0000
   7    2    3 4  45    6    0  0 0  0 0  0 0
   7 2222 3333 4444 5555 6666 0  0 0  0 0  0 0
   7 2    3    4    5  6 6  0  0 0  0 0  0 0  0 0
   7 2222 3333    4 5555 6666 0000 0000 0000

7777 2222 3333 4   4 5555 6666 9999 9999 9999
   7    2    3 4  45    6    9  9 9  9 9  9 9
   7 2222 3333 4444 5555 6666 9999 9999 9999
   7 2    3    4    5  6 6  9     9     9  9
   7 2222 3333    4 5555 6666 9999 9999 9999

4   4 5555 6666 9999 9999 9999 7777 2222 3333
4  45    6    9  9 9  9 9  9 9    7    2    3
4444 5555 6666 9999 9999 9999    7 2222 3333
   4    5  6 6  9     9     9  7 2       3
   4 5555 6666 9999 9999 9999    7 2222 3333

3333 4   4 5555 6666 9999 9999 9999 7777 2222
   3 4  45    6    9  9 9  9 9  9 9    7    2
3333 4444 5555 6666 9999 9999 9999    7 2222
   3    4    5  6 6  9     9     9  7 2
3333    4 5555 6666 9999 9999 9999    7 2222
```

19. 同上題，另外設計以下幾個方法可用來改變輸出字元，放大點陣圖在縱橫兩方向各 n 倍，可傾斜列印，程式碼如下：

```
num = Bitmap(98456)
num.setsym('#')                    # 輸出字元改為 #
print(num, end="\n\n")

num.setsym('O')                    # 輸出字元改為 O
num.set_slant()                    # 傾斜列印數字
num.enlarge(2)                     # 放大兩倍列印
print(num)
```

輸出為：

```
#### #### #   # #### #### #### ####
#  # #  # #  #  #    # #  # #    #
#### #### #### #### #### #  # ####
   # #  #    #    # #  # #  #    #
#### ####    #  # #### #### #### ####
```

```
        00000000 00000000 00      00 00000000 00000000 00000000 00000000
        00000000 00000000 00      00 00000000 00000000 00000000 00000000
        00      00 00      00 00      00 00      00      00      00
        00      00 00      00 00      00 00      00      00      00
        00000000 00000000 00000000 00000000 00000000 00      00 00000000
        00000000 00000000 00000000 00000000 00000000 00      00 00000000
        00 00      00      00      00 00      00 00      00      00
        00 00      00      00      00 00      00 00      00      00
        00000000 00000000      00 00000000 00000000 00000000 00000000
        00000000 00000000      00 00000000 00000000 00000000 00000000
```

20. 修改第三章房舍[55]習題成為 Huts 類別，設定 n 為房舍大小，1 號為最小，以下為相
    關的執行程式碼：

```python
# 房舍大小
foo = [ 2, 1, 2, 1, 2 ]

huts = Huts.from_array(foo)
huts.show()

# 由低到高
print( "> 由小到大排列：" )
huts.sort( lambda x : x ).show()

# 隨意排列
print( "> 隨意排列：" )
huts.shuffle().show()

# 加一間 2 號房
print( "> 加一間 2 號房：" )
huts += 2
huts.show()

# 第一間變大
print( "> 第一間變成 3 號房舍：" )
huts[0] = 3
huts.show()
```

輸出：

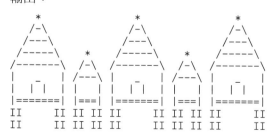

> 由小到大排列：

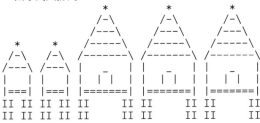

> 隨意排列：

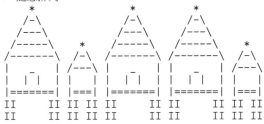

> 加一間 2 號房：

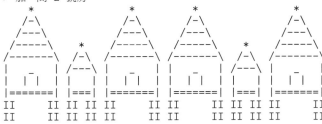

> 第一間變成 3 號房舍：

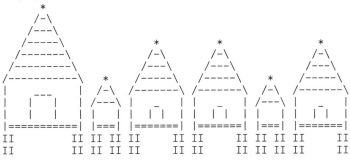

附錄 A：小數與浮點數

■ 二進位浮點數表示方式

一個十進位的小數在存入計算機後被轉為二進位浮點數，以下為二進位浮點數的表示方式：

$$x = \pm 0.d_1d_2d_3\ldots \times 2^m \qquad , \quad d_1 = 1 \quad ，其他 \ d_i \ 不是 \ 0 \ 就是 \ 1$$

這裡 x 為浮點數，$\pm$ 為正負號，$d_1d_2d_3\ldots$ 為底數，m 為指數，計算機的浮點數通常佔用八個位元組(byte)。

■ 進位轉換問題

十進位的小數須轉為二進位的浮點數才能為計算機所儲存，以下為二進位數字與十進位數字互轉，數字的下標 2 代表為二進位數。

▶ $0.01_2 = 0 \times 2^{-1} + 1 \times 2^{-2} = 0 + 0.25 = 0.25$

▶ $0.1 = 1 \times 10^{-1} = 0 \times 2^{-1} + 0 \times 2^{-2} + 0 \times 2^{-3} + 1 \times 2^{-4} + 1 \times 2^{-5} + 0 \times 2^{-6} +$
$\quad 0 \times 2^{-7} + 1 \times 2^{-8} + 1 \times 2^{-9} + \cdots = 0.0\overline{0011}_2$

以上二進位的 0.01_2 換算為十進位為 0.25，而十進位的 0.1 換算成二進位為 $0.0\overline{0011}_2$，變成二進位的循環小數！

■ 截去誤差 (round-off error)

十進位的小數與其存入計算機後的浮點數間的差距稱為截去誤差，如下圖：

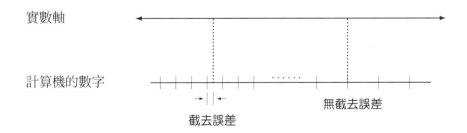

當一個小數在轉為二進位浮點數時，若能將全部二進位數字存入記憶空間，就沒有截去誤差，此時十進位小數與計算機的二進位浮點數數值一樣。若無法全部存入，就存在著誤差。例如 0.25、0.75、0.625 都沒有截去誤差，但 0.1、0.01、0.003 等數都有截去誤差。

截去誤差幾乎無法避免，事實上，如果隨便給個介於 (0,1) 之間的十進位純小數，且小數位數最多有 n 位，如：$0.d_1d_2\cdots d_n$，則此數在由十進位轉為二進位時不會產生截去誤差的機率為 $\frac{2^n-1}{10^n-1}$，當 n 很大時，約等於 $(0.2)^n$。因此若隨便寫個最多 7 個位數的純小數，此數在存入計算機沒有截去誤差的機率約為 $\frac{1}{78740}$。當小數的數字位數越多時，不會產生任何截去誤差的機率就幾乎為零。

■ 浮點數的有效位數

使用八個位元組儲存資料的浮點數，最多僅有十五位有效數字。當真實的數字位數超過這些上限，計算機裡頭的數就與實際的數有所差距，這個差距就是截去誤差，也代表著計算機的浮點數僅是小數的近似數。

有截去誤差的數字間的運算，會造成誤差的增加。由於小數轉成浮點數後幾乎都有截去誤差，使得浮點數間的運算等同是近似數的運算，近似數間的運算其誤差會累積，造成運算結果與真實數值越差越多，若在程式設計中去檢查兩個同值的數學式運算是否相同，其結果通常是不相等。例如：在數學上 0.1+0.1+0.1 與 0.3 是等值的，但在計算機上卻是不相等。原因在於 0.1 與 0.3 存入計算機後都有截去誤差，只是近似數，三個 0.1 近似數相加後的誤差會變化累積，使得數字和與 0.3 近似數不同。**在計算機的浮點數運算過程，截去誤差的影響幾乎無所不在，且無可避免。**

■ 計算機浮點數的特性

整體而言，計算機內的浮點數並不是呈現等距分佈，而是以一叢一叢的方式呈現等距分佈，而且離原點越遠的數字叢，其相鄰數字的距離會比較靠近原點的數字叢的相鄰數字距離更大，下圖為計算機的浮點數字分佈：

由於受到計算機內數字的儲存空間大小限制與進位的差異，計算機的浮點數具有以下的特性：

▶ 正數的數字叢區間為 $[2^n, 2^{n+1})$，負數的數字叢區間為 $(-2^{n+1}, -2^n]$，n 為整數，可正可負。

▶ 各個數字叢內的數字呈現等距分佈。

▶ 每個數字叢內的數字個數皆為 2 的指數次方，數量多寡由底數所使用的空間大小決定。

▶ 任選兩相鄰數字叢，則離原點較遠的數字叢，其數字叢區間大小與數字叢內兩相鄰數字的間距都是較近原點的數字叢所對應數據的兩倍。

▶ 當存入計算機浮點數的絕對值越大，其產生的截去誤差也會越大。

■ 計算機數字運算的數學問題

計算機內數字儲存位數的不足常常會造成一些怪異的數學問題，例如：假設有兩筆資料 $a = 1. \times 10^{-10}$， $b = 1. \times 10^{10}$，在計算機內都以八個位元組來儲存，則數學的加減法結合律就「破功」了：

$$(a + b) - b \neq a + (b - b)$$

原因在於八位元組的儲存空間僅有 15 個位數的精確度，左邊括號內的計算結果已超過了所能儲存的總位數，太小的數字資料都被捨去，因此左邊的計算結果為 0.0，但右邊計算結果仍等於 a，兩者自然不相等。同樣地，若 $a = 1$ 與 $h = 10^{-20}$，則在數值運算上 $a + h = a$，這又與數學上的運算結果不符合。若更進一步將 a 與 h 兩數值用來計算函式 $f(x)$ 在 $x = a$ 的微分值，

$$f'(a) = \lim_{h \to 0} \frac{f(a+h) - f(a)}{h}$$

則不管函數型式為何，$f(x)$ 函數在 $x = a$ 的微分運算值為 0，此計算結果明顯地不對。事實上，若讓 a 為計算機內任一浮點數，b 與 c 兩數字分別為計算機內最靠近數字 a 的左右兩側數字，也就是計算機在 $[b,c]$ 區間內僅有 b，a，c 三個離散數字。當 h 太小時，計算機無法在 $[b,c]$ 區間內找到一個數字剛好等於 $a + h$ 之值。若 $a + h$ 數值比 b 與 c 兩數更靠近 a 時，多半的情況計算機會將 $a + h$ 的計算值存成 a。

計算機的數字

在這種情況下，不管 $f(x)$ 函數型式與 a 為何，計算機所算出來的 $f'(a)$ 微分都為 0，這樣的運算結果與真正數學上的微分值完全不同。

> 即使程式的運算步驟百分之百正確，計算機的運算結果有時也不能毫不加思索地全然接受。

附錄 B：等差數列的應用

■ 等差數列

▶ $\{b_i\}$ 為等差數列，$i \geq 0$，b_0 首項，d 公差，則 $\{b_i\}$ 為：

$$b_i = b_0 + i\,d$$

▶ 以上 i 可用數列表示，假設為 $\{c_i\}$，則公式可調整為：

$$b_i = b_0 + d\,c_i \quad i \geq 0 \quad , \quad \{c_i\} = 0, 1, 2, 3, \ldots$$

▶ 應用

1. $\{a_i\}$，$\{b_i\}$ 兩數列分別為 $1, 2, 3, 4, \ldots$ 與 $8, 10, 12, 14, \ldots$，兩者對應關係？

   解：b 數列公差為 2，首項為 8，讓 $\{a_i\}$ 各項減 1 後可得 $0, 1, 2, \ldots$，即
   $$b_i = b_0 + d\,c_i = 8 + 2(a_i - 1) \quad i \geq 0$$

2. $\{a_i\}$，$\{b_i\}$ 兩數列分別為 $3, 4, 5, 6 \ldots$ 與 $10, 8, 6, 4 \ldots$，兩者對應關係？

   解：b 數列公差為 -2，$b_0 = 10$，$\{a_i\}$ 各項減 3 後得 $0, 1, 2, 3, \ldots$，則
   $$b_i = b_0 + d\,c_i = 10 - 2(a_i - 3) \quad i \geq 0$$

3. $\{a_i\}$，$\{b_i\}$ 兩數列分別為 $8, 7, 6, 5 \ldots$ 與 $10, 8, 6, 4 \ldots$，兩者對應關係？

   解：b 數列公差為 -2，$b_0 = 10$，$\{a_i\}$ 為 $8, 7, 6, 5, \ldots$，用 8 減去 $\{a_i\}$ 各項後得 $0, 1, 2, 3, \ldots$，則 $b_i = b_0 + d\,c_i = 10 - 2(8 - a_i) \quad i \geq 0$

4. $\{a_i\}$，$\{b_i\}$ 兩數列分別為 $1, 3, 5, 7 \ldots$ 與 $10, 8, 6, 4 \ldots$，兩者對應關係？

   解：b 數列公差為 -2，$b_0 = 10$，要轉換 $\{a_i\}$ $1, 3, 5, 7 \ldots$ 成 $0, 1, 2, 3, \ldots$ 可使用 $\lfloor \frac{a_i}{2} \rfloor$ 求得，因此
   $$b_i = b_0 + d\,c_i = 10 - 2\left\lfloor \frac{a_i}{2} \right\rfloor = 10 - 2(a_i // 2) \quad i \geq 0$$

5. $\{a_i\}$，$\{b_i\}$ 兩數列分別為 $13, 10, 7, 4, \ldots$ 與 $5, 4, 3, 2, \ldots$，兩者對應關係？

   解：b 數列公差為 -1，$b_0 = 5$，即 $b_i = b_0 + d\,c_i = 5 - c_i$。接著轉換 $\{a_i\}$ $13, 10, 7, 4 \ldots$ 成 $\{c_i\}$ $0, 1, 2, 3, \ldots$ 可使用 $a_i = 13 - 3c_i$，即 $c_i = (13 - a_i)/3$，合併後得 $b_i = 5 - \dfrac{13 - a_i}{3}$

▶ 練習

1. $\{a_i\} = 3, 4, 5, \ldots$ 與 $\{b_i\} = 0, 5, 10, \ldots$，若 $b_i = f(a_i)$ 與 $a_i = g(b_i)$，求 f 與 g？

2. $\{a_i\} = 3, 5, 7, \ldots$ 與 $\{b_i\} = 10, 9, 8, \ldots$，若 $b_i = f(a_i)$ 與 $a_i = g(b_i)$，求 f 與 g？

3. $\{a_i\} = 9, 7, 5, \ldots$ 與 $\{b_i\} = 12, 8, 4, \ldots$，若 $b_i = f(a_i)$ 與 $a_i = g(b_i)$，求 f 與 g？

4. $\{a_i\} = 1, 3, 5, \ldots$ 與 $\{b_i\} = 9, 6, 3, \ldots$，若 $b_i = f(a_i)$ 與 $a_i = g(b_i)$，求 f 與 g？

5. $\{a_i\} = 5, 4, 3, \ldots$ 與 $\{b_i\} = 9, 5, 1, \ldots$，若 $b_i = f(a_i)$ 與 $a_i = g(b_i)$，求 f 與 g？

附錄 C：裝飾器

■ python 函式為第一類物件(first-class object)

▶ 函式可當成物件使用

```
def square( a , b ) :
    return [ x*x for x in range(a,b+1) ]

# foo 即是 square
foo = square

print( foo( -2 , 2 ) )                 # 印出 [4, 1, 0, 1, 4]
```

▶ 函式可當成參數傳入另一個函式使用

```
def square( fn , a , b ) :
    return [ fn(x) for x in range(a,b+1) ]

# 將 abs 傳入 square 函式使用
print( square( abs , -2 , 2 ) )        # 印出 [2, 1, 0, 1, 2]
```

▶ 函式可回傳函式

```
# 回傳設定係數後的一元二次方程式函式
def spoly( a , b , c ) :
    return  lambda x : a*x*x + b*x + c

# fn = x**2 + 2*x + 1
fn = spoly(1,2,1)

for x in range(3) :
    print( x , fn(x) )                 # 印出：0 1，1 4，2 9 共三列
```

▶ 函式內可定義函式

```
def fsum( f , g ) :
    # fn 為兩函式之和
    def fn(x) : return f(x) + g(x)
    return fn

def square(x) : return x * x
def cubic(x)  : return x * x * x
```

```
# h(x) = square(x) + cubic(x)
h = fsum( square , cubic )

for x in range(0,3) :
    print( x , h(x) )                    # 印出：0 0，1 2，2 12 共三列
```

▶ 函式可存入其他資料型別中

```
# 使用上例的函式
fns = [ square , cubic ]                 # fns 串列內存兩函式

for x in range(0,3) :
    print( x , end=" " )
    for fn in fns :
        print( fn(x) , end=" " )         # 印出：0 0 0，1 1 1，2 4 8 三列
    print()
```

■ 裝飾器：用來包裝函式/類別藉以擴增被包裝函式/類別的原有功能

▶ 函式裝飾器：以函式當為裝飾器

- 用來包裝函式的函式，擴充原有函式功能

1. 版本一

```
def square(x) : return x*x
def cubic(x) : return x*x*x

# 計算在 x 在 [a,b] 之間的函數數值和
def fsum_over( fn , a , b ) :
    return  sum( [ fn(x) for x in range(a,b+1) ] )

# 分別將 square 與 cubic 函式當成參數傳入
print( fsum_over( square , -2 , 2 ) )     # 印出：10
print( fsum_over( cubic , -2 , 2 ) )      # 印出：0
```

⊛ 以上 square、cubic、fsum_over 三函式各自獨立

2. 版本二：使用裝飾器語法

```
def square(x) : return x*x
def cubic(x) : return x*x*x

# decorate 函式名稱，非保留字
def decorate( fn ) :
    def fsum_over( a , b ) :
        return  sum( [ fn(x) for x in range(a,b+1) ] )
    return fsum_over

# decorate 回傳的 fsum_over 被當成新的 square
# square 函式不再是原有單參數 square 函式，變為雙參數函式
square = decorate(square)

# 這裡的 square 事實上是 fsum_over 函式，square 變成雙參數函式
print( square(-2,2) )                     # 印出：10
```

　　　　※ 以上接收的 square 函式是原有函式 square 與 fsum_over 的合體函式，
　　　　　等同 square 函式經過 decorate 裝飾器函式的處理後「融合」了兩個
　　　　　函式功能，造成 square 函式產生質變，由單參數函式變為雙參數函式。

▶ 裝飾器簡化語法

```
def rangesum( fn ) :
    def fsum_over( a , b ) :
        return  sum( [ fn(x) for x in range(a,b+1) ] )
    return fsum_over

def square(x) : return x*x
square = rangesum(square)

def cubic(x) : return x*x*x
cubic = rangesum(cubic)
```

可分別簡化為：

```
def rangesum( fn ) :
    def fsum_over( a , b ) :
        return  sum( [ fn(x) for x in range(a,b+1) ] )
    return fsum_over

@rangesum                          #  等同 def square(x) : return x*x
def square(x) : return x*x         #          square = rangesum(square)

@rangesum                          #  等同 def cubic(x) : return x*x*x
def cubic(x) : return x*x*x        #          cubic = rangesum(cubic)
```

▶ 類別裝飾器：以類別當為裝飾器

　　● 函式運算子：__call__

```
class RangeSum :

    # 輸入函式 fn 於類別內
    def __init__( self , fn ) :
        self.fn = fn

    # 函式運算子：讓物件可用函式方式執行實例方法
    def __call__( self , a , b ) :
        return sum( [ self.fn(x) for x in range(a,b+1) ] )

# 輸入 abs 絕對值函式
foo = RangeSum( abs )

# 以下兩者相同，都印出 12
print( foo.__call__(-3,3) )
print( foo(-3,3) )
```

　　　　※ foo 為 RangeSum 物件，foo(-3,3) 等同 foo.__call__(-3,3)

● 使用類別裝飾器：需定義類別的函式運算子

```
@RangeSum
def square( x ) : return x*x

@RangeSum
def cubic( x ) : return x*x*x

# 分別執行 RangeSum 的函式運算子
print( square(-2,2) )              # 印出：10
print( cubic(-2,2) )               # 印出：0
```

⊛ 定義類別裝飾器時需連同設定類別的函式運算子

■ 範例：畫出若干個函式的最大值，最小值，平均值

以下利用類別裝飾器計算若干個函式的最大值，最小值與平均值，函式的數量可多可少，統一輸入裝飾器的函式運算子內計算。程式最後利用 pylab 畫出各個圖形如下：

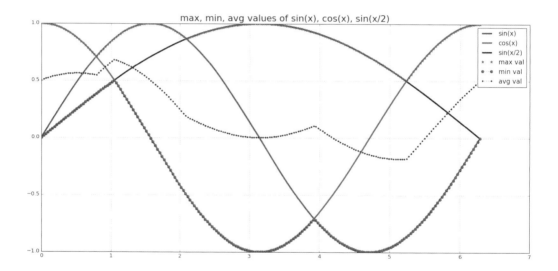

| 程式 | .... | decorators.py |

```
01    import pylab
02
03    # 類別裝飾器
04    class Fn_Val :
05
06        # 起始設定方法
07        def __init__( self , fn ) :
08            self.fn = fn
09
10        # 函式運算子：計算 fns 函式
11        def __call__( self , xs , *fns ) :
12            ys = []
```

```
13          for x in xs :
14              ys += [ self.fn( list( map( lambda f : f(x)  , fns ) ) ) ]
15          return ys
16
17
18  # Fn_Val 類別裝飾器用在 maxf  ：參數 xs , fns
19  @Fn_Val
20  def maxf(xs) : return max(xs)
21
22  # Fn_Val 類別裝飾器用在 minf  ：參數 xs , fns
23  @Fn_Val
24  def minf(xs) : return min(xs)
25
26  # Fn_Val 類別裝飾器用在 avgf  ：參數 xs , fns
27  @Fn_Val
28  def avgf(xs) : return (max(xs)+min(xs))/2
29
30  # sin(x/2)
31  def sin2(x) : return pylab.sin(x/2)
32
33
34  if __name__ == '__main__' :
35
36      pi = pylab.pi
37
38      # [0,2pi] 200 個點
39      xs = pylab.linspace(0, 2*pi, 200)
40
41      # 裝飾器計算三個函數在 xs 每個點的最大值，最小值，平均值
42      ys1 = maxf(xs, pylab.sin, pylab.cos, sin2)
43      ys2 = minf(xs, pylab.sin, pylab.cos, sin2)
44      ys3 = avgf(xs, pylab.sin, pylab.cos, sin2)
45
46      # 白底
47      pylab.figure(facecolor='w')
48
49      # 畫 sin(x) cos(x) sin(x/2) 函式圖形
50      pylab.plot(xs, pylab.sin(xs), color='r', lw=3, label='sin(x)')
51      pylab.plot(xs, pylab.cos(xs), color='g', lw=3, label='cos(x)')
52      pylab.plot(xs, sin2(xs), color='b', lw=3, label='sin(x/2)')
53
54      # 畫 max min avg 圖形
55      pylab.plot(xs, ys1, '*c:', lw=1, label='max val')
56      pylab.plot(xs, ys2, 'om:', lw=1, label='min val')
57      pylab.plot(xs, ys3, '.k:', lw=1, label='avg val')
58
59      pylab.title("max, min, avg values of sin(x), cos(x), sin(x/2)",
60                    fontsize=20)
61      pylab.grid()
62      pylab.legend()
63      pylab.show()
```

索 引

國家圖書館出版品預行編目（CIP）資料

> 簡明 python 學習講義 / 吳維漢著． -- 初版 . --
> 　桃園市：中央大學出版中心；臺北市：遠流，
> 2018.12
> 　　面：　公分
> 　ISBN 978-986-5659-22-6（平裝）
>
> 　1.Python（電腦程式語言）
>
> 312.32P97　　　　　　　　　　　　　107019464

簡明 python 學習講義

著者：吳維漢
執行編輯：王怡靜
編輯協力：簡玉欣

出版單位：國立中央大學出版中心
　　　　　桃園市中壢區中大路 300 號

　　　　　遠流出版事業股份有限公司
　　　　　台北市南昌路二段 81 號 6 樓

發行單位／展售處：遠流出版事業股份有限公司
地址：台北市南昌路二段 81 號 6 樓
電話：(02) 23926899　傳真：(02) 23926658
劃撥帳號：0189456-1

著作權顧問：蕭雄淋律師
2018 年 12 月 初版一刷
2019 年 6 月 初版二刷
售價：新台幣 550 元

YL^{ib}.com 遠流博識網 http://www.ylib.com　E-mail: ylib@ylib.com